AF347481

LES

FONDATIONS DE PRIX

A L'ACADÉMIE DES SCIENCES.

—————

LES LAURÉATS DE L'ACADÉMIE.

1714-1880.

PARIS. — IMPRIMERIE DE GAUTHIER-VILLARS, SUCCESSEUR DE MALLET-BACHELIER,
Quai des Augustins, 55.

LES
FONDATIONS DE PRIX

A L'ACADÉMIE DES SCIENCES.

LES LAURÉATS DE L'ACADÉMIE.

1714-1880.

Par M. Ernest MAINDRON.

PARIS,

GAUTHIER-VILLARS, IMPRIMEUR-LIBRAIRE

DU BUREAU DES LONGITUDES, DE L'ÉCOLE POLYTECHNIQUE,

SUCCESSEUR DE MALLET-BACHELIER,

Quai des Augustins, 55.

—

1881

A

MONSIEUR J.-B.-A. DUMAS

DE L'ACADÉMIE FRANÇAISE,

SECRÉTAIRE PERPÉTUEL DE L'ACADÉMIE DES SCIENCES.

A

MONSIEUR J. BERTRAND

SECRÉTAIRE PERPÉTUEL DE L'ACADÉMIE DES SCIENCES.

Hommage de profond respect.

ERNEST MAINDRON.

LES

FONDATIONS DE PRIX

À L'ACADÉMIE DES SCIENCES.

LES LAURÉATS DE L'ACADÉMIE.

1714-1880.

AVERTISSEMENT.

L'Ouvrage que nous publions aujourd'hui renferme tous les documents relatifs à la fondation des prix décernés par l'Académie des Sciences; le lecteur y trouvera aussi la liste des lauréats récompensés à des titres divers par l'ancienne Académie, par la Première classe de l'Institut et par l'Académie actuelle.

Pour ce qui concerne l'ancienne Académie, bien des difficultés se sont rencontrées que nous n'avions pas prévues. Les procès-verbaux de la Compagnie sont restés fort incomplets et n'offrent pas toutes les facilités de recherche qu'on pourrait espérer: Fontenelle et Dortous de Mairan, son successeur, tenaient, il est vrai, un registre des questions proposées et des opérations qui s'effectuaient relativement aux prix, ainsi que cela est attesté par le procès-verbal de la séance du 17 avril 1720, mais ce registre n'a pu être retrouvé.

Celui de Grandjean de Fouchy est le seul qui existe actuellement; il était tenu avec la plus scrupuleuse exactitude; malheureusement Condorcet ne le continua que d'une manière irrégulière, et il ne reste de sa gestion que des notes qui ne peuvent pas être utilisées.

C'est à l'aide du registre de Grandjean de Fouchy et des notes de Condorcet, à l'aide aussi des Archives de l'Académie, du Recueil des prix et des procès-verbaux de la Compagnie qu'il nous a été possible de reconstituer cette page de l'histoire de l'Académie des Sciences.

Quoique nous ayons toujours donné le montant des prix décernés, nous nous trouvons dans l'obligation de faire quelques réserves à ce sujet. Il est souvent arrivé, en effet, que l'ancienne Académie comme la nouvelle ont augmenté, à l'aide des reliquats en caisse, la valeur des prix qu'elles avaient à solder. Les seules pièces qui pouvaient faire foi dans ces circonstances sont les quittances délivrées par les lauréats : nous en avons toujours tenu compte, toutes les fois que les procès-verbaux les mentionnaient.

En admettant d'ailleurs que quelque oubli de cette nature se soit glissé dans notre travail, il serait de peu d'importance, puisque nous avons eu spécialement en vue de faire connaître les lauréats de l'Académie des Sciences, mais non la quotité des prix qu'ils ont reçus.

HISTORIQUE.

Personne n'ignore que l'Académie française décerne des prix dont Montyon est le fondateur, qu'elle propose également, à des époques déterminées par ses programmes, des prix d'Histoire, de Poésie, d'Éloquence, de Littérature, etc.; l'immense retentissement de ces Concours a depuis longtemps fixé toutes les attentions, mais on a peu gardé le souvenir des prix que décernait autrefois l'ancienne Académie des Sciences, et l'on connaît mal ceux que propose aujourd'hui encore la nouvelle Académie.

Leur histoire ne serait cependant pas sans quelque intérêt, et nous nous proposons de la faire connaître.

Elle rappellera à ceux qui ont pu l'oublier que le nom de Montyon, si justement honoré aujourd'hui, le seul qui ait survécu aux bruyants orages de la Révolution, n'est pas le premier dont l'Académie des Sciences garde pieusement la mémoire. Ce sera justice que de restituer à Rouillé de Meslay, conseiller au Parlement, la part de reconnaissance qui lui est due pour une fondation importante dont l'Académie a été pendant trois quarts de siècle la libre dispensatrice.

En effet, par un testament dont nous donnerons les dispositions principales, Rouillé de Meslay constituait, dès l'année 1714, l'Académie des Sciences légataire d'une somme de 125000 livres. L'entrée en possession de ce legs présenta de grandes difficultés; le fils du légataire, possesseur par la mort de son père d'une fortune considérable, intenta à la Compagnie un procès en nullité de testament. Il perdit ce procès, grâce aux généreux efforts de l'avocat de l'Académie, M⁰ Chevallier.

C'est donc à Rouillé de Meslay qu'il faut reporter cette grande et utile pensée de concours établis au sein des Académies, pensée d'autant plus admirable que les fortunes étaient rares à cette époque et que nombre de grands seigneurs, peu soucieux de consacrer leurs deniers au développement des connaissances humaines, sacrifiaient à d'autres dieux.

Rouillé de Meslay eut cependant des imitateurs : Louis XV, Philippe d'Orléans, Louis XVI, de Sartine, Montyon, l'abbé Raynal, Mignot de Montigny, etc.

Ces généreuses fondations, ou ces sommes une fois données pour la proposition de questions intéressantes, augmentaient l'heureuse influence qu'exerçait déjà l'Académie sur le progrès des sciences ; les travaux qu'elle fit ainsi naître figurent aujourd'hui parmi les œuvres des plus grandes personnalités dont s'enorgueillit la France.

Désireuse de suivre elle-même une voie si profitable au mouvement scientifique, l'Académie, sur la proposition de d'Alembert, prenait la résolution de fonder de ses propres deniers un prix de Physique, et, à cet effet, elle déclarait à l'unanimité, le 5 septembre 1777, renoncer aux *rétributions* ou *épices* données par M. de Meslay aux juges des prix qu'il avait institués.

Par les quelques mots qui précèdent nous avons voulu rappeler les titres de Rouillé de Meslay à la reconnaissance publique, mais nous devons aussi un juste tribut d'admiration et de respect à la mémoire de M. de Montyon ; nous croyons en effet que, si Rouillé de Meslay a été par trop oublié, Montyon n'est pas suffisamment connu. Il avait compris, lui aussi, l'avenir réservé aux études que poursuivait l'Académie et avait mieux saisi peut-être que ses prédécesseurs la direction qu'il convenait de leur donner. En 1780, époque à laquelle il eut la pensée d'aider à la diffusion de ces études en créant le premier de ses prix, il considérait la Science, quelque éclairée qu'elle fût déjà, comme pouvant amener encore des bienfaits sans nombre.

C'est dans ces sentiments qu'il fondait anonymement et à trois dates différentes trois prix, qui devaient être décernés soit à quelque invention, découverte ou chef-d'œuvre dont il puisse résulter un bien pour la société, soit à des recherches tendant à rendre les opérations d'un art moins malsaines, soit enfin à des progrès en Mécanique.

Lors de la Révolution, toutes les sommes appartenant aux Académies furent englouties par la tourmente : mais, fort des résultats qu'il avait obtenus, M. de Montyon ne renonça point à ses généreux desseins et créa de nouveau, sous le voile de l'anonyme, à des époques diverses, plusieurs prix qui existent encore.

Depuis longtemps la reconnaissance publique avait soulevé ce voile, et, lors de la mort de ce grand citoyen, on apprit sans surprise que l'Académie des Sciences était de nouveau constituée légataire de sommes importantes, dont l'emploi était fixé par un testament que nous ferons connaître.

Ce noble exemple ne fut pas perdu. Depuis cette époque, l'Académie voit venir à elle de nombreux legs destinés à récompenser des travaux ou des recherches de diverses natures. Ces nouvelles libéralités, auxquelles s'ajoutent les prix fondés par l'État, ne la rendent malheureusement pas plus riche, puisque leur emploi est déterminé par des actes de donation ou par des testaments, mais elles augmentent dans des proportions véritablement considérables une tâche que la Compagnie accomplit avec le soin et l'autorité qui lui ont conquis une place si haute et si justement méritée dans le monde entier.

Par le tableau que nous publions aujourd'hui, notre travail embrassant à la fois l'ancienne Académie, la Première classe de l'Institut national et l'Académie actuelle, on verra, spécialement depuis le commencement de ce siècle, que les concours ayant trait aux sciences naturelles sont plus nombreux que ceux destinés par les donateurs à accroître nos connaissances en Mathématiques. L'étude de la Médecine, celles de la Chirurgie, de la Physiologie, de la Botanique, sont d'une nécessité, non pas plus absolue, mais plus pressante que celle de l'Astronomie, par exemple. L'art de guérir embrasse tant d'études et de travaux divers, qu'il n'est pas surprenant que les résultats qu'on est en droit d'en attendre aient plus particulièrement préoccupé les hommes généreux dont nous voulons rappeler les noms.

Les découvertes mathématiques viennent à leur heure augmenter la somme de notre savoir, sans qu'il en résulte instantanément un bien visible et palpable pour tous; leur étude aride, hérissée de difficultés, est inaccessible au plus grand nombre : pourtant les fondations destinées à récompenser les travaux qui s'y rapportent sont importantes, ainsi qu'on va le voir dans la suite de ces recherches.

On pourrait s'étonner que quelques-uns des fondateurs des prix décernés par l'ancienne Académie des Sciences fussent restés inconnus : il n'y a rien là que de très explicable.

En effet, les choses ne se passaient point, au siècle dernier, aussi régulièrement qu'aujourd'hui; il n'était pas nécessaire que le Conseil d'État instruisît de semblables affaires, ni que le Ministre compétent intervînt, ni enfin qu'un décret autorisât l'Académie à accepter les donations qui lui étaient faites.

Quand il s'agissait, non pas de legs ou de donations appuyées d'actes notariés, mais seulement de sommes une fois données, une simple autorisation royale, transmise par le Ministre, suffisait, et les sommes étaient encaissées sans qu'il en restât d'autre trace que le reçu que le Secrétaire en donnait.

Il arrivait aussi que le montant des fondations anonymes était simple-

ment déposé entre les mains d'un notaire, qui, suivant la décision de
l'Académie, remettait directement au lauréat la somme promise, ou la resti-
tuait au donateur quand la Compagnie avait déclaré que le prix offert ne
pouvait être décerné.

Le dernier prix proposé date du mois de juillet 1793; mais, depuis longtemps déjà, l'Académie, gravement menacée dans son existence, ne pouvait
plus se réunir ni distribuer d'une manière régulière les prix dont elle disposait. Dès le 27 juin 1792, Lavoisier, rapporteur d'une Commission composée de Laplace, Coulomb, Lagrange, Fourcroy et Vicq d'Azir, proposait,
dans un Rapport extrêmement remarquable, de faire emploi des fonds disponibles, provenant de prix non décernés, en posant des questions nouvelles pour l'année 1794, ou en faisant construire, avec l'autorisation de
l'Assemblée législative, un télescope égal ou même supérieur à celui
d'Herschel.

Les sommes qui restaient en caisse se décomposaient de la manière suivante :

Sur les prix fondés par M. de Meslay............................	6250ᵗ
Sur le prix de Physique fondé par l'Académie.....................	8250ᵗ
Sur le prix annuel de 600 livres fondé par un inconnu (M. de Montyon) en une rente de pareille somme sur le Clergé....................	4655ᵗ
Sur le prix de 1080 livres sur les maladies des artistes (M. de Montyon) en une rente viagère de pareille somme sur la tête du Roi..........	4332ᵗ 19ˢ 8ᵈ
Sur le prix de même somme fondé par le même inconnu (M. de Montyon) pour le perfectionnement des arts mécaniques....................	2172ᵗ 19ˢ 8ᵈ
Sur le prix de 600 livres fondé par M. de Montigny en une rente de 863ᵗ18ˢ sur les arts chimiques................................	6059ᵗ 9ᶜ
Sur le prix de 1200 livres fondé par M. Raynal...................	1200ᵗ
	32320ᵗ 8ˢ 4ᵈ

L'Académie approuva les conclusions de ce Rapport; mais, les événements
se précipitant, elle reconnut bientôt l'impossibilité de publier utilement ses
programmes et manifesta alors le désir d'aider à la défense du pays, dans
la mesure de ses forces, en lui consacrant, outre les sommes dont elle était
restée dépositaire, un morceau d'or natif et quelques instruments en or,
qui faisaient partie de son Cabinet.

À cet effet, elle adressait, en mars 1793, au Comité d'Instruction publique
de l'Assemblée, un Mémoire ainsi conçu :

L'Académie des Sciences avait prévenu l'année dernière le Comité d'Instruction
publique de l'Assemblée législative qu'elle avait en réserve, en numéraire, une
somme d'environ 30000 livres, provenant de prix non distribués ou non réclamés.

Ces fonds, d'après le vœu des fondateurs, n'étant point à la disposition de l'Académie, elle avait demandé à l'Assemblée législative d'être autorisée à les employer à la construction d'un grand télescope, égal ou même supérieur à celui d'Herschel.

Elle avait proposé en même temps d'y joindre le morceau d'or natif, ainsi qu'un graphomètre d'or et quelques autres effets de valeur intrinsèque, au total, de 12 à 14 mille livres.

Les travaux importants dont l'Assemblée législative a été occupée dans les derniers moments de son existence lui ont fait perdre de vue cet objet particulier, et l'Académie se trouve encore aujourd'hui dépositaire des mêmes sommes et effets.

Dans ce moment, où tous les bons citoyens doivent se porter aux plus grands efforts pour venir au secours de la Patrie, l'Académie se reprocherait de conserver plus longtemps un fonds mort qui pourrait être utilement employé à solder de braves défenseurs de la République.

Elle demande donc à être autorisée à remettre à la Trésorerie nationale, pour subvenir aux dépenses de la guerre, la même somme en numéraire et les mêmes matières d'or qu'elle avait précédemment proposées pour la construction d'un télescope. L'objet constant des travaux de l'Académie ayant toujours été de concourir de tout son pouvoir à ce qui peut tendre au soulagement de l'humanité souffrante, son vœu serait pour que cette somme fût particulièrement affectée au service des hôpitaux ambulants militaires, pour lesquels il vient d'être ouvert un concours.

Conformément à ce vœu, un décret du 18 mars autorisait l'Académie à déposer à la Trésorerie nationale les sommes en numéraire dont elle faisait l'offre, et cette situation, sensiblement modifiée d'ailleurs par le Comité de Trésorerie de l'Académie, le 17 avril suivant, à la suite d'un examen plus approfondi de la question (¹), se trouvait liquidée par la loi du 8 août 1793, dont le texte suit :

Loi portant suppression de toutes les Académies et Sociétés littéraires patentées et dotées par la nation.

ART. 1ᵉʳ. — Toutes les Académies et Sociétés littéraires patentées ou dotées par la nation sont supprimées.

---

¹) Défalcation faite des sommes engagées pour les années 1794 et 1795, le capital dont l'Académie disposait fut fixé d'un commun accord entre elle et Cambon, membre du Comité des finances de la Convention, à 118453ᵗᵗ 15ˢ 4ᵈ.

La pépite d'or, le graphomètre, les pièces d'or, les jetons et les médailles d'argent qui appartenaient à l'Académie restèrent à l'Institut jusqu'en l'an XII; c'est seulement à cette époque que, conformément à un arrêté de la Commission administrative en date du 7 ventôse, la Première classe s'en sépara, et que le tout fut porté à la Monnaie pour y être mis à la fonte.

Des procès-verbaux réguliers furent dressés des différentes opérations que cette remise exigea.

		kg
La pépite d'or pesait.............................		1,508000
Les instruments et les monnaies d'or pesaient....		1,786000
Les jetons et les monnaies d'argent pesaient.....		1,705000

Le tout a produit un total de 10005ᶠ,56.

Art. 2.   Les jardins botaniques et autres, les cabinets, muséums, bibliothèques et autres monuments des sciences et des arts attachés aux Académies et Sociétés supprimées sont mis sous la surveillance des autorités constituées, jusqu'à ce qu'il en ait été disposé par les décrets sur l'organisation de l'instruction publique.

C'est l'ingénieur J.-H. Hassenfratz, l'un des organisateurs de la fameuse journée du 10 août 1792, membre de la Commune de Paris, qui fut le principal commissaire chargé d'assurer l'exécution de ce décret.

Il reçut à cette occasion, du Ministre de l'Intérieur Paré, le pouvoir suivant, dont les Archives de l'Académie des Sciences conservent l'original :

Au nom de la République française une et indivisible.

Liberté.   Égalité.

En vertu et pour l'exécution du décret du 12 aoust présent mois, lequel ordonne qu'à la diligence du Ministre de l'Intérieur, les scellés seront apposés sur les portes des appartements occupés par les Académies et Sociétés supprimées par le décret du 8 du même mois, et qu'il sera procédé sans délai à la levée des dits scellés et à l'inventaire des statues, tableaux, livres, manuscrits et autres effets dont elles avaient la jouissance et d'après le vœu des représentants du peuple chargés par le décret du 15 suivant de diriger et surveiller l'exécution des décrets précédens.

Je soussigné, Ministre de l'Intérieur, donne pouvoir au citoyen Hassenfratz, que je nomme mon commissaire à cet effet, de procéder, soit séparément, soit concurremment avec les autres commissaires revêtus des mêmes pouvoirs, et ainsi que pourra le comporter l'avantage ou la célérité de cette opération, aux inventaires de tous objets d'art ou de science provenant des dépôts des susdites Académies et Sociétés supprimées ou de tous autres susceptibles de servir à l'instruction publique, de requérir à cet effet, en mon nom et comme mes commissaires à ce nommés, toutes appositions, levées ou réappositions de scellés nécessaires, de se faire ouvrir tous dépôts, représenter tous registres, catalogues, inventaires ou autres renseignemens, en prendre toutes communications, extraits ou notes, faire à cet égard tous rapports ; invitant à cet effet les autorités constituées à leur procurer toutes facilités et secours, les citoyens dépositaires ou autres à leur donner tous renseignemens, communications et assistance, comme pour chose utile au service de la République ; et, en foi de tout ce que dessus, j'ai fait apposer au présent le sceau du ministère de l'Intérieur.

Fait à Paris, ce 28 aoust 1793, l'an 2ᵉ de la République française une et indivisible.

Le Ministre de l'Intérieur,

Paré.

De tout temps, les Secrétaires perpétuels de l'Académie ont exercé, sur ses travaux et sur son administration, la plus grande et la plus juste influence. Ces fonctions si délicates, si difficiles à remplir, ont été occupées, depuis l'année 1666, par les illustrations les moins discutées de la Science française : on nous permettra peut-être d'en donner la liste complète en terminant ce rapide exposé ; cette liste n'a jamais été publiée, et il nous a paru qu'elle pouvait trouver sa place ici.

Le premier Secrétaire perpétuel de l'Académie des Sciences, nommé directement par le Roi en 1666, fut l'oratorien Jean-Baptiste Duhamel ; il en conserva le titre jusqu'en 1697 et se retira ; le dernier procès-verbal qu'il ait signé est celui du 4 septembre.

Bernard Le Bovier de Fontenelle lui succéda la même année et signa les procès-verbaux à partir du 13 novembre (¹) ; il donna sa démission le 14 décembre 1740.

Le 20 décembre, l'Académie procédait à son remplacement. Jean-Jacques Dortous de Mairan était élu et démissionnait à son tour trois ans plus tard, le 23 août 1743.

Jean-Paul Grandjean de Fouchy, appelé à lui succéder le 31 du même mois, conservait ses fonctions jusqu'au 10 mars 1773, époque à laquelle, sur sa propre demande, le Roi accordait à Marie-Jean-Antoine-Nicolas Caritat, marquis de Condorcet, après avis de l'Académie, « l'adjonction et la survivance à la place de Secrétaire, l'intention de Sa Majesté étant qu'il succède à cette place dans le cas où elle viendrait à vaquer ».

L'ancienne Académie ayant cessé d'exister, l'Institut fut créé sur des bases entièrement nouvelles et les Secrétaires furent élus en conformité de la loi du 15 germinal an IV (4 avril 1796), dont l'article 5 est ainsi conçu :

Dans la première séance de chaque semestre, chacune des Classes procédera à l'élection d'un Secrétaire, de la même manière que pour l'élection d'un Président. Chaque Secrétaire restera en fonctions pendant un an et ne pourra être réélu qu'une fois. La première fois, on nommera deux Secrétaires, et l'un d'eux sortira six mois après par la voie du sort.

Dans une séance préparatoire, tenue par la Première classe le 16 nivôse an IV, Cuvier, le plus jeune des membres présents, était appelé à remplir les fonctions de Secrétaire.

(¹) Aucun procès-verbal ne paraît avoir été rédigé du 4 septembre au 13 novembre 1697. C'est donc entre ces deux dates qu'il conviendrait de fixer la nomination de Fontenelle.

Bernard-Germain-Étienne de la Ville-sur-Illon, comte de Lacépède, était nommé Secrétaire, et René-Just Haüy Vice-Secrétaire.

Le 6 floréal an IV, Lacépède et Gaspard-Clair-François-Marie Riche de Prony étaient nommés Secrétaires.

Le 1er vendémiaire an V, le sort décidait que Lacépède cessait d'être Secrétaire; il était réélu.

Le 1er germinal an V, Prony était réélu.

Le 1er vendémiaire an VI, Pierre Lassus était nommé à la place de Lacépède.

Le 1er germinal an VI, Louis Lefèvre-Gineau était nommé à la place de Prony;

Le 1er vendémiaire an VII, Lassus était réélu.

Le 1er germinal an VII, Lefèvre-Gineau était réélu.

Le 1er vendémiaire an VIII, Jean-Léopold-Nicolas-Frédéric dit Georges Cuvier était nommé à la place de Lassus.

Le 1er germinal an VIII, Jean-Baptiste-Joseph Delambre était nommé à la place de Lefèvre-Gineau.

Le 1er vendémiaire an IX, Cuvier était réélu.

Le 1er germinal an IX, Delambre était réélu.

Le 1er vendémiaire an X, Lacépède était nommé à la place de Cuvier.

Le 1er germinal an X, Sylvestre-François de Lacroix était nommé à la place de Delambre.

Le 7 vendémiaire an XI, Lacépède était réélu.

La loi du 3 pluviôse an XI (23 janvier 1803) restitua aux fonctions de Secrétaire le caractère qu'elles avaient avant 1793.

L'article 2 de cette loi est conçu dans les termes qui suivent :

La Première classe nommera, sous l'approbation du premier Consul, deux Secrétaires perpétuels, l'un pour les sciences mathématiques, l'autre pour les sciences physiques. Les Secrétaires perpétuels seront membres de la classe, mais ne feront partie d'aucune section.

Le 11 pluviôse, Delambre était élu Secrétaire perpétuel pour les Sciences mathématiques, Cuvier était élu Secrétaire perpétuel pour les Sciences physiques.

Le 18 novembre 1822, Jean-Joseph Fourier succédait à Delambre, décédé le 19 août précédent.

Le 7 juin 1830, Dominique-François-Jean Arago succédait à Fourier, décédé le 16 mai.

Le 19 décembre 1853, Jean-Baptiste-Armand-Louis-Léonce Élie de Beaumont succédait à Arago, décédé le 2 octobre.

Le 3 novembre 1874, M. Joseph-Louis-François Bertrand succédait à Élie de Beaumont, décédé le 21 septembre.

Le 9 juillet 1832, Pierre-Louis Dulong succédait à Cuvier, décédé le 13 mai précédent.

Le 12 août 1833, Marie-Jean-Pierre Flourens succédait à Dulong, démissionnaire le 15 juillet.

Le 20 janvier 1868, M. Jean-Baptiste-André Dumas succédait à Flourens, suppléé pendant une longue maladie par M. Coste et décédé le 6 décembre 1867.

L'ANCIENNE ACADÉMIE DES SCIENCES

(1714-1793).

Prix fondés par Rouillé de Meslay.

Par un testament en date du 12 mars 1714, Rouillé de Meslay, conseiller au Parlement, mort en 1715, fondait les prix suivants :

Item, je donne et lègue à l'Académie des Sciences de Paris la rente de quatre mille livres, constituée à mon profit par les Prévosts des marchands et Échevins de la ville de Paris, à prendre sur les aydes et gabelles, par contract passé devant Angot et son collègue, notaires au Châtelet, le 10 février 1714, à condition que Messieurs de l'Académie des Sciences proposeront tous les ans un prix de la moitié de ladite rente, pour estre aussi par eux donné tous les ans à celuy qui aura le mieux réussi par raison et non par éloquence, mais en quelque langue et style que ce soit au jugement de Messieurs de l'Académie, partie d'icelle ou des commissaires par elle nommez sur un *traité philosophique, ou dissertation dont le sujet sera touchant ce qui contient, soutient et fait mouvoir en son ordre les planettes et autres substances contenues en l'univers, le fond premier et général de leurs productions et formations, le principe de la lumière et du mouvement.* Mes méditations m'ont, ce me semble, conduit à cette importante découverte, et approché les yeux de mon entendement de la connoissance de l'Éternel et premier Être. Mais n'ayant les talens de mettre au jour mes conséquences, je m'en remets aux sçavans, et j'espère qu'en suivant ces recherches ils dévoileront des véritez autant essentielles que manifestes et qui augmenteront l'admiration qu'on doit à Dieu. Et sur l'autre moitié de ladite rente, il en sera employé le quart au total pour les *rétributions ou épices* de Messieurs les juges, l'autre quart à Monsieur le Secrétaire de l'Académie pour les frais des annonces et publications, et copies des traitez qui seront faits, et d'en fournir deux exemplaires du plus prisé, avec extrait des principaux, un pour le château de

Meslay-le-Vidame, aux Seigneurs Comtes et leurs successeurs, l'autre pour les propriétaires de ma maison, rûe du Temple et de Meslay, à Paris, y adressé.....

Item, je donne et lègue à l'Académie des Sciences à Paris la rente de mil livres au principal de vingt-cinq mille livres, constituée à mon profit par messieurs les Prévosts des marchands et Échevins de la ville de Paris, à prendre sur les aydes et gabelles par contract passé devant Angot et son confrère, notaires au Châtelet, le 19 février 1714, à condition que Messieurs de l'Académie royale proposeront tous les ans un prix de la moitié de ladite rente pour estre par eux donné tous les ans *à celuy qui aura mieux réussi en une méthode et règle plus courte et plus facile pour prendre plus exactement les hauteurs et les degrés de longitude en mer et en des découvertes utiles à la navigation et grands voyages.* — et, au cas que ces matières se trouvassent épuisées ou poussées à leur perfection, il sera proposé de faire par cantons, commencez aux choix de Messieurs de l'Académie, des Tables topographiques marquant le niveau des terrains et cours des eaux, par rapport au niveau de la mer à mi-marée et lit ordinaire, en sorte que ces Cartes rassemblées dans la suite des temps, on puisse s'en servir pour les desseins de canaux et communication de navigation, ménage et utilité de torrens perdus ou nuisibles et autres avantages que le bien public fait tenter, dont les succès ou projets peuvent avoir besoin de ce principe des niveaux qui peuvent diriger le choix des entreprises, le niveau des puits ou sources vives n'estant pas suffisant. Je substitue dans ce legs plusieurs sujets; celui des longitudes m'a occupé en vain par rapport à la sphère céleste, les constellations, les hauteurs et les phénomènes paroissent les mêmes à pareilles heures sur toute la longitude, quand on ne change pas de latitude. Les sçavans peuvent aller plus loin, mais je me trompe fort, si le hazard mis à profit ne fournit plus pour cette découverte que l'Astronomie ou régles de Mathématiques, peut-être que ce globe donnera quelque aimant avec cette propriété. J'avais cru qu'il se pourrait qu'un cocq, par exemple de Portugal, accoutumé de chanter à minuit, ne chanteroit en France qu'à une heure du matin, et quelques épreuves et recherches me persuadaient de la diversité que je n'ay pu approfondir avec les expériences requises. Les montres, les pendules et horloges m'ont donné plus de jour pour ce poinct obscur, en ayant une bonne, ou plusieurs montées sur l'heure de degré de longitude où l'on est, et qu'on va quitter; l'aiguille doit décliner jour par jour, d'autant qu'on s'éloignera du degré quitté, et cette déclinaison avec l'estime du cours de la navigation, est tout ce que j'ay pu imaginer de plus précis, et je demande des régles plus sûres pour le prix proposé.....

Je n'ay qu'un fils, mes biens sont augmentez beaucoup au delà de mes legs donnez. J'ai édifié et amélioré, je me suis donné au delà du nécessaire, du commode et en abondance, je n'ay retranché que le superflu contraire au repos, au devoir de la créature, et au recueillement que le sort humain semble exiger. J'ay même fait quelque part de l'abondance, mon fils doit donc se plaindre du trop de biens qui lui resteront beaucoup plus que je n'en ay eu, surtout en faire bon usage......

Le samedi 21 mars 1716, l'Académie des Sciences faisait dresser acte de son acceptation.

On l'a vu plus haut, le fils de Rouillé de Meslay, Introducteur des ambassadeurs, n'entendit pas ce suprême appel et intenta à l'Académie des

Sciences un procès qu'il perdit. C'est à cette occasion que, le 5 septembre 1718, la Compagnie prenait la délibération dont les termes suivent :

M° Chevallier, avocat au parlement, ayant soutenu avec beaucoup de capacité et de zèle et avec un entier désintéressement la cause de l'Académie contre M. de Meslay, tant aux requêtes du palais qu'à la grand'chambre, la Compagnie, pour luy marquer sa reconnoissance d'une manière qu'il ne pût refuser, a réglé tout d'une voix qu'il auroit entrée dans ses assemblées toutes les fois qu'il y voudroit venir, et qu'elle lui envoyera un exemplaire de tous les Ouvrages qu'elle donnera au public.

L'entrée en possession du legs Rouillé de Meslay fut confirmée par arrêt de la grand'chambre du 30 août 1718, sur les conclusions de Lamoignon de Blanc-Mesnil.

Toutes ces questions étant réglées, le 16 novembre 1718, une Commission, composée de M. le cardinal de Polignac, président, de M. l'abbé Bignon, vice-président, de M. de la Hire, directeur, de M. de Réaumur, sous-directeur, et de MM. Varignon, Saurin, Cassini, Maraldi et de la Hire fils, fut chargée de délibérer sur la forme que l'on donnerait aux prix Rouillé de Meslay ; le 18 janvier 1719, l'Académie adoptait un Règlement ainsi conçu :

Règlement pour les prix.

Art. 1. — L'Académie nommera, par billets, cinq juges des deux prix pour chaque année, dont trois au moins seront pris dans les trois classes de pensionnaires, géomètres, astronomes, mécaniciens, tous les cinq y pouvant être pris.

Art. 2. — Trois juges étant pris dans les trois classes susdites, les deux autres pourront l'être dans toutes les autres classes.

Art. 3. — Si un prix est remis d'une année à une autre, les mêmes juges seront continuez sans nouvelle élection, seulement pour ce prix-là, et cela jusqu'à ce que ce prix soit donné.

Art. 4. — Nul académicien ne pourra travailler pour les prix, hormis les associez étrangers.

Art. 5. — Les juges d'une année proposeront les sujets de la suivante.

Art. 6. — Les prix seront proclamez à l'assemblée publique d'après Pâques.

Art. 7. — En annonçant les sujets, l'Académie demandera que les auteurs ne mettent point leur nom à leurs Ouvrages, mais seulement des devises ou sentences : qu'ils en envoyent des copies bien nettes et bien lisibles, surtout dans les calculs, et qu'ils en affranchissent le port ; faute de ces conditions, les pièces ne seront pas reçues.

Art. 8. — Si quelque Ouvrage suppose une machine nouvelle que l'auteur ait besoin d'expliquer, il sera permis à l'auteur de se déclarer, seulement en ce cas-là.

Art. 9. — On invitera les étrangers qui ne pourront ou ne voudront pas écrire en français, à écrire en latin, mais sans obligation.

Art. 10. — On remettra les pièces entre les mains du secrétaire, qui les numérotera selon l'ordre de la réception et en donnera son récépissé au porteur.

Art. 11. — On délivrera le prix à quiconque rapportera le récépissé de la pièce victorieuse.

Art. 12. — Quand un prix sera remis, on pourra retirer les pièces composées pour ce prix, en rapportant les récépissez.

Art. 13. — Comme le testateur traite toujours les deux prix de la même manière, on a cru que les 500 livres du deuxième prix qui sont pour l'Académie doivent être partagez également entre les juges d'une part et le Secrétaire de l'autre, ainsi que le sont les 2000 livres pareils du premier prix.

Art. 14. — Quand il faudra faire traduire quelque pièce envoyée pour les prix, ce sera aux dépens du Secrétaire.

Cette même année, l'Académie fit publier pour la première fois le programme des prix qu'elle devait décerner en 1720.

La question du prix de *deux mille livres* était ainsi conçue :

Quel est le principe et la nature du mouvement? quelle est la cause de la communication des mouvements?

Celle du prix de *cinq cents livres* était la suivante :

Quelle serait la manière la plus parfaite de conserver sur mer l'égalité du mouvement d'une pendule, soit par la construction de la machine, soit par sa suspension?

Le 5 février 1721, l'Académie créait, pour donner satisfaction à l'une des clauses du testament de Rouille de Meslay, le *Recueil des pièces qui ont remporté les prix de l'Académie des Sciences;* neuf Volumes de cette collection intéressante ont été imprimés de 1721 à 1777. En tête du premier Volume se trouve la note qui suit :

L'Académie avertit le public pour toujours, en lui donnant les pièces qui ont remporté les deux prix, qu'elle ne prétend adopter ni les idées, ni les opinions, ni les inventions. Elle n'a fait que les préférer aux autres Ouvrages qu'elle avoit entre les mains (¹).

L'Académie avait donc, ainsi qu'on l'a vu, pris toutes les dispositions qu'elle avait jugées utiles à la marche régulière de ses concours au moment même où se produisait l'effroyable désastre financier auquel Law a attaché son nom; elle se trouva alors dans la nécessité d'attendre que sa situation

---

(¹) La suite des Mémoires couronnés se trouve dans les Tomes VII, VIII, IX, X et XI des *Mémoires présentés par divers savants.* Ces cinq Volumes ont été publiés de 1776 à 1786.

— 17 —

fût régularisée et ne proposa plus de prix qu'en 1723 pour l'année suivante;
encore dut-elle informer le public que la diminution des rentes l'obligeait
à ne donner les prix alternativement que tous les deux ans, en portant la
valeur du premier à 2500 livres et celle du second à 2000 livres.

Depuis 1724 jusqu'à la suppression des Académies, sauf une diminution
dans la quotité des prix rendue nécessaire en 1772 par la conversion des
rentes, aucun événement nouveau ne vint interrompre ces luttes pacifiques,
auxquelles prirent part les savants dont les noms suivent :

1720. *Quel est le principe et la nature du mouvement, et quelle est la cause
de la communication des mouvements?*

CROUSAZ, professeur en Philosophie et en Mathématiques dans l'Académie de Lausanne.   Prix..... 2000#

*Quelle seroit la manière la plus parfaite de conserver sur mer l'égalité
du mouvement d'une pendule, soit par la construction de la machine,
soit par sa suspension?*

MASSY (Nicolas).   Prix..... 500#

1721. *Démonstration des loix du choc des corps.*

MAC LAURIN, professeur dans l'Université d'Aberdeen.   Prix.... 2500#
BERNOULLI (Jean).   Accessit.

1725. *Sur la manière la plus parfaite de conserver sur mer l'égalité du mouvement des clepsidres ou sabliers.*

BERNOULLI (Daniel).   Prix..... 2000#

1726. *Les loix du choc des corps à ressort parfait ou imparfait.*

MAZIÈRE, prêtre de l'Oratoire.   Prix..... 2500#
ANONYME (Mémoire n° 2).   Accessit.

1727. *Quelle est la meilleure manière de mâter les vaisseaux, tant par rapport
à la situation qu'au nombre et à la hauteur des mâts?*

BOUGUER, hydrographe du Roi.   Prix..... 1000#
LE CAMUS.   Prix..... 1000#
ANONYMES (Mémoires n°s 4 et 6).   Accessits.

1728. *Sur les causes de la pesanteur.*

BULFFINGER, professeur de Physique dans l'Académie de Saint-Pétersbourg.   Prix..... 2500#

1729. *Quelle est la meilleure méthode d'observer les hauteurs sur mer, par le
Soleil et par les étoiles, soit par des instruments déjà connus, soit par
des instruments de nouvelle invention?*

BOUGUER, professeur royal en Hydrographie, au Croisic.   Prix..... 2000#

M. — *Prix.*   3

1730. *Quelle est la cause de la figure elliptique des orbites des planètes, et pourquoy le grand axe de ces ellipses change de position, ou, ce qui revient au même, pourquoy leur aphélie ou leur apogée répond successivement à différents points du ciel?*

> Bernoulli (Jean). Prix..... 2500#
> Anonyme (Mémoire n° 13). Accessit.

1731. *De la méthode d'observer en mer la déclinaison de la boussole.*

> Bouguer. Prix..... 2000#
> Anonyme (Mémoire n° 3). Accessit.

1733. *De la meilleure manière de mesurer sur mer le chemin d'un vaisseau, indépendamment des observations astronomiques.*

> Poleni (marquis), professeur à Padoue. Prix..... 2000#

1734. *Quelle est la cause de l'inclinaison des plans des orbites des planètes par rapport au plan de l'équateur de la révolution du Soleil autour de son axe, et d'où vient que les inclinaisons de ces orbites sont différentes entre elles?*

> Bernoulli (Jean). |
> Bernoulli (Daniel). | Prix double partagé.... 5000#

1736. *Comment se fait la propagation de la lumière?*

> Bernoulli (Jean), fils de Jean Bernoulli. Prix..... 2500#

1737. *1° Quelle est la figure la plus avantageuse qu'on puisse donner aux ancres?*
2° Quelle est la meilleure manière de forger les ancres?
3° Quelle est la meilleure manière d'éprouver les ancres?

> Bernoulli (Jean). Prix pour la première question.... |
> Trésaguet. Prix pour la deuxième question..... | 4000#
> Bernoulli (Daniel). |
> Poleni (marquis). \ Prix pour la troisième question..... |
> Créqui (comte de). Accessit.
> Anonyme (Mémoire n° 5). »

1738. *De la nature et de la propagation du feu.*

> Euler (Léonard). |
> Lozeran de Fiesc. | Prix partagé..... 2500#
> Créqui (comte de).)

Les auteurs des deux pièces suivantes s'étant fait connoître à l'Académie, et lui ayant marqué qu'ils souhaitoient qu'elles fussent imprimées, l'Académie y a consenti volontiers, sur le témoignage que lui ont rendu les commissaires du prix, que, quoiqu'ils n'ayent dû approuver l'idée qu'on donne de *la nature du feu* en chacune de ces pièces, elles leur ont paru être des meilleures de celles qui ont été envoyées, en ce qu'elles supposent une grande lecture et une grande connoissance des bons Ouvrages de Physique, et qu'elles sont remplies de beaucoup de faits très bien exposés et de beaucoup de vues.

La pièce n° 6, qui a pour devise

> Ignea convexi vis, et sine pondere cœli
> Emicuit, summaque locum sibi legit in arce.
>
> OVIDE.

est d'une jeune dame d'un haut rang (la marquise DU CHATELET).

La pièce n° 7, qui a pour devise

> Ignis ubique latet, naturam amplectitur omnem,
> Cuncta parit, renovat, dividit, unit, alit.

est d'un de nos premiers poëtes (VOLTAIRE).

Le n° 6 est intitulé *Dissertation sur la nature et la propagation du feu.*
Le n° 7 porte pour titre *Essai sur la nature du feu et sur sa propagation.*

1740. *Sur le flux et le reflux de la mer.*

CAVALLERI (Antoine), jésuite.
BERNOULLI (Daniel).
MAC LAURIN.
EULER (Léonard).

Prix partagé..... 2500"

1741. *Sur la meilleure construction du cabestan.*

BERNOULLI (JEAN), fils de Jean Bernoulli.
POLENI (marquis).
LUDOT, avocat au Parlement.
ANONYME (Mémoire n° 14).

Prix double partagé..... 4000"

PONTIS (DE), officier des galères, correspondant de l'Académie.
FENEL, chanoine de Sens.
DELORME, de l'Académie de Lyon.

Accessit.
"
"

1743. *Sur la meilleure construction des boussoles d'inclinaison.*

BERNOULLI (Daniel).
EULER (Léonard).

Prix..... 2000"
Accessit.

1746. *L'explication de l'attraction de l'aimant avec le fer, de la direction de
l'aiguille aimantée vers le nord, de sa déclinaison et de son inclinaison.*

EULER (Léonard).
DU TOUR, correspondant de l'Académie.
BERNOULLI (Daniel).
BERNOULLI (Jean), fils de Jean Bernoulli.

Prix triple partagé..... 7500"

1747. *La meilleure manière de trouver l'heure en mer par observations, soit de
jour, soit dans le crépuscule, et surtout de nuit, quand on ne voit pas
l'horizon.*

BERNOULLI (Daniel).
ANONYME (Mémoire n° 2).

Prix double partagé..... 4000"

1748. *Une théorie de Saturne et de Jupiter par laquelle on puisse expliquer les
inégalités, que ces deux planètes paroissent se causer mutuellement,
principalement vers le temps de leur conjonction.*

EULER (Léonard).
ANONYME (Mémoire n° 1).

Prix..... 2500"
Accessit.

1751. *La meilleure manière de déterminer, lorsqu'on est en mer, les courants, leur force et leur direction.*

BERNOULLI (Daniel).   Prix..... 2000#
ANONYMES (Mémoires n°s 5 et 7).   Accessit.

1752. *Même question qu'en 1748. Théorie de Saturne et de Jupiter.*

EULER (Léonard).   Prix..... 2500#
BOSCOVICH (le Père).   Accessit.

1753. *La manière la plus avantageuse de suppléer à l'action du vent sur les vaisseaux, soit en y appliquant les rames, soit en employant quelque autre moyen que ce puisse être.*

BERNOULLI (Daniel).   Prix..... 2000#
MATHON DE LA COUR.   Accessit.
PEREYRE.   »
EULER (Léonard).   »

1755. *La manière de diminuer le plus qu'il est possible le roulis et le tangage d'un navire, sans qu'il perde sensiblement, par cette diminution, aucune des bonnes qualités que sa construction doit luy donner.*

CHAUCHOT, sous-conducteur des vaisseaux du Roi.   Prix..... 2000#

1754. *La théorie des inégalités que les planètes péuvent causer au mouvement de la Terre.*

EULER (Léonard).   Prix..... 2000#

1757. *Même question qu'en 1755 sur le roulis et le tangage.*

BERNOULLI (Daniel).   Prix..... 2000#

1758. *Si les corps célestes ont des atmosphères, et, supposé qu'ils en ayent, jusqu'où ces atmosphères s'étendent.*

FRISI (le Père), correspondant de l'Académie.   Prix..... 2500#

1759. *L'examen des efforts qu'ont à soutenir toutes les parties du vaisseau dans le roulis et dans le tangage, et la meilleure manière de procurer à leur assemblage la solidité nécessaire pour résister à ces efforts sans préjudicier aux bonnes qualités du vaisseau.*

EULER (Léonard).
GROIGNARD, constructeur des vaisseaux du Roi.   Prix partagé..... 2000#

1760. *S'il y a de l'altération dans le mouvement moyen des planètes, et supposé qu'il y en ait, quelles sont les causes de cette altération.*

EULER (Charles).   Prix..... 2500#
FRISI (le Père).   Accessit.

1761. *La meilleure manière de lester et d'arrimer un vaisseau, et les changements qu'on peut faire en mer à l'arrimage, soit pour mieux faire porter la voile au navire, soit pour lui procurer plus de vitesse, soit enfin pour le rendre plus au moins sensible au gouvernail.*

BOSSUT (l'abbé), correspondant de l'Académie.
EULER (Jean-Albert).   Prix partagé..... 2000#

1762. *Si les planètes se meuvent dans un milieu dont la résistance produise quelque effet sensible sur leur mouvement.*

    Bosset (l'abbé).   Prix..... 2500#

    Anonymes (Mémoires n⁰ˢ 1 et 2).   Accessits.

1764. *Si l'on peut expliquer par quelque raison physique pourquoy la Lune nous présente toujours à peu près la même face, et comment on peut déterminer, par les observations et par la théorie, si l'axe de cette planète est sujet à quelque mouvement propre, semblable à celuy qu'on connoit dans l'axe de la Terre et qui produit la précession des équinoxes et la nutation.*

    Lagrange (de), de la Société royale des Sciences de Turin.   Prix..... 2500#

1765. *Quelles sont les méthodes usitées dans les ports pour lester et arrimer les vaisseaux de toutes sortes de grandeurs et de différentes espèces, le poids et la distribution des matières qu'on y employe, etc.? (Deuxième concours).*

    Bosset (l'abbé).
    Bourdé de Villehuet, officier des vaisseaux
      de la Compagnie des Indes.   Prix double partagé..... 4000#
    Groignard, constructeur des vaisseaux du Roi.
    Gautier, ingénieur de la marine d'Espagne.

1766. *Quelles sont les inégalités qui doivent s'observer dans les mouvemens des quatre satellites de Jupiter à cause de leurs attractions mutuelles, la loi et les périodes de ces inégalités, surtout au tems de leurs éclipses, et la quantité de ces inégalités suivant les meilleures observations, etc.?*

    Lagrange (de).   Prix..... 2500#

1769. *Déterminer la meilleure manière de mesurer le tems à la mer en exigeant comme une condition essentielle que les montres, pendules ou instrumens qu'on pourra présenter pour cet objet ayent subi à la mer des épreuves suffisantes et constatées par des témoignages authentiques.*

    Le Roy, horloger du Roi.   Prix double..... 4000#

1770. *Perfectionner les méthodes sur lesquelles est fondée la théorie de la Lune, fixer par ce moyen celles des équations de cette planète qui sont encore incertaines et examiner en particulier si on peut rendre raison par cette théorie de l'équation séculaire du mouvement de la Lune.*

    Euler (Léonard).
    Euler (Jean-Albert).   Prix partagé..... 2500#

1772. *Même question (deuxième concours).*

    Euler (Léonard).
    Lagrange (de).   Prix partagé, porté à..... 4500#
    Anonyme (Mémoire n⁰ 2).   Accessit.

1773. *Déterminer la meilleure manière de mesurer le tems à la mer, etc. (deuxième concours).*

    Le Roy.   Prix double..... 4000#
    Arsandeaux.   Accessit.

1774. 1° *Par quel moyen peut-on s'assurer qu'il ne résultera aucune erreur sensible des quantités qu'on aura négligées dans le calcul des mouvements de la Lune?*

2° *En ayant égard non seulement à l'action du Soleil et de la Terre sur la Lune, mais encore, s'il est nécessaire, à l'action des autres planètes sur ce satellite et même à la figure sphérique de la Lune et de la Terre, peut-on expliquer par la seule théorie de la gravitation pourquoi la Lune paraît avoir une équation séculaire sans que la Terre en ait une sensible?*

LAGRANGE (de).   Prix..... 2000$^\#$

1777. *Quelle est la meilleure manière de fabriquer les aiguilles aimantées, de les suspendre, de s'assurer qu'elles sont dans le vray méridien magnétique, enfin de rendre raison de leurs variations diurnes régulières?*

VAN SWINDEN, professeur de Philosophie, à Francker, en Frise.   Prix double partagé..... 2400$^\#$

COULOMB, capitaine d'artillerie.   2400$^\#$

MAGNY.   Accessit. 800$^\#$

1778. *Sur la théorie des perturbations que les comètes peuvent éprouver par l'action des planètes.*

Fuss, de l'Académie de Saint-Pétersbourg.   Prix..... 2500$^\#$

1780. *Même question* (deuxième concours).

LAGRANGE (de).   Prix double..... 4000$^\#$

1781. *La théorie des machines simples, en ayant égard aux effets du frottement et à la roideur des cordages?*

COULOMB.   Prix double..... 1000$^\#$

ANONYMES (Mémoires nᵒˢ 1, 2, 3).   Accessits.

1782. *Sur les comètes de 1532 et de 1661.*

MÉCHAIN.   Prix..... 2000$^\#$

1787. *Théorie des assurances maritimes.*

DELACROIX, professeur de Mathématiques à l'École royale militaire.   Prix partagé..... 1800$^\#$

BICQUILLEY, garde du corps du Roi.   1200$^\#$

1791. *Essayer d'expliquer les expériences qui ont été faites sur la résistance des fluides, en France, en Italie, en Suède ou ailleurs, soit en y appliquant les méthodes déjà connues, soit en combinant ensemble ces méthodes et faisant servir l'une de supplément à l'autre, soit enfin en établissant une nouvelle théorie qui représente, au moins sensiblement, les principaux phénomènes de la résistance des fluides que les expériences ont constatés.*

ROMME, correspondant de l'Académie.   Prix double..... 1000$^\#$

GERLACH (Guillaume).   Accessit.

1791. *Sur la théorie de la planète d'Herschel.*

DELAMBRE.   Prix... 2000$^\#$

1793. *Sur les satellites de Jupiter.*

DELAMBRE.   Prix..... 2000$^\#$

Prix offert par le Régent.

Le 21 mars 1716, Fontenelle communiquait la lettre suivante :

Paris, le 15 mars 1716.

Je vous renvoye, Monsieur, plusieurs Placets et Mémoires qui m'ont été adressez depuis quelque temps par des auteurs de différents païs, persuadez qu'ils ont enfin trouvez le secret tant désiré de connoître exactement et facilement les longitudes. Quoy que j'aye grande peine à croire qu'ils ayent réussi, ny même que cette découverte soit bien possible, elle seroit si importante à la navigation, qu'il est juste de ne pas décourager ceux qui s'appliquent à la rechercher. Comme avant de découvrir leur secret, ils insistent tous à se voir assurer des récompenses, vous pouvez leur répondre en mon nom et sur ma parolle que je feray payer la somme de cent mil livres au premier qui aura été assez heureux pour trouver cet admirable secret, aussitôt que l'Académie des Sciences m'en aura rendu témoignage, de quelque nation que puisse être l'inventeur. Vous ne sauriez même rendre trop publique l'assurance que je vous donne icy, et que vous aurez soin d'insérer dans les registres de l'Académie.

PHILIPPE D'ORLÉANS.

L'Académie des Sciences n'eut point occasion de décerner ce prix, et la somme promise par le Régent ne fut jamais mise à sa disposition.

Prix sur l'art de la verrerie, offert par un Anonyme.

Le 2 août 1758, d'Alembert a lu l'écrit suivant :

Un particulier, persuadé de l'importance de l'art de la verrerie dans le royaume relativement à l'agriculture, au commerce et à l'avancement des arts et des sciences, désireroit que les lumières du public fussent étendues sur cet objet par les Mémoires des personnes qui l'ont étudié ; pour contribuer autant qu'il dépend de luy à remplir ces vues utiles, il propose un prix de la somme de cinq cents livres pour le Mémoire qui réussira le mieux à déterminer les moyens les plus propres à porter l'œconomie et la perfection dans l'art de la verrerie. Si l'Académie des Sciences veut bien lui permettre de la prendre pour juge et faire publier la question par les voyes ordinaires, affin que l'honneur de recevoir de ses mains le prix proposé, et l'autorité de son jugement, lui donnent une valeur capable d'exciter les bons esprits à le mériter.

L'Académie est priée de charger quelqu'un de recevoir les cinq cents livres qui seront portées sur-le-champ ; il n'est pas besoin d'acte, puisqu'il n'y a pas de suretés réciproques à prendre, son consentement suffira et le dépost consommera tout.

» Après la lecture duquel, dit Grandjean de Fouchy, l'Académie a accepté la proposition qui y étoit contenue : les cinq cents livres m'ont été remises par

M. d'Alembert, auquel j'en aye donné un récépissé pour l'absence de M. de Buffon, et j'ay été chargé d'apporter à la séance prochaine un projet de programme pour annoncer ce prix. »

Le programme fut adopté dans les termes suivants :

Un citoyen zélé, désirant d'estre utile à sa patrie et persuadé de l'importance de l'art de la verrerie dans le royaume, a souhaité qu'on pût répandre de nouvelles lumières sur cet objet. Dans cette vue, il a fait remettre à l'Académie une somme de cinq cents livres pour estre donnée par forme de prix à celuy qui, au jugement de l'Académie, réussira le mieux à déterminer les moyens les plus propres à porter la perfection et l'œconomie dans l'art de la verrerie.

Les savants et les artistes de toutes les nations sont invités à travailler sur ce sujet, même les Associés étrangers de l'Académie; les seuls Académiciens régnicoles en sont exclus comme des autres prix proposés par l'Académie.

.... L'Académie aurait bien souhaité faire connoître celui qui a si généreusement contribué à la perfection d'un art aussi utile que la verrerie, mais en faisant voir son amour pour le bien public il a soigneusement caché son nom et elle n'a pu le désigner que par celuy de *citoyen*.

LAURÉAT.

1760. Bosc d'Antic, docteur en Médecine, correspondant de l'Académie.   Prix.....   500#

Le fondateur du prix sur l'art de la verrerie était resté inconnu, et les procès-verbaux ou les Archives de l'Académie ne fournissaient aucun renseignement à son sujet.

Tout récemment le hasard nous a fait trouver une pièce qui fixe ce point intéressant : c'est le reçu qu'a donné Buffon, trésorier de l'Académie des Sciences, de la somme destinée à la création du prix qui nous occupe. Cette pièce est adressée à François Véron de Forbonais, le célèbre économiste, qui, plus tard, appartint à la Deuxième classe de l'Institut et qui mourut le 20 septembre 1800.

Prix offert par M. de Lauraguais.

Il résulte de la lettre qu'on va lire que le comte de Lauraguais a offert, en 1759, de fonder un prix dont la valeur et la nature sont restées inconnues. Les procès-verbaux ne mentionnent pas la proposition de M. de Lauraguais, et les Archives de l'Académie ne renferment aucune pièce qui puisse éclairer cette affaire.

J'ai lu à l'Académie la lettre suivante de M. le comte de Saint-Florentin, dit Grandjean de Fouchy, dans le procès-verbal de la séance du 28 juillet 1759 :

« J'ai, Monsieur, rendu compte au Roy du projet de la lettre à écrire à MM. les Secrétaires des Académies de Londres et de Berlin. Le Roy a fort approuvé le zèle qui porte M. le comte de Lauraguais à fonder un prix qui ne peut que contribuer à donner l'émulation pour le progrès des Sciences, mais Sa Majesté pense qu'il convient de remettre à la paix, à écrire les lettres proposées à MM. les Secrétaires de ces deux Académies étrangères. Vous voudrés bien en informer M. le comte de Lauraguais, ainsi que l'Académie des Sciences.

» Vous connoissés les sentiments avec lesquels je suis, Monsieur, etc. »

On peut affirmer que cette affaire n'a reçu aucune solution.

Prix pour l'éclairage des villes, fondé par un Anonyme (M. de Sartine).

En 1763, M. de Sartine, lieutenant de police, ayant demandé à l'Académie de proposer un prix relatif à l'illumination des rues, prix dont il désirait faire les frais, le programme suivant fut adopté par la Compagnie dans sa séance du 31 août 1763 :

Un citoyen zélé pour l'utilité publique et qui ne veut point être nommé a consigné au Trésorier de l'Académie une somme de mille livres pour celui qui aura donné, au jugement de l'Académie, la manière la plus avantageuse d'éclairer pendant la nuit les rues d'une grande ville, en combinant ensemble, le mieux qu'il sera possible, la clarté, la facilité du service et l'économie.

Ce problème, qui paraît simple, est assés compliqué ; on n'a point encore suffisamment étudié :

1º Quelles sont les matières combustibles les plus convenables pour former les lampes ou chandelles ; si par quelque mélange on ne parviendroit pas à diminuer les inconvénients et le prix de celles qui sont en usage, et en même temps à rendre la flamme plus tenace, c'est-à-dire plus capable de résister soit au vent, soit à l'humidité de l'air, soit à la gelée.

2º Quelles sont les matières les plus propres à faire de bonnes mèches ; s'il n'en est point qui puissent éclairer également pendant plusieurs heures.

3º Quelles sont les formes les plus convenables pour les cages des lampes ou des flambeaux.

4º Comment il faut les placer et les espacer dans les rues pour augmenter la lumière et diminuer les ombres.

5º S'il y faut mettre des réverbères, de quelle figure ils doivent être et comment on doit les appliquer.

6º Quelles sont les suspensions ou les supports les plus simples, les plus solides et les plus commodes tant pour l'établissement que pour le service des lampes ou flambeaux destinés à cet usage.

7º Enfin quelles seroient les constructions et dispositions les plus favorables tant pour l'entretien que pour le nettoyement, la solidité et la facilité du service journalier.

Chacun de ces objets demanderoit une suite d'expériences faites avec soin. Les physiciens et les artistes de toutes les nations sont invités à travailler sur ce sujet, et même les Associés étrangers de l'Académie, les seuls académiciens régnicoles en sont exclus comme des autres prix de l'Académie.

Le prix était proposé pour l'année 1765; mais, aucun des Mémoires n'ayant paru le mériter, une gratification de 200 livres seulement fut accordée, à la demande de l'Académie, au sieur Goujon, vitrier, pour les corrections apportées par lui aux lanternes alors en usage. Le concours fut prorogé à l'année 1766 et le prix porté à la somme de 2000 livres. Cette fois encore il ne put être décerné intégralement et fut partagé en trois gratifications, accordées aux sieurs Bailly, Bourgeois et Le Roy.

Lavoisier, l'un des concurrents, obtint une médaille d'or donnée par le Roi, qui lui fut décernée publiquement à l'Académie des Sciences, le 9 avril 1766.

L'Académie avait résolu de publier le Mémoire de Lavoisier; mais, par suite de circonstances restées inconnues, il n'a paru pour la première fois que dans le Tome III de l'édition complète de ses Œuvres, publiées par M. J.-B. Dumas. On a été surpris d'y rencontrer, après un siècle écoulé, des idées tellement justes, qu'elles se sont trouvées d'une application actuelle, comme étant l'expression de ces vérités que le temps n'affecte pas.

LAURÉATS.

1765. Goujon, vitrier.	Gratification..... 200ᵗᵗ
1766. Bailly. } Bourgeois. } Le Roy. }	Prix partagé à titre de gratifications..... 2000ᵗ
Lavoisier.	Médaille d'or.

Prix du flint-glass, donné par le Roi.

La première pensée de ce prix appartient à Trudaine de Montigny, qui en avait fait les fonds; le Roi, l'ayant appris, demanda à l'Académie de faire publier le programme suivant, qui fut adopté dans la séance du 12 novembre 1766 :

L'Académie a déjà rendu compte au public, dans son *Histoire* de 1756 et dans celle de 1762, des travaux qui furent alors entrepris pour perfectionner la découverte des lunettes achromatiques ou sans couleurs qui, par cette propriété, peuvent, avec une beaucoup moindre longueur, produire un effet supérieur à celuy des lunettes d'approche ordinaires.

On sçait aujourd'hui assez généralement que cet effet admirable dépend de ce que les objectifs de ces lunettes sont composés de plusieurs verres taillés dans de certaines proportions, appliqués les uns sur les autres et dont quelques-uns, ayant un plus grand degré de réfringence que les autres, détruisent en grande partie l'aberration des rayons colorés que ces derniers auroient nécessairement produite.

Les matières qu'on employe dans la composition des objectifs achromatiques sont une espèce de verre de l'espèce du verre commun et un autre semblable au crystal d'Angleterre ou à ces pierres de composition qu'on nomme *stras*. C'est surtout cette dernière matière que les Anglais nomment *flint-glass*, qu'il est très difficile de se procurer aussi parfaite qu'il seroit à souhaiter. Il s'agissoit donc de donner cette matière le degré de perfection convenable ou de luy en substituer une autre qui eût les mêmes avantages sans avoir les mêmes inconvénients.

C'étoit dans cette vûe que M. Trudaine de Montigny, président de cette Académie, zélé pour le progrès des sciences, avoit remis à cette Compagnie une somme de *douze cens livres* destinée à celuy qui, au jugement de l'Académie, auroit le mieux remply l'objet dont il est question, et le programme contenant l'annonce de ce prix et les conditions à remplir par ceux qui y concourront a été publié au mois de juillet dernier.

La reconnoissance de l'Académie, l'honneur qui doit rejaillir sur ceux qui entreront en lice, et l'émulation qui en doit résulter, ne permettent pas à l'Académie de différer à instruire le public que le Roy, informé par le Rapport de M. le comte de Saint-Florentin et par M. le controlleur général, de l'utilité de cette recherche, a voulu faire luy-même les frais d'une recherche si utile à l'avancement des sciences et des arts et a fait remettre à l'Académie l'assurance de la somme promise, que celuy dont la pièce sera couronnée tiendra ainsi de sa main. L'Académie ne doute point que cette circonstance n'engage ceux qui entreprendront de travailler sur cette matière à redoubler leurs efforts pour entrer dans les vûes d'un monarque qui dans cette occasion ne cherche que le bien non seulement de ses sujets, mais encore de toutes les nations policées.

Le prix fut proposé pour l'année 1767 et remis successivement aux années suivantes; il ne put être décerné qu'en 1774.

1774. LABARDE, de la verrerie allemande du Val-d'Anois, près Abbeville.   Prix..... 1200ᶠ

La question ne parut point épuisée cependant, car l'Académie revint sur ce sujet en 1786 et proposa pour sujet d'un nouveau prix de « *donner, pour la composition d'un verre de l'espèce* flint-glass, *un procédé au moyen duquel on en puisse faire constamment à volonté, et en telle quantité qu'on voudra. les doses de chaux et autres substances qui le composeront devant être déterminées de manière qu'il en résulte un verre pesant et cependant exempt des défauts qu'on reproche au* flint-glass ».

Le prix fut remis à 1791 et porté à la somme de 12000 livres. Il ne put être décerné.

Il y a quelque cinquante ans, Faraday fut chargé, en Angleterre, de reprendre les études relatives à la fabrication du *flint-glass*, et il y procéda avec méthode ; ses expériences, très utiles, ne firent pas connaître le procédé pratique qui convient à cette fabrication. Il était réservé à M. Guinand de remporter le grand prix proposé à ce sujet par la Société d'encouragement pour l'Industrie nationale et de fonder à Paris une usine modèle qui s'est développée par les soins de ses descendants.

L'Académie a décerné à M. Guinand fils, en 1837, le prix Lalande pour les services rendus à l'Astronomie par l'application de ses procédés.

Prix extraordinaires proposés par un Anonyme.

Au mois de novembre 1770, les papiers publics reproduisaient la Note suivante :

PRIX EXTRAORDINAIRES DE L'ACADÉMIE ROYALE DES SCIENCES.

Un particulier a déposé chez le sieur Giraudeau, notaire à Paris, rue Saint-Honoré, au coin de celle de l'Échelle, deux sommes, l'une de *trois cents livres*, l'autre de *cinq cents livres*, pour être délivrées à ceux qui, au jugement de l'Académie, si elle veut bien en prendre la peine, auront répondu de la manière la plus satisfaisante aux deux questions suivantes :

PREMIÈRE QUESTION. — *Quelle relation peut-on concevoir entre le sexe et la couleur du poil ou de la plume de certains animaux ?* Avant que de répondre à cette question, il faudroit confirmer ou réfuter par des observations authentiques et bien constatées l'opinion vulgaire que, dans l'espèce des chats, il n'y a que les femelles qui soient marquées des trois couleurs, blanche, noire et jaunâtre ou rousse.

La somme de trois cents livres est destinée à celui qui aura le mieux satisfait à cette question.

SECONDE QUESTION. — On lit dans l'*Histoire de l'Académie royale des Sciences*, année 1745, page 93, in-4°, qu'un soldat âgé d'environ trente ans avait perdu la sensibilité dans un bras et une main, à tel point qu'il se brûla cruellement trois doigts sans ressentir aucune douleur, en enlevant le couvercle d'un poêle ardent. On y lit encore un autre exemple de sensibilité totalement perdue dans les doigts d'une main. Ces deux faits donnent occasion de demander :

1° *Quelle est la cause de la différence des deux espèces de paralysies, dont l'une (et c'est la paralysie ordinaire) rend la partie affectée incapable de mouvement, et dont l'autre, en laissant la liberté des mouvements, ne nuit qu'à l'organe du tact, en émoussant ou détruisant sa sensibilité ?*

2° *S'il y a quelque remède, confirmé par l'expérience, qui puisse ou guérir ou modérer l'effet de cette paralysie, en rendant au malade la sensibilité en tout ou en partie ?*

Les cinq cents livres de la somme déposée seront délivrées à l'auteur du Mémoire qui aura le mieux satisfait à cette question.

Les pièces destinées au concours doivent être écrites en françois ou en latin et remises à M. de Fouchy, Secrétaire perpétuel de l'Académie royale des Sciences, franches de port, au plus tard le 1er août 1771. Toutes personnes pourront prétendre aux prix, même les membres de l'Académie, pourvu qu'ils ne soient point du nombre des juges et qu'ils ne se fassent pas connoître.

Chaque auteur joindra une sentence ou devise à sa pièce, et mettra dans un billet cacheté la même sentence ou devise, ainsi que son nom, à moins qu'il ne veuille rester inconnu.

Le seul billet de la pièce victorieuse sera ouvert.

Les deux prix seront proclamés à l'Assemblée publique de l'Académie d'après la Saint-Martin 1771, et délivrés par le notaire dépositaire aux auteurs des pièces couronnées, ou à leurs porteurs de procuration, sur les certificats de M. de Fouchy.

Le 17 novembre, le Secrétaire perpétuel saisissait l'Académie de cette affaire. Le procès-verbal rend compte, en ces termes, des observations qui furent présentées à ce sujet :

J'ai dit que le jour même de l'assemblée publique (14 novembre 1770) j'avais reçu vers les 11h du matin un paquet de M. de Lacondamine, contenant le programme et la lettre qu'il m'écrivait, qu'aïant communiqué l'un et l'autre à M. Cassini, sous-directeur, et à quelques-uns des principaux académiciens, ils avaient été unanimement d'avis de ne point publier le programme, mais d'en faire mon Rapport à l'Assemblée du 17, ce dont je m'acquittais à l'instant, et j'ai lu ensuite la lettre suivante (¹) de M. de Lacondamine et une de l'auteur.

Sur quoi, l'Académie ayant délibéré, il a été décidé : 1° qu'il serait inséré dans les papiers publics un désaveu formel de cet acte, publié sans l'attache de l'Académie et sans qu'elle en eût la moindre connaissance, ce qui, s'il était toléré, pourrait devenir de la plus dangereuse conséquence ; 2° que, si l'auteur persistait dans la même résolution, il ferait imprimer un nouveau programme dans lequel il supprimerait la première question, trop futile et qui porte sur un fait trop peu constaté, sauf à y en substituer une autre et que ce nouveau programme ne serait imprimé qu'après avoir été présenté à l'Académie et examiné par MM. Morand père, Hérissant et Tenon, que l'Académie nomme commissaires à cet effet.

Quatre jours plus tard, dans la séance du 21 novembre, Grandjean de Fouchy faisait approuver par l'Académie la Note qui suit, destinée à faire connaître les motifs sur lesquels elle s'appuyait pour refuser de juger les prix proposés dans le programme qui précède :

L'Académie a vu avec le plus grand étonnement paroître un programme imprimé, sous le titre de *Prix extraordinaires de l'Académie des Sciences*; on y propose deux sujets de prix dont l'Académie n'a pas eu la moindre connoissance, on y dispose de ses officiers et d'elle-même sans qu'elle en ait été informée ; elle a donc cru devoir désavouer cet écrit publié sans son aveu et déclarer qu'elle n'entend remplir aucune des conditions qui y sont contenues.

(¹) Cette lettre n'est pas transcrite au procès-verbal et n'existe pas aux Archives de l'Académie.

L'auteur de la proposition qui nous occupe eut connaissance de cette résolution, car deux jours après il adressait à Lacondamine la Lettre suivante :

À Paris, ce 23 novembre 1770.

Monsieur, j'ai fait annoncer dans les papiers publics que le titre du précédent programme, dont je n'ai pas distribué un seul, était défectueux ; je vous en envoye un nouveau dont j'ai réformé le titre que le correcteur d'épreuve s'étoit avisé de tronquer, et pour ne laisser aucune équivoque, voici le nouveau titre que j'ai mis : *Prix extraordinaires proposés par un particulier et déférés au jugement de l'Académie royale des Sciences*. Je vous prie de faire voir ce nouveau programme à l'Académie ; je me flatte qu'il ne lui restera plus de motif pour refuser de juger. J'ai changé aussi, d'après vos remarques, l'énoncé de mes deux questions, pour le rendre plus clair et plus précis ; je ne tiens point à mes expressions, j'en adopterai volontiers de meilleures pourvu qu'on n'exige point que je change le fond des questions. Une autre fois je pourrai consulter l'Académie sur le sujet d'un nouveau prix, mais pour cette fois, je ne crois pas qu'on veuille ni qu'on puisse me contester le droit de disposer de mon bien, ni la liberté de promettre une récompense à celui qui m'éclairera sur un sujet honnête qui fait l'objet de ma curiosité.

J'ai l'honneur d'être respectueusement, etc. (1).

Le lendemain, l'Académie maintenait sa décision et adressait à la *Gazette de France* la Note qu'elle avait approuvée, en y ajoutant les mots suivants :

Elle rend cependant justice au zèle de l'anonyme qui propose ces prix, zèle qui mérite sans doute des éloges et que l'Académie se seroit fait un devoir de diriger vers des objets plus utiles si elle avait été consultée (2).

Repoussé ainsi qu'on vient de le voir à l'Académie des Sciences, Lacondamine ne se tint pas pour battu ; il modifia légèrement le programme des prix qui l'intéressaient et l'envoya à Formey, qui le fit accepter par l'Académie de Berlin, dont il était Secrétaire perpétuel (3).

Le premier des prix proposés, celui qui est relatif à la couleur du poil et de la plume de certains animaux, a été décerné en 1772 à Josse-Léopold Frisch, pasteur à Grüneberg, en Silésie (4).

M. de la Gournerie, membre de l'Institut, nous a fait l'honneur de nous communiquer une Lettre extrèmement intéressante, qui montre jusqu'à quel point Lacondamine avait cette affaire à cœur. Cette Lettre, dont le destinataire nous est inconnu, permet de supposer qu'il était lui-même l'auteur

<hr>

(1) Le nom de l'auteur a été bitté ; nous avons cru lire *Bulia*.

(2) *Gazette de France*, n° 97, 3 décembre 1770, p. 788.

(3) Ce programme est inséré dans les *Nouveaux Mémoires de l'Académie royale des Sciences et Belles Lettres de Berlin*, année 1770, p. 31.

(4) Mêmes *Mémoires*, année 1772, p. 41.

des deux propositions de prix; on ne peut rien affirmer à cet égard, mais ce qu'on peut dire et ce que ce document prouve, c'est que Lacondamine avait soupçonné la distinction des nerfs moteurs et des nerfs sensitifs, l'une des plus grandes découvertes physiologiques de ce siècle, celle qui fait la gloire de Magendie et de Charles Bell.

Lacondamine était alors dans la situation du soldat dont parle le programme, et plus complètement que lui, puisqu'il avait entièrement perdu le tact et conservé la liberté des mouvements.

Sa Lettre est ainsi conçue :

Étiolli, 28 oct. 1771.

Monsieur mon très cher et très respectable ami, qui ne daignés pas m'honorer du même nom quoique j'ose dire que je le mérite par mes sentimens pour vous, entés sur une estime de plus d'un demi-siècle, j'ai différé, depuis neuf jours que j'ai reçu votre dernière lettre, à vous répondre, pour ne vous pas fatiguer, connoissant votre exactitude; mais je vois dans votre lettre plusieurs articles qui méritent quelque éclaircissement de ma part.

Je commence par vous confirmer la pleine convalescence de Mme de Lacondamine, qui va toujours de mieux en mieux. Ses démangeaisons sont calmées, le sommeil est revenu, elle mange avec appétit, mais elle est fidèle à son régime rafraîchissant. La saignée réitérée lui a fait beaucoup de bien, les engorgemens des glandes ont presque cessé. Elle ne se nourrit que de bouillons légers, de végétaux, de tisanes, de petit-lait et se baigne tous les jours. Elle vous fait ses tendres complimens. Pour sa mère, c'est le modèle de la santé la plus parfaite. Quant à l'Élégante (¹), je croyois vous avoir mandé que je l'avois laissée dame et maîtresse de notre Chailloterie. Elle va et vient de son couvent à notre hermitage. Vos voisins ont beaucoup d'attention pour elle, elle m'écrit toutes les semaines et me demande toujours de vos nouvelles. Mon neveu, sa femme et ses enfans se portent à merveille, ils vivent dans la plus grande union et le spectacle de sa petite famille, de trois jolis enfans dont les facultés se développent à trois étages différens, m'intéresse et m'occupe agréablement. J'avois essayé, les années précédentes, le marc de raisin : j'ai voulu cette année éprouver si la grappe même et la cuve de la vendange seroient plus efficaces. Je n'en ai retiré aucun soulagement, au contraire, ce qui me persuade que mon engourdissement inférieur procède plutôt d'érétisme ou de tension que de relâchement dans les fibres nerveuses. Mes jambes s'affoiblissent de plus en plus. Je prévoyois dès avant mon départ que j'en perdrois bientôt l'usage. *Durum sed levius fit patientia, etc,*

C'est une dure extrémité:
Mais, quand le mal est sans remède,
La patience, à qui tout cède,
Aide à subir la loi de la nécessité.

Vous me paroissez bien sévère de trouver quelque indécence à moi d'avoir envoyé à ma femme une chanson qui exprimoit mes regrets d'avoir dégénéré.

(¹) Mademoiselle de Faverolles.

Il faut que quelqu'un de ceux qui par humeur ou je ne sais par quel motif empêchèrent notre Académie de se charger d'adjuger les deux prix proposés vous ait fait goûter des raisons que je n'ai pas bien pu pénétrer. Vous voyés que l'Académie de Berlin n'a fait aucune difficulté d'accepter mon offre. Tout le monde, même dans la nôtre à Paris, convient de l'utilité du prix de 500 livres. Les médecins sont partagés sur la question s'il y a deux sortes de nerfs, dont les uns donnent le mouvement aux muscles et dont les autres sont l'organe de la sensibilité, ou si les mêmes nerfs ont l'une et l'autre fonction. La question proposée, savoir quelle différence il y a entre la paralysie musculaire et la paralysie cutanée, outre l'intérêt personel que j'y prens, est donc utile au progrès de la Médecine et de l'œconomie animale; cette question, encore une fois, partage les médecins et mérite d'être éclaircie. Quand le prix ne serviroit qu'à nous procurer des dissertations bien faites, où toutes les notions sur cette matière, éparses dans les Livres de Médecine, seroient bien raprochées et combinées avec des réflexions nouvelles, il me semble que ce travail mériteroit d'être récompensé, et je ne désespère pas que l'émulation ou l'intérêt ne produise quelque bon Ouvrage auquel vous aplaudirés vous-même.

Quant à l'autre question, plus curieuse qu'utile, c'est y jetter un ridicule qui ne convient qu'aux gens frivoles de la borner aux couleurs du poil des chats; mais dans sa généralité, *quelle est la cause de la diversité de couleurs du poil et de la plume des animaux, du changement artificiel de ces couleurs,* comme dans les perroquets tapirés (*voir mon Voyage de l'Amazone*), et surtout *quelle influence ont ces couleurs sur le sexe des animaux,* comme la barbe sur la virilité, cette question, dis-je, prise dans sa généralité, n'a rien de ridicule. Je conviens qu'elle est difficile à résoudre; mais c'est par cette raison même que les physiciens doivent être excités à en chercher la cause.

Toutes les vérités physiques se tiennent et forment une chaîne, et l'une répand du jour sur l'autre. Quoi qu'il en soit, puisque vous laissés la chose à ma disposition, j'ai mandé à M. Formey que le temps de six mois ayant été assez court pour traiter ces matières à fond, s'il ne recevoit pas avant le 1er novembre, terme indiqué, aucun Mémoire digne de concourir au prix, au jugement de l'Académie de Berlin, j'étois d'avis de remettre le prix à l'année prochaine. Cependant il est encore temps de lui envoyer un contr'ordre. Il offre de rendre l'argent. Je suis bien fâché que vous le croyiés mal employé. Je vous avoue que j'avois cru qu'il n'y avoit que des gens superficiels ou de mauvais plaisans qui, faute de réflexion, portassent ce jugement. Convenés au moins que ces sujets, sous quelque point de vue qu'on les envisage, sont plus utiles et plus intéressans que la plupart des sujets proposés par l'Académie des Inscriptions et Belles-Lettres : *Quels sont les attributs des divinités égyptiennes?* etc., etc.

Je doute fort de la nouvelle du passage de Linguet en Angleterre. Il seroit mal reçu en ce péïs-là, dont il a décrié le gouvernement et les mœurs. Vous me dirés peut-être qu'il fera l'avocat pour et contre.

Je conçois bien que l'état où sont les finances ne permet pas d'accorder de nouvelles pensions ou gratifications. Je conçois aussi qu'on pourroit réduire les anciennes, et c'est déjà pis que les réduire de ne les point payer depuis deux ans. Si donc on diminuait les pensions ou gratifications d'un tiers ou de moitié, je suis trop juste et trop bon citoyen pour me plaindre; j'en dis autant si les fonds sur lesquels ma gratification est assignée étoient réduits. Mais si M. le duc d'Aiguillon conserve la disposition annuelle de 1500 mil. liv. sur lesquelles ma gratification est assignée depuis cinq ans, et qu'il ne la retranche, je serai bien fondé à croire qu'il est faux qu'il fût disposé à m'obliger, comme Madame sa mère m'en a assuré, et qu'il ne demandoit que les éclaircissements, que je lui ai fournis plus amplement qu'il n'étoit en droit de l'exiger, de l'origine de cette grâce, comme du Roi, et de la légitimité de mes titres.

Je vois qu'il n'y a de ma dernière lettre que la copie de celle de Voltaire qui vous ait fait plaisir. Voici un extrait de gazette (dont je fais ici ma nourriture) que j'ai cru mériter votre curiosité. Je vais faire un souhait barbare : que vous avaliés une épingle à cent vingt ans au risque d'en mourir.

Vous voyés que je ne suis pas aussi laconique que vous; mais le plaisir que j'ai de m'entretenir avec vous m'entraine d'autant plus qu'ici je suis en mesure, au lieu qu'en présence je n'y suis plus, à cause de ma surdité. Cela me fait souvenir de M. Thomas Diafoirus, qui prie sa maîtresse de reculer pour dire sa troisième révérence. Je vous dirai donc ce que j'écrivois à Mme la duchesse de Choiseul :

> Moi qui n'entens ni cloche ni tambour,
> Moi qui de loin reprens mon existence,
> Je dois choisir le tems de mon absence
> Pour essayer de vous faire ma cour.

Il me resteroit à vous répondre sur le reproche que vous me faites de ma bonne chère. Je n'ai sur cela aucune vanité; mais, comme je sens qu'on n'est pas tenté de faire visite à un sourd, je voudrois et j'ai pu doner un dîner tel quel, une fois la semaine, à trois ou quatre amis ou collègues, ne fût-ce que pour savoir ce qui se passoit à l'Académie qui m'intéresse, car ce n'étoit pas plus souvent; mais mon parti est pris. Mon carosse étoit plus pour Mme de Lacondamine que pour moi; ce n'est que pour elle que je le regrette, quoiqu'elle en usât moins que sa mère. Je le changerai en chaise à porteurs. Feue ma mère quitta le sien en 1720, j'en ai vu deux dans la maison en mon enfance, je n'en ai eu un à moi qu'à soixante ans: encore n'ai-je eu des chevaux continuellement qu'à soixante-cinq : je saurai m'en passer à soixante-dix. *Vale et amantem redama.*

Lacondamine.

Prix pour le titre d'Ingénieur de l'Académie, donné par le Roi.

Le 1er juin 1774, l'Académie recevait communication de la Lettre suivante, adressée à Grandjean de Fouchy :

À Paris, le 20 mai 1774.

J'ai mis, Monsieur, sous les yeux du Roi, à mon travail avec Sa Majesté, la demande faite par l'Académie, et c'est avec bien du plaisir que je vous donne avis que Sa Majesté a accordé la somme de deux mille quatre cents livres pour être employée à donner un prix à celui des artistes qui présentera les instrumens de Mathématiques les plus parfaits ; vous voudrez bien en faire part à l'Académie.

On ne peut vous être, Monsieur, plus parfaitement dévoué que je le suis.

Duc de La Vrillière.

Le 8 juin, la rédaction du programme de ce prix était adoptée dans les termes qui suivent :

L'Académie avoit accordé le titre de son ingénieur en instruments de Mathématiques au feu sieur Langlois, comme au premier artiste du royaume en ce genre ; elle l'avoit accordé de même au sieur Canivet, son neveu, qu'elle avoit regardé comme l'héritier des talents de son oncle.

A la mort de ce dernier, plusieurs artistes se sont empressés de demander ce titre vacant, et l'Académie, toujours résolue à ne l'accorder qu'au plus habile, et désirant que ce choix fût fait avec la plus grande connoissance de cause, a cru ne pouvoir mieux s'en assurer que par le moyen d'un concours.

Mais, comme il n'auroit pas été juste d'exiger de ceux qui voudront concourir des instruments qui demanderoient des avances considérables, des soins et des attentions scrupuleuses, l'Académie auroit en peine à se déterminer à annoncer ce concours, si, par une lettre du 22 mai 1774, la bonté du Roi n'y avoit pourvu, en assignant sur la demande de l'Académie, pour cet objet, un prix de deux mille quatre cents livres.

Elle avertit donc ceux des artistes nationaux et regnicoles qui se sentiront capables d'entrer en lice que, pendant l'espace de trois années, elle recevra les instruments qui seront présentés au concours ; elle demande un quart de cercle de trois pieds de rayon, garni de toutes les pièces qui peuvent servir à le rendre d'un usage sûr et commode, et accompagné d'un Mémoire contenant le détail des moyens qui auront été employés pour le construire.....

L'Académie, à son assemblée publique de la Saint-Martin 1777, proclamera, dans la forme usitée, celui auquel elle adjugera le prix et le titre de son ingénieur en instruments de Mathématiques.

Le prix proposé pour l'année 1777 fut remis à 1779, et la moitié de sa valeur fut décernée à un artiste dont le travail avait été fort remarqué ; la seconde moitié forma le montant d'un nouveau prix proposé pour 1781.

LAURÉATS.

1779. Magnier.	Prix.....	1200#
1781. Dijon.	Prix.....	1200#

Prix fondé par une Compagnie anonyme sur l'art de la teinture.

Par une lettre du 3 novembre 1774, Roland de la Platière, inspecteur des manufactures de Picardie, informait l'Académie qu'une Compagnie de particuliers d'Amiens, voulant concourir aux progrès des arts et des sciences, et sentant combien la théorie de l'art de la teinture était encore peu avancée, désirait proposer un prix sur cet objet; elle offrait en conséquence une somme de *douze cents livres*, pour faire le fonds de ce prix, à condition que l'Académie voudrait bien le proposer, qu'elle accepterait d'en être juge et que tous les Mémoires qui auraient été admis au concours seraient remis aux concurrents dès que le prix aurait été décerné.

Lavoisier et Macquer furent chargés d'examiner cette affaire. Le 17 décembre, Lavoisier donnait lecture d'un Rapport duquel nous extrayons ce qui suit :

..... Comme, d'après la Notice jointe à la lettre de M. de la Platière, il ne s'agit de rien moins que d'un Traité complet de l'art de la teinture, et que cette matière offre un champ d'expériences extrêmement vaste et qui s'étend à presque toutes les parties de la Chimie, la Société qui souhaite proposer ce prix aurait désiré qu'il eût été possible d'ajouter à la somme, et elle s'en rapporte à l'Académie sur les moyens qu'on pourrait employer pour l'augmenter.

L'Académie, consultée, décida que le sujet à traiter était trop étendu et qu'il y avait lieu de proposer aux membres de la Société de le restreindre.

Il fut également résolu qu'on ne pourrait communiquer les pièces qui auraient concouru qu'après le jugement et en annonçant dans le programme qu'elles seraient communiquées.

Ces dispositions ayant été acceptées, l'Académie proposa pour sujet du prix sur l'art de la teinture la question suivante :

L'analyse et l'examen chimique de l'indigo qui est dans le commerce, pour l'usage de la teinture.

La Compagnie fondatrice de ce prix est restée inconnue.

LAURÉATS.

1777. QUATREMÈRE.
HECQUET D'ORVAL.
RIBAUCOURT.
BERGMANN, correspondant de l'Académie.
    Prix partagé... 1200ᶠ

    Accessit.

Prix sur la fabrication du salpêtre, donnés par le Roi.

En 1775, le Roi, sur la proposition de Turgot, alors Ministre d'État, consentait à faire les fonds d'un prix sur le salpêtre. Le prix proprement dit devait s'élever à quatre mille livres; une somme de deux mille livres pouvait être décernée en accessits.

L'Académie proposa la question suivante :

Trouver les moyens les plus prompts et les plus économiques de procurer en France une production et une récolte de salpêtre plus abondantes que celles qu'on obtient présentement, et surtout qui puissent dispenser des recherches que les salpêtriers sont autorisés à faire dans les maisons des particuliers.

Le prix, proposé tout d'abord pour l'année 1778, a été remis à 1782 et porté à huit mille livres pour le prix et quatre mille livres pour un ou plusieurs accessits. Ces sommes ont été réparties de la manière suivante :

1782. THOUVENEL, docteur en Médecine.	Premier prix.....	8000#
LORGNA et CHEVRAND.	Second prix.....	2400#
BRUNI (J.-B. de).	Accessit........	800#
ANONYME.		800#

Ce prix a été l'occasion d'un savant Rapport de Lavoisier, qui forme le Tome XI des *Mémoires présentés par divers savants à l'Académie;* il a été publié en 1786.

Prix de Physique, fondé par l'Académie.

Dans la séance du 5 septembre 1777, d'Alembert a lu la Note suivante :

L'Académie nous ayant fait l'honneur de nous nommer commissaires du prix MM. Cassini, Lemonnier, de Condorcet, l'abbé Bossut et moi, nous avons une proposition à lui faire que nous désirons fort de voir accepter, parce qu'elle a pour objet le bien et le progrès des sciences.

Les cinq commissaires du prix ont, comme l'on sait, un honoraire très modique pour chacun d'eux, puisqu'il n'est que de 125 livres une année et de 175 livres l'autre; ces honoraires réunis forment en deux ans une somme de quinze cents livres; nous proposons de nous désister de ce très modique honoraire et nous invitons nos confrères, qui sans doute penseront comme nous, à s'en désister de même pour l'avenir; il suffiroit pour cela que chaque académicien voulût bien y renoncer dès ce moment, ou peut-être même qu'il n'y eût sur cet objet aucune réclamation, comme nous avons lieu de le croire. En ce cas, nous proposons d'employer tous les deux ans la somme de quinze cents livres qui proviendroit de cette renonciation, à un *prix de Physique* qui seroit proposé par l'Académie. Nous disons un prix de Physique, parce que le sujet du prix annuel ordinaire étant presque toujours mathématique ou physico-mathématique, les classes de Physique de l'Académie, c'est-à-dire les trois classes d'Anatomie, de Chimie et de Botanique, partageroient alors avec les classes de Mathématiques l'avantage d'avoir aussi un sujet de prix à proposer, qui pourroit successivement avoir pour objet ces différentes sciences.

Une autre somme, qui est aussi de quinze cents livres en deux ans, est affectée au Secrétariat de l'Académie par l'institution du prix. Cette somme a été accordée à M. Defouchy comme un dédommagement nécessaire des sacrifices qu'il a faits par sa retraite et comme la récompense très juste de ses travaux. M. le marquis de Condorcet, secrétaire actuel, déclare qu'il renonce dès à présent au droit qu'il pourroit avoir un jour sur cette somme, qui serviroit alors à augmenter du double le prix que nous proposons.....

Après la lecture de cet écrit, les propositions qui y sont contenues ont été acceptées à l'unanimité.

Il a été statué également que la classe d'Anatomie s'assembleroit pour régler avec les officiers de l'Académie le programme du nouveau prix.

La première question adoptée dans la séance du 12 novembre et proposée pour l'année 1779 avait pour objet l'*exposition complète du système des vaisseaux lymphatiques;* elle fut retirée et remplacée par l'*histoire naturelle du coton et des cotonniers.*

La question concernant *le borax et le sel sédatif* fut alors proposée et remplacée à son tour par celle du *nerf intercostal chez l'homme,* puis par celle du *nerf intercostal dans les animaux,* puis encore par la question relative à la *meilleure manière d'étudier et de décrire la Minéralogie.*

La dernière question proposée est celle du prix remporté par Duhamel.

LAURÉATS.

1787. *Déterminer par des caractères aisés à saisir, même par ceux qui n'ont pas fait une étude particulière de la Botanique, les différences qui existent entre les cotonniers d'Asie, d'Afrique et d'Amérique, etc.*

    QUATREMÈRE D'ISJONVAL.   Prix..... 1500ᵗ

1793. *Faire connaître quelle est la nature et la disposition des différentes substances qui, non seulement servent d'enveloppe aux couches de charbon de terre, suivant leurs qualités, mais encore forment les bancs de roche interposés entre ces couches; indiquer ces substances, de manière à guider tous ceux qui peuvent faire des recherches de ce combustible, etc.*

    DUHAMEL fils, ingénieur des Mines.   Prix..... 1500ᵗ

Prix pour des expériences ou des gratifications, fondé par un anonyme
(M. de Montyon).

Dans la séance du 14 juin 1780, d'Alembert a lu une lettre de M. Bronod, notaire, par laquelle il lui mande qu'un particulier a déposé chez lui une somme de douze mille livres, dont il envoie le billet de dépôt, pour être placée et le revenu employé à *l'établissement d'un prix pour quelque invention découverte ou chef-d'œuvre dont il puisse résulter un bien pour la Société, ou à quelque autre objet que l'Académie choisira annuellement.*

Le 21 juin, cette fondation a été acceptée, après autorisation royale du 16 du même mois, et l'Académie a décidé :

1° Que la rente des douze cents livres seroit employée tantôt en expériences, tantôt en prix ou gratifications, tantôt en Ouvrages utiles aux progrès des sciences : 2° qu'il seroit rendu compte de l'emploi qui en auroit été fait dans les assemblées publiques et dans l'Histoire de l'Académie.

Il a été résolu enfin que ladite somme ne pourrait jamais être employée en pension ni appliquée aux académiciens, ni donnée pour récompenser leurs travaux.

La rente fournie par cette donation était de six cents livres.

Quelques difficultés étant survenues au sujet de l'application des sommes qui en résultaient, l'Académie approuva, le 10 mai 1786, un Règlement qui fixa les conditions dans lesquelles le prix serait décerné.

Ce Règlement était conçu dans les termes qui suivent :

Art. 1. — Le prix annuel de six cents livres sera donné soit à un Ouvrage ou Mémoire imprimé, soit à un Ouvrage ou Mémoire manuscrit déjà approuvé par l'Académie, soit à des machines ou à des expériences également approuvées, soit comme un encouragement pour des travaux proposés dont le plan auroit obtenu l'approbation de l'Académie; mais, dans tous les cas, l'approbation doit avoir été donnée avant l'assemblée du mercredi des Cendres de l'année où le prix sera décerné.

Art. 2. — Le jugement du prix sera prononcé chaque année à la séance qui précède le dimanche de la Passion, à commencer en 1787, et proclamé à l'assemblée publique après Pâques de la même année.

Art. 3. — Dans l'assemblée qui se tiendra huit jours avant celle où le prix sera décerné, le plus ancien de chacune des huit classes présent à l'assemblée présentera, de l'avis de la classe, deux Ouvrages au plus, comme étant, au jugement de cette classe, les plus dignes du prix, et il pourra n'en présenter qu'un seul ou n'en présenter aucun.

L'Académie élira le même jour, à la pluralité des voix des honoraires et pensionnaires, un membre de chaque classe, pensionnaire ou associé ; ils formeront un Comité dans lequel, parmi les Ouvrages présentés, dans l'intervalle de cette séance à la séance à huitaine, ils choisiront au moins *deux* et au plus *trois* de ces Ouvrages, comme les plus dignes du prix.

Ils en rendront compte à l'Académie dans la séance à huitaine, et alors, à la pluralité des suffrages de tous ses membres, l'Académie décernera le prix à un de ces Ouvrages.

ART. 4. — Dans le cas où il y auroit partage entre les membres du Comité, ils appelleront pour former la décision trois des officiers, savoir le Président et à son défaut le Vice-Président, le Directeur et à son défaut le Vice-Directeur, le Secrétaire et à son défaut le Trésorier ; et, s'il n'y a pas trois officiers, le nombre de trois sera complété par les membres de l'Académie les plus anciens présens à la séance et ne faisant point partie du Comité.

Le prix de six cents livres n'a pu être décerné que trois fois, à des dates qu'il ne nous est pas possible de préciser ;

1° A MONTGOLFIER, pour ses machines aérostatiques. 600ʰ
2° A MAGNIER, à titre de gratification à l'occasion du prix relatif à la construction d'un quart de cercle, décerné en 1779. 600ʰ
3° A MASCAGNI (P.), pour la dissertation qu'il a faite sur les vaisseaux lymphatiques. 600ʰ

Prix sur l'alcalisation du sel marin, donné par le Roi.

Le Roi, désirant augmenter dans son royaume la fabrication des sels alcalins et procurer à ses sujets de nouvelles lumières sur une opération si importante pour le commerce, a jugé utile de faire de cette opération le sujet d'un prix et a bien voulu, par une lettre du Ministre de ses Finances, charger l'Académie des Sciences de proposer ce prix et de le juger.

La question posée était la suivante :

Trouver le procédé le plus simple et le plus économique pour décomposer en grand les sels de mer, en extraire l'alkali qui lui sert de base, dans son état de pureté, dégagé de toute combinaison acide ou autre, sans que la valeur de cet alkali minéral excède le prix de celui que l'on tire des meilleures soudes étrangères.

Le prix de l'alcali était de deux mille quatre cents livres ; il fut proposé pour 1783 et remis successivement jusqu'en 1788. Il n'a point été décerné.

Il n'est pas contesté cependant que c'est à la suite du mouvement imprimé par la publication du programme de l'Académie que survinrent toutes ces

tentatives faites en vue d'extraire la soude du sel marin et qui se terminèrent
par la découverte de Leblanc, dont les conséquences ont été incalculables.

Prix de Chimie, fondé par Mignot de Montigny.

Le testament de Mignot de Montigny, daté à Paris du 13 mars 1782,
contient les dispositions suivantes :

Je donne et lègue ma pendule de Galond, comme une pièce d'horlogerie très bien
travaillée, à l'Académie royale des Sciences, pour être placée dans un de ses
cabinets.

Ce que j'ai en Histoire naturelle appartiendra à madame la comtesse de Sabran.
Je la prie d'envoyer à la bibliothèque de l'Académie des Sciences ceux de mes livres
de Physique, Géométrie et Astronomie qui ne lui conviendraient pas ni pour son
usage ni pour celui de son fils.

Sur l'argent comptant qui se trouvera chés moi lors de mon décès et sur les parties de revenus à recouvrer, je veux qu'il soit prélevé une somme de quinze mille
livres que je donne et lègue à l'Académie royale des Sciences pour fonder un prix
de Chimie qu'elle proposera et donnera tous les ans dans une de ses assemblées
publiques, pour traiter un sujet tendant à perfectionner quelque art dépendant de
la Chimie, et que ce prix soit successivement appliqué à différents arts. Je prie
M. le président de Saron et M. Tillet de vouloir bien veiller à ce que cette somme
de quinze mille livres soit solidement et avantageusement placée pour fournir
chaque année sur le revenu qui doit en provenir une médaille d'or du prix de six
cents livres environ, dont le coin sera payé sur le revenu des premières années. Je
désire que l'empreinte de ce coin soit une couronne civique dans laquelle il sera
écrit :

AD PROMOVENDAS ARTES STEPH. D. M. ANNO 178...

et qu'il soit écrit au revers :

REGIA SCIENT. ACADEMIA PROCLAMAVIT.

Une lettre ministérielle, signée d'Amelot et datée de Versailles du
30 mai 1782, a autorisé l'Académie à accepter ce legs.

Le premier prix de Chimie fut proposé en 1783 pour l'année 1785, puis
remis à 1786 et à 1789; il avait pour objet :

*L'analyse de la garance et de la cochenille, comparées avec le fernambouc
et le campêche.*

La question fut retirée et remplacée par la *théorie de l'art du tannage.*
Le prix Mignot de Montigny ne fut jamais décerné.

Prix des Arts insalubres, fondé par un Anonyme (M. de Montyon).

D'Alembert, dans la séance du 17 avril 1782, a lu un Mémoire *sur une donation de douze mille livres qu'on propose de faire à l'Académie pour un prix sur les moyens de préserver les ouvriers des dangers auxquels les exposent les différents procédés des arts.*

Tandis qu'on applaudit au succès des arts, disait l'auteur de ce Mémoire, tandis qu'on admire les prodiges nouveaux dont ils embellissent et enrichissent journellement la société, on ignore ou plutôt on oublie que presque toutes les opérations sont malsaines ou meurtrières. Il s'en faut peu que le dénombrement des différentes classes d'ouvriers ne soit une liste de victimes.

Carrier, plâtrier, chaufournier, briquetier, tuilier, tailleur de pierres, verrier, miroitier, ou du moins ouvrier qui met au tain, doreur sur métaux, peintre, broyeur de couleurs, etc. Foulon, cardeur, tisserand, tanneur, corroyeur, chapelier, buandier, etc. Cribleur, blutier, saunier, brasseur, etc. Amidonnier, chandelier, potier de terre, etc. Ouvriers qui creusent les puits, vident les fosses d'aisances, enterrent les morts, etc. Tous les ouvriers employés à tirer les métaux des mines, et la plupart de ceux qui les travaillent, etc.

Dans toutes ces professions, la matière extraite ou fabriquée s'atténue ou se volatilise, s'insinue dans le corps humain et y porte des particules arsénicales, sulfureuses, métalliques, vénéneuses, etc., ou des molécules incisives, ou une poussière qui attaque les poumons, ou un air corrompu, espèce de mouffette artificielle.....
On vous propose, Messieurs, de fonder un prix annuel en faveur d'un Mémoire ou d'une expérience qui rende les opérations des arts mécaniques moins malsaines ou moins dangereuses.

L'Académie fera connoître chaque année quel doit être l'objet du Mémoire ou de l'expérience; et le premier prix sera donné dans l'assemblée publique d'après Pâques 1783.

On destine à cette fondation une somme de douze mille livres qui sera placée dans le nouvel emprunt en rente viagère sur la tête du Roi et sur celle de Monseigneur le Dauphin, et les intérêts serviront à payer une médaille qui formera le prix.

L'Académie, après avoir prononcé l'acceptation de cette donation, sollicita l'agrément du Roi et l'obtint.

Elle proposa le premier prix des Arts insalubres, dont la valeur fut fixée à 1080 livres, pour l'année 1783; la question était la suivante:

Déterminer la nature et les causes des maladies auxquelles sont exposés les doreurs au feu ou sur les métaux, et la meilleure manière de les préserver de ces maladies, soit par des moyens physiques, soit par des moyens mécaniques.

LAURÉATS.

1783. *Déterminer la nature et les causes des maladies auxquelles sont exposés les doreurs au feu ou sur métaux, et la meilleure manière de les préserver de ces maladies, soit par des moyens physiques, soit par des moyens mécaniques.*

GOSSE (Henri-Albert), de Genève.   Prix..... 1080#
ANONYME (Mémoire n° 3).   Mention honorable.

1784. *Déterminer la nature et les causes des maladies des ouvriers employés dans la fabrique des chapeaux, etc.*

GOSSE (Henri-Albert), de Genève.   Prix..... 1080#

1789. *La recherche des moyens par lesquels on pourroit garantir les broyeurs de couleurs des maladies qui les attaquent fréquemment, et qui sont la suite de leur travail.*

PISQUERA, de l'Académie royale de Peinture.
FRANCK (de), peintre de S. A. le prince-
    évêque de Liège.   Prix double partagé..... 2160#
ANONYME.   Accessit.

Prix de Mécanique, fondé par un Anonyme (M. de Montyon).

Dans la séance du 8 février 1783, Condorcet transmettait à l'Académie la proposition faite par un anonyme d'une fondation de 12000 livres pour la simplification des procédés de Mécanique; le 22 du même mois, l'Académie recevait du Roi l'autorisation d'accepter cette donation et fixait la valeur du prix de Mécanique à 1080 livres.

Le prix fut proposé la première fois pour 1784 et décerné seulement en 1785.

LAURÉATS.

1785. *Perfectionner la construction des moulins à eau surtout de leur partie intérieure, de manière qu'ils soient plus simples, s'il est possible; qu'ils donnent et plus de farines et des produits plus distincts dans la qualité de ces farines; que par la réunion et le jeu des bluteries, à mesure que la farine est extraite du grain, ils deviennent propres à la nouvelle espèce de mouture adoptée depuis quelques années dans les moulins de Corbeil, et dans quelques autres voisins de la capitale; enfin qu'ils renferment différentes mécaniques pour qu'ils puissent, au moyen de la force qui les fait mouvoir, produire les divers effets nécessaires à leur service.*

DRANSY, ingénieur du roi.   Prix double..... 2160#

1789. *La meilleure manière de distribuer suivant des rapports donnés un volume
déterminé d'eau entre les différents quartiers d'une ville, en ayant
égard aux divers accidens de terrein, c'est-à-dire aux inégalités des
hauteurs des lieux où les eaux doivent être envoyées, aux pentes et aux
sinuosités du terrein.*

GONDOUIN-DESLUAIS.   Prix double...   2160ᶠ

1792. *Recherches sur la meilleure manière d'établir les écluses, soit pour les
canaux de navigation, soit pour les ports de mer, de les construire solidement dans toutes leurs parties et d'en faciliter la manœuvre.*

GIRARD, ingénieur des Ponts et Chaussées à Poitiers.   Prix double.....   2160ᶠ

Prix pour la machine de Marly, donné par le Roi.

Le Roi avait fait annoncer en 1783, par M. le comte d'Angivilliers, qu'il
destinait une somme de 12000 livres à la création de trois prix qui devaient
être décernés, en 1785, aux auteurs qui, au jugement de l'Académie,
auraient proposé *la meilleure manière de rétablir ou de perfectionner la
machine actuelle de Marly, ou de remplacer cette machine par une autre.*

Le premier prix était de 6000 livres, le second de 4000 livres, le troisième de 2000 livres.

Le 23 mars 1785, une Commission, composée de Bossut, Monge, Coulomb,
Borda et Périer, donnait communication du Rapport suivant :

Nous sommes d'avis qu'on ne peut donner le prix concernant la machine de Marly
à aucune des pièces qui ont été envoyées pour le concours, quoique cependant plusieurs d'entre elles contiennent des observations intéressantes et utiles, et nous de-
mandons qu'on le propose une seconde fois pour l'année 1787, avec les conditions
suivantes, qu'on ajoutera au programme précédent (¹) :

1° Que les auteurs seront invités à apprécier, autant qu'il sera possible, les avantages et les défauts de la machine actuelle de Marly, afin qu'on puisse juger s'il y a
beaucoup à attendre de machines mieux entendues et mieux exécutées.

2° Que les auteurs pourront être dispensés d'envoyer des modèles pour les machines qu'ils proposeront; qu'il suffira qu'ils expliquent clairement leurs idées par
le discours et par des figures. Si néanmoins ils jugeaient à propos de s'expliquer
aussi par des modèles, ils pourront se contenter d'envoyer de petits modèles et seulement pour les parties qu'ils jugeront les plus nouvelles et les plus utiles dans leurs
projets.

(¹) Il ne nous a pas été possible de retrouver le premier programme; c'est pourquoi nous avons
cru devoir reproduire ce Rapport, qui donne quelques renseignements intéressants à connaître.

Cette fois l'Académie fut plus heureuse, et, sur le Rapport d'une Commission composée de Borda, Bossut, Vandermonde, Coulomb et Périer, elle put partager les prix de la manière suivante :

1787. Gondouin-Deslurais.
      Groult.
      Viallon.
      Marot.
      Lecotte.
      Bralle.
      Villette. à Saint-Germain-en-Laye.
      Anonymes (Mémoires n°s 1, 3, 22, 25, 42.

Premier prix partagé....... 6000[#]

Deuxième prix partagé..... 4000[#]

Troisième prix partagé..... 2000[#]

      Accessit.

      »

Prix donné par M. Degaule.

Dans la séance du 22 janvier 1785, l'Académie, sur le Rapport d'une Commission composée de Borda, Bory et Chabert, acceptait l'offre qui lui était faite par M. Degaule, ingénieur de la Marine, de proposer un prix de 200 livres pour l'auteur qui résoudrait la question suivante :

N'y auroit-il pas des moyens pour placer en mer, le long des côtes de France, dans les parties qui en sont susceptibles, des estacades ou digues artificielles, qui, dans les gros tems, puissent servir à rompre l'impétuosité des vagues et sous le vent desquelles un navire du Roi, du commerce ou toutes autres embarcations qui n'ont d'autres ressources que la côte, puissent, en y mouillant, y trouver un azile où ils n'ayent d'autres efforts à vaincre que celui du vent, dont la résistance peut être diminuée par les manœuvres usitées en pareille circonstance?

Le 5 février 1785, Bory donnait lecture d'une lettre par laquelle M. Degaule portait à 1200 livres la valeur du prix, que l'Académie proposa pour 1786, puis pour 1787.

Ce prix fut retiré par le donateur.

Prix proposé par un Anonyme.

Dans la séance du 30 avril 1785, une Commission, composée de Borda, Duséjour, Laplace et Condorcet, présentait le Rapport suivant :

L'Académie nous a chargés de lui rendre compte d'un programme destiné à l'annonce d'un prix, au jugement duquel on propose à l'Académie de concourir.

. . 45

Il s'agit donc d'examiner d'abord l'objet du prix en lui-même et ensuite la forme sous laquelle on propose à l'Académie de concourir au jugement. La question proposée se réduit à trouver une ou plusieurs formules générales qui renferment toutes les conventions relatives à la propriété que les hommes peuvent former entre eux et toutes les conditions qu'on peut opposer à ces conventions, de manière qu'un homme qui veut former une convention puisse, sans être gêné dans l'exercice légitime de sa liberté, choisir une de ces formules et n'avoir à y substituer que des désignations individuelles d'objets, de sommes, de personnes, de dates, etc.

Si ce problème étoit résolu complétement, on voit qu'on éviteroit tous les procès qui ont pour cause l'obscurité ou l'équivoque du sens des actes.

Cette question nous a paru importante de la manière dont elle est exposée dans le programme; elle appartient à la logique et à la science des combinaisons autant qu'à la jurisprudence et à la politique, et la science des combinaisons peut être regardée comme une branche de Mathématiques. Nous croyons que l'Académie ne doit pas considérer l'objet de ce prix comme étranger à ses occupations.

Celui qui a proposé le prix désireroit qu'il fût jugé par trois Compagnies savantes, choisies dans des païs différents.

Les commissaires qui représenteront ces trois Compagnies mettront sur chacune des pièces soumises à leur jugement une marque qui signifiera qu'ils jugent la pièce très bonne, ou renfermant une solution suffisante, ou seulement donnant une solution approchée, ou enfin n'en donnant aucune. Chaque pièce auroit, par ce moyen, trois marques, et le programme contient d'avance les combinaisons, trois à trois, de ces quatre marques qui doivent obtenir la préférence et donner droit soit au prix entier, soit à la moitié du prix.

Les auteurs sont obligés de donner trois copies de leurs Ouvrages, une pour chaque Académie, en sorte que chacune d'elles n'aura aucune connoissance du jugement que les autres auront porté, et qu'il subsistera entre elles, à tous égards, une égalité parfaite.

Après le jugement, les pièces seront renvoyées au fondateur du prix, qui, d'après les notes dont elles seront chargées, le délivrera conformément au programme.

Cette manière de se procurer le résultat des jugements combinés de trois Compagnies nous a paru ingénieuse. En effet, par cette méthode, aucun des corps qui jugera n'a le moindre avantage, et celui qui prononce le résultat est purement passif.

Le fondateur du prix n'est point François; ainsi l'Académie des Sciences n'avoit point un droit particulier à sa confiance, et toutes les grandes Académies de l'Europe ne doivent, pour leur propre intérêt comme pour celui des Sciences, que prétendre à l'égalité entre elles.

Nous pensons, en conséquence, que l'Académie peut accepter la proposition qui lui a été faite, en applaudissant au zèle que le fondateur du prix montre pour le bien général des hommes, et agréer la méthode qu'il propose pour le jugement. Cette méthode, dont c'est ici le premier exemple, peut être utile, parce qu'il y a plusieurs questions, et celle-ci nous paroît être du nombre pour lesquelles il seroit bon de se procurer les lumières réunies de nations les plus éclairées.

Le fondateur du prix a senti que le travail dont seroient chargés les académiciens nommés pour commissaires exigeroit d'eux le sacrifice d'une partie de leur tems, et il se propose de faire, après le jugement, les fonds d'un prix de 1200 livres pour une question au choix de l'Académie, et de la prier d'accepter cette proposition comme une marque de sa reconnoissance.

Malgré ce Rapport approbatif et les termes élogieux employés par le rapporteur, cette affaire ne reçut aucune solution.

Le fondateur du prix est resté inconnu.

Prix donné par M. le baron de Bernstorff.

Le 16 août 1785, M. de Bernstorff adressait à l'Académie un Mémoire détaillé par lequel il témoignait le désir de fonder un prix annuel pour la solution d'une question relative à la théorie des fluides en général, et en particulier à la théorie des mouvements d'un vaisseau; mais, avant de fonder ce prix, dit-il, « il croit devoir s'assurer par un essai que les questions qu'offre cette partie des sciences ne sont pas trop au-dessus des forces des savants, dans l'état actuel de nos connoissances; il prie, en conséquence, l'Académie de vouloir bien se charger d'abord du jugement d'un prix de deux cent quarante livres en faveur de celui qui aura le mieux résolu la question suivante :

« *On suppose : 1° qu'un vaisseau connu de poids, de forme et de position se meuve sur la surface de la mer, supposée plane et horizontale, avec une vitesse donnée et parallèlement à sa quille; 2° qu'une cause quelconque fasse naître sur la surface de la mer une onde ou lame circulaire unique, dont le centre soit placé sur le prolongement de la quille et dont on connoisse la forme, ou à l'origine ou dans un certain instant de sa durée; 3° que cette lame, en vertu de sa vitesse, atteigne le vaisseau. Cela posé, on demande les changements que la lame fera naître dans le mouvement du vaisseau, soit par le choc, soit par la différence de pressions.* »

Le prix offert par le fondateur devait être une médaille d'or, présentant le pavillon français sur sa face, et des instruments de Mathématiques, avec la devise *Sapere aude*, sur son revers.

L'Académie, ayant accepté cette donation dans sa séance du 27 août 1785, proposa de décerner le prix Bernstorff pour l'année 1787.

Il fut retiré faute de concurrents, et la proposition d'un prix annuel, formulée par le donateur, n'eut pas de suites.

Prix donné par une Compagnie anonyme pour un projet de machines hydrauliques, destinées à remplacer celles du Pont Neuf et du Pont Notre-Dame.

Le 17 octobre 1786, le baron de Breteuil adressait à Condorcet le programme suivant d'un prix à décerner en 1787 :

Une Société de citoyens, réunis par le goût des arts utiles, a déposé une somme de douze mille livres, destinée à l'artiste qui, au jugement de l'Académie royale des Sciences, fournira le projet de la meilleure machine hydraulique qui puisse remplacer aux moindres frais possibles les machines à eau du Pont Neuf et du Pont Notre-Dame.

1° Cette nouvelle machine devra élever une quantité d'eau, non seulement suffisante pour remplir toutes les conduites existantes et dépendantes des machines actuelles, mais encore surabondante, afin que la ville puisse augmenter, s'il en est besoin, les fournitures d'eau dont elle est chargée envers le public et les particuliers.

2° L'économie et la simplicité étant le but principal que l'on propose aux artistes, on désire que la nouvelle mécanique s'adapte aux conduites actuelles sans qu'il soit besoin de les changer ou de les déplacer, afin d'épargner au public l'embarras des remuements et des creusages dans les rues, afin aussi d'éviter de nouveaux frais de conduites, excepté dans le cas d'augmentation de fournitures, car il est essentiel de laisser aux particuliers l'espérance et la possibilité de jouir de l'amélioration qu'on aura procurée.

3° La nouvelle machine devra faire un service continuel sans que la crue des eaux, ni leur diminution, ni la gelée, ni les glaces puissent le suspendre ou l'interrompre.

4° L'embarras de la navigation et la perspective désagréable des machines actuelles étant un de leurs principaux inconvénients, la mécanique nouvelle ne devra exiger l'établissement d'aucune construction dont la forme et le volume puissent nuire soit à la navigation, soit à la libre circulation de l'air, soit à la perspective agréable du cours de la Seine. La Société désireroit même qu'elle fût susceptible d'une forme élégante qui concourût à la décoration intérieure de Paris.

5° La mécanique nouvelle devra élever l'eau de manière qu'avant d'être versée dans les conduits, elle soit parfaitement clarifiée, quel que soit l'état de la rivière, et que cette opération s'exécute sans faire reposer l'eau sur son dépôt ;

6° La Société a exclu du concours au prix proposé toute invention dont l'agent exigeroit une consommation quelconque de combustibles ou de fourrages, c'est-à-dire qu'elle en proscrit le feu et les animaux.

7° Les concurrents seront libres ou de présenter des modèles de leurs inventions, ou d'en remettre des plans détaillés, mais d'une clarté satisfaisante pour n'exiger aucune explication, et, comme l'économie est une des conditions les plus importantes à vérifier, les artistes joindront à leurs modèles ou plans le devis des constructions qu'ils proposeront. Ils feront entrer dans leurs calculs les valeurs de la démolition des anciennes machines et la comparaison des frais d'entretien annuel.

8° Quoique l'objet principal de ce concours soit l'invention d'une nouvelle machine hydraulique, cependant on invite les concurrents à donner des projets sur une restauration économique des machines actuelles, et suffisante pour leur faire remplir tous les points de leur destination; on les invite aussi à remettre des observations sur les avantages qui résultent pour une grande ville de la multiplicité et de la variété dans les moyens d'y faire abonder l'eau.

Le prix est déposé entre les mains de M. Guillaume jeune, notaire, et, immédiatement après le jugement de l'Académie royale des Sciences, il sera payé à l'artiste qui aura le mieux rempli les vues de ce programme.

Tous les concurrents pourront se procurer des renseignements sur les machines actuelles du Pont Neuf et du Pont Notre-Dame dans les bureaux de l'Hôtel de Ville, et le Secrétaire perpétuel de l'Académie recevra leurs envois jusqu'au 10 juillet 1787. Après cette époque, il n'en sera point admis au concours, et les prix seront proclamés à la dernière séance publique de l'année 1787.

Après avoir examiné ce programme, l'Académie adressa au Ministre quelques observations, qui furent transmises aux fondateurs du prix. La question ne fut reprise qu'en juillet 1787, proposée pour 1788, pour 1789, et enfin retirée à la demande de l'Académie.

Six Mémoires anonymes furent signalés comme renfermant des vues intéressantes.

Prix fondé par l'abbé Raynal.

En 1788, l'Académie recevait communication de la lettre suivante, adressée par l'abbé Raynal à M. de Chastellux :

Marseille, le 25 avril 1788.

Vous êtes déjà instruit, Monsieur, du projet que j'ai formé de fonder trois prix perpétuels de douze cents livres chacun, l'un dans l'Académie françoise, les deux autres dans les Académies des Sciences et Belles-Lettres.

Voudrés-vous bien employer vos soins pour en obtenir la permission de ces illustres corps? Cette faveur sera la plus douce consolation de ma vieillesse.

Chaque Compagnie aura le choix des matières ; cependant, si l'on daignoit avoir quelque égard pour mes goûts particuliers, l'Académie françoise proposeroit un morceau d'Histoire, l'Académie des Sciences quelque chose de relatif à la Navigation pratique, et celle des Belles-Lettres un sujet aussi populaire que la nature de son institution le lui permettroit.

S'il m'étoit permis d'avoir une opinion, je penserois qu'il conviendroit d'accorder aux concurrents deux années, pour les mettre à portée de présenter des Ouvrages dignes des suffrages des juges et de l'approbation du public.

J'ai l'honneur d'être avec un respectueux attachement, Monsieur, votre très humble et très obéissant serviteur.

RAYNAL.

Le 6 juin 1788, le baron de Breteuil informait Condorcet que le Roi approuvait que l'offre de l'abbé Raynal fût acceptée.

La première question, proposée pour 1790, puis pour 1792, fut la suivante : *Trouver, pour la réduction de la distance apparente de deux astres en distance vraie, une méthode sûre et rigoureuse qui n'exige cependant dans la pratique que des calculs simples et à la portée du plus grand nombre des navigateurs.*

Le prix ayant été décerné, l'Académie demanda, pour 1793, une *méthode pour trouver la latitude en mer, autrement que par la détermination méridienne d'un astre.*

Cette proposition n'eut pas de suite, l'Académie ayant été supprimée avant qu'elle pût en recevoir.

LAURÉATS.

1792. RICHER (J.-F.), ingénieur breveté de l'Académie.	Prix double..... 2.400ᶠ	
ANONYME (Mémoire n° 1).	Accessit.	
LEGUIX.	Mention honorable.	
SPHEPERD.	»	

Prix offert par M. Windisch-Graetz.

Il n'existe sur la fondation de ce prix que la pièce suivante, qu'on trouve aux Archives de l'Académie, et qui est de la main de Tillet, le prédécesseur de Lavoisier dans les fonctions de Trésorier perpétuel :

Le 26 avril 1788.

J'ay reçu de M. Windish-Gratz, de Bohême, la somme de douze cents livres pour un prix extraordinaire dont le sujet sera au choix de l'Académie des Sciences.

Les procès-verbaux ne font mention ni de la réception de la somme ni de la création du prix. On n'en retrouve de traces que dans une séance tenue par le Comité de Trésorerie le 17 avril 1793. Là, il est constaté que le prix Windisch-Graetz n'a pas été décerné et que les 1200 livres qui en forment le montant sont à la disposition du donateur.

On peut croire que le prix dont il s'agit n'était offert à l'Académie que conditionnellement, puisque sa valeur n'est pas mentionnée dans le Rapport du 27 juin 1793 [1].

----

[1] Voir p. 5.

Prix offert par le Comte d'Estaing.

Le 16 août 1788, Condorcet a présenté à l'Académie la lettre suivante :

Paris, le 11 aoust 1788.

M. le comte d'Estaing, gouverneur de la Touraine, désirant donner un objet d'émulation et d'encouragement qui puisse être favorable à la manufacture royale des aciers établie à Amboise, a bien voulu donner un prix consistant en une bourse de 300 livres et une superbe gravure du Roy, pour être destinés à l'artiste ou ouvrier qui aura fait avec l'acier d'Amboise l'ouvrage le mieux travaillé et qui approchera le plus d'un ouvrage de pareil genre fait en Angleterre ou qui le surpassera. Ce prix doit être distribué le jour de la Saint-Louis.

Connoissant, Monsieur, le vif intérêt que l'Académie veut bien prendre à tout ce qui peut contribuer au progrès des arts, nous venons vous prier, Monsieur, de bien vouloir l'engager à nommer deux de ses membres pour déterminer l'objet qui aura mérité la préférence ; nous espérons que vous daignerez nous accorder cette faveur dont nous conserverons la plus parfaite reconnoissance.

Nous avons l'honneur d'être avec la plus respectueuse considération vos très humbles et très obéissants serviteurs.

Les administrateurs de la manufacture royale
des aciers établie à Amboise,

DE MESTRE DU RIVAS, ALARY.

Par une décision en date du même jour, l'Académie refusa de s'occuper de cette affaire.

Prix national d'utilité, fondé par l'Assemblée nationale constituante.

L'Assemblée nationale constituante décréta, le 20 août 1790, que « chaque année il seroit assigné une somme de douze cents livres pour former un prix qui seroit accordé, au jugement de l'Académie, à l'auteur de l'Ouvrage ou de la découverte la plus utile au progrès des sciences et des arts, soit qu'il fût françois, soit qu'il fût étranger ».

Ce prix, auquel on donna, lors de sa création, le nom de *Prix national d'utilité*, fut proposé, la première fois, pour l'année 1791 ; mais, dit le rapporteur Haüy, « l'Académie, n'ayant pu, par des circonstances particulières qui ne dépendoient pas d'elle, s'occuper du prix de 1791, s'est trouvée dans le cas d'avoir, cette année (1792), deux prix à décerner ».

Ces deux prix furent attribués à F.-W. Herschel et à P. Mascagni.

En accordant la préférence à deux étrangers, ajoute le rapporteur, l'Académie a trouvé dans ses sentimens pour ces hommes illustres la preuve de cette vérité, que les savans de toutes les nations sont citoyens d'une patrie commune et partagent la gloire de leurs rivaux, par le plaisir de rendre hommage à leurs talens et à leurs succès.

LAURÉATS.

1791-1792. HERSCHEL (Friedrich-Wilhelm). — Pour avoir découvert une nouvelle planète, pour avoir perfectionné les télescopes au point d'en avoir exécuté un de 40 pieds, qui a 7 pieds d'ouverture et dont la mécanique augmente le mérite, enfin pour avoir dressé le Catalogue de 2000 nébuleuses, tandis que les astronomes n'en connaissaient que 100.   Prix..... 1200[f]

MASCAGNI (Paul). — Pour son Ouvrage publié en 1787 sous le titre *Vaso-rum lymphaticorum historie.*   Prix..... 1200[f]

1793.   GUYTON DE MORVEAU.   Prix...... 1200[f]

Prix offert par le Ministre de la Marine.

Le 25 juillet 1793, Dalbarade, Ministre de la Marine, adressait à l'Académie la lettre suivante :

L'humanité sollicite un régime plus salutaire pour les gens de mer; la conservation du biscuit, celle des légumes sont deux objets dont l'importance a fixé plus particulièrement mon attention.

Je désirerais qu'on trouvât des moyens peu dispendieux de rendre inaccessible aux insectes le biscuit contenu soit dans des caisses, soit dans des boucauts et dans les soutes, et qu'un procédé simple permît de conserver très sains, le plus longtemps possible, les légumes sur les vaisseaux de la République.

Je vous prie donc, citoyens, d'inviter les savants et les artistes à s'occuper de ces deux objets, et je vous autorise à déterminer la récompense que vous croirez convenable d'accorder à ceux des citoyens qui, à votre jugement, l'auront méritée.

J'attends ce soin d'une Société qui vit toujours l'emploi le plus précieux de ses lumières dans l'amélioration du sort des hommes.

L'Académie s'empressa d'accepter cette offre et proposa de décerner en 1794 un prix de 6000 livres à celui qui aurait le mieux répondu à la question suivante :

Trouver des moyens peu dispendieux de préserver des insectes le biscuit conservé dans les ports ou contenu, sur les vaisseaux, soit dans des caisses, soit dans des boucauts et dans les soutes, et de conserver très sains, le plus longtemps possible, les légumes sur les vaisseaux de la République.

L'Académie ayant été supprimée le 8 août suivant, ce prix ne fut jamais décerné.

On peut aisément évaluer le montant des biens de l'Académie des Sciences au moment de sa disparition.

M. de Meslay avait légué deux titres de rente : l'un de 4000 livres, au principal de 100000 livres, daté du 10 février 1714; l'autre de 1000 livres, au principal de 25000 livres, daté du 19 du même mois. Les conversions successives avaient réduit ces 5000 livres de rente à......... 3755# 18ˢ 9ᵈ

En 1780, Montyon faisait sa première donation de 12000 livres, qui devait être employée annuellement, ou en frais d'expériences ou en gratification à un savant, ou à l'établissement d'un prix pour quelque invention, découverte ou chef-d'œuvre dont il puisse résulter un bien pour la société. Cette somme, placée sur le clergé, produisait.................... 600#

Le titre de rente est du 1ᵉʳ octobre 1780.

En 1782, Mignot de Montigny fondait par testament un prix de Chimie. La somme léguée, y compris les intérêts, s'éleva à 18512# 10ˢ; placée sur les aides et gabelles, elle produisait............................ 925# 12ˢ 6ᵈ

Le titre de rente est du 30 juillet 1782.

En 1782, Montyon fondait le prix des Arts insalubres. Il y consacrait une somme de 12000 livres qui fut placée en rentes viagères sur la tête du Roi et sur celle du Dauphin. Elle produisait......................... 1080#

Le titre de rente est du 17 octobre 1782.

En 1783, Montyon faisait don d'une somme de 12000 livres destinée à la fondation du prix de Mécanique: placée en rentes viagères dans les mêmes conditions que le prix des Arts insalubres, elle produisait également   1080#

Le titre de rente est du 22 juillet 1783.

Enfin, en 1788, l'abbé Raynal offrait à l'Académie, pour la fondation du prix qui porte son nom, une somme de 25714# 5ˢ, qui, placée sur les revenus du Roi, produisait.................................... 1285# 5ˢ 6ᵈ

Le titre de rente est du 15 novembre 1788.

En résumé, l'Académie, en 1793, possédait, outre les fonds de prix disponibles qu'elle avait en caisse et dont elle fit hommage au pays, un capital de 205226 livres, qui lui fournissait annuellement, pour le service de ses prix, une rente de.................................... 8727#

LA PREMIÈRE CLASSE DE L'INSTITUT NATIONAL.

1795-1816.

Le 22 août 1795 commençait, sinon pour l'ancienne Académie des Sciences, au moins pour beaucoup de ses membres, une vie nouvelle. Rien du passé n'avait survécu aux événements; l'Académie elle-même avait perdu son indépendance avec son titre et faisait désormais partie de l'Institut national des Sciences et des Arts.

Créé par la loi du 5 fructidor an III, constitué, doté et réglementé par celles des 3 brumaire, 29 brumaire et 15 germinal an IV, l'Institut était divisé en trois classes. La Première classe, celle des *Sciences physiques et mathématiques*, était composée de soixante membres résidant à Paris et de soixante associés répandus dans les différentes parties de la République; la Seconde classe, celle des *Sciences morales et politiques*, avait trente-six membres et trente-six associés; enfin la Troisième classe, celle de *Littérature et Beaux-Arts*, quarante-huit membres et quarante-huit associés. Chacune de ces trois classes était appelée à décerner des prix dont elle devait publier les programmes. Nous ne nous occupons ici que de ceux qui étaient afférents à la classe des Sciences physiques et mathématiques.

Prix fondés par l'État.

La Première classe reçut, par la loi du 15 germinal an IV, la mission de décerner tous les ans deux prix proposés alternativement par les Sections de Sciences mathématiques et par les Sections de Sciences physiques ou naturelles; la valeur de ces prix était fixée à *un kilogramme d'or*.

Les conditions à remplir par les concurrents aux prix furent déterminées ainsi qu'il suit :

On ne mettra pas son nom à son manuscrit, mais seulement une sentence ou devise. On pourra, si l'on veut, y attacher un billet séparé et cacheté qui renfermera, outre la sentence ou devise, le nom et l'adresse de l'aspirant ; ce billet ne sera ouvert par l'Institut que dans le cas où la pièce aurait remporté le prix.

Les Ouvrages destinés aux concours peuvent être envoyés à l'Institut sous le couvert du Ministre de l'Intérieur ; on peut aussi les adresser francs de port, à Paris, à l'un des Secrétaires de la classe qui a proposé le prix, ou bien le lui faire remettre entre les mains. Dans le dernier cas, le Secrétaire en donnera le récépissé ; et il y marquera la sentence de l'Ouvrage et son numéro, selon l'ordre ou le temps dans lequel il aura été reçu.

C'est la Commission des fonds de l'Institut qui délivrera la médaille d'or au porteur du récépissé, et, dans le cas où il n'y aurait point de récépissé, la médaille ne sera remise qu'à l'auteur même ou au dépositaire de la procuration.

En l'an XI, la première Classe de l'Institut ajoutait à ces premières conditions la clause suivante :

Les concurrens sont avertis que l'Institut ne peut rendre ni les Mémoires, ni les dessins, ni les machines qui auront été soumis au concours ; mais les auteurs seront toujours les maîtres de faire copier les Mémoires, les dessins et de retirer les modèles de machines en remettant des dessins conformes.

Ces conditions sont encore observées, et elles n'ont subi que des modifications de détails.

La première question de *Prix de Mathématiques*, proposée dans la séance du 15 messidor an IV pour l'an VI, fut la suivante :

La construction d'une montre de poche propre à déterminer les longitudes en mer, en observant que les divisions indiquent les parties décimales du jour, savoir les dixièmes, les millièmes ou cent-millièmes ; ou que le jour soit divisé en dix heures, l'heure en cent minutes et la minute en cent secondes.

Le prix fut remporté par Louis Berthoud.

La première question de *Prix de Physique*, proposée pour la même époque, était :

La comparaison de la nature, de la forme et des usages du foie dans les diverses classes d'animaux.

Celui-ci ne put être décerné.

Nous ferons remarquer que les deux questions de prix dont nous venons de reproduire l'énoncé sont précisément celles dont l'Académie des Sciences proposait la solution au moment de sa suppression. En les soumettant de nouveau à l'attention des travailleurs, la Première classe de l'Institut affirmait son respect pour les derniers actes qu'avait pu accomplir la Compagnie illustre à laquelle elle était appelée à succéder.

Dès la fondation de l'Institut, il avait été résolu que les prix proposés seraient décernés solennellement.

Le 5 vendémiaire an VI, les classes approuvaient à ce sujet le Règlement suivant :

Art. 1. — Conformément à l'article 28 du Règlement, les prix seront distribués dans la séance publique qui suivra immédiatement l'époque du jugement.

Art. 2. — Il sera écrit au nom de l'Institut national aux citoyens qui les auront remportés, pour les inviter à être présens à la séance, et il leur sera envoyé un nombre de billets pour être distribués à leurs parens et à leurs amis.

Art. 3. — Ils se placeront d'abord parmi les spectateurs, indistinctement, jusqu'au moment où ils seront appelés par le Président.

Art. 4. — Immédiatement après le compte rendu des trois Classes, le Président annoncera à l'assemblée qu'il va proclamer, au nom de l'Institut, les noms des citoyens qui ont remporté les prix, et il rappellera le sujet des prix.

Art. 5. — Ensuite il appellera à haute voix et successivement chacun de ceux qui ont obtenu le prix, en désignant l'ordre dans lequel ils l'auront obtenu; l'agent de l'Institut ira les chercher dans les rangs des personnes qui assistent à la séance; il les accompagnera jusqu'au bureau.

Art. 6. — Le Président leur remettra la médaille spécifiée par le programme, ainsi qu'un extrait du procès-verbal de la séance dans laquelle le prix leur aura été adjugé; il leur donnera l'accolade, leur posera sur la tête une couronne de laurier et les invitera à prendre la place qui leur est destinée.

Art. 7. — L'agent de l'Institut les conduira à la place d'honneur, qui aura été préparée au centre de la salle et en face de la tribune de l'orateur.

Art. 8. — Lorsque tous ceux qui auront remporté des prix auront été ainsi appelés et placés, le Président les félicitera sur leurs succès.

Depuis longues années ce Règlement a cessé d'être en usage. Le prix Laplace, décerné depuis 1836 au premier élève sortant de l'École Polytechnique, est le seul que le lauréat reçoive des mains du Président.

En germinal an VIII, Bonaparte, alors Président, eut la pensée d'appeler l'attention des Académies étrangères sur les concours institués au sein de la Première classe de l'Institut.

La circulaire qui suit fut adressée, à cette occasion, aux Sociétés savantes qu'elle pouvait intéresser :

Nous vous adressons le programme des questions de Physique que l'Institut national propose aux savans de toutes les nations; les prix qu'il doit décerner aux solutions qu'il jugera les meilleures seront sans doute, pour les personnes capables de travailler sur ces sujets, des motifs beaucoup moins puissans que l'honneur d'avoir contribué aux progrès des connoissances humaines. Persuadé que tout ce qui peut hâter ces progrès est regardé par les hommes éclairés de tous les pays comme un devoir sacré, l'Institut national espère que vous voudrez bien donner à ce programme toute la publicité possible, soit en le faisant insérer dans les journaux qui paroissent dans votre pays, soit de toute autre manière.

Fait au Palais national des Sciences et des Arts, à Paris, le 15 germinal de l'an VIII.

BONAPARTE, Président.
DELAMBRE, G. CUVIER, Secrétaires.

Les grands prix des Sciences physiques et des Sciences mathématiques existent encore; on les désigne sous le nom de *Prix du Budget ;* leur valeur, fixée par le décret du 3 pluviôse an XI, réorganisant l'Institut en quatre classes, est actuellement de *trois mille francs.*

Grand prix des Sciences mathématiques.

LAURÉATS.

An VI. *La construction d'une montre de poche propre à déterminer les longi-tudes en mer, en observant que les divisions indiquent les parties déci-males du jour, savoir les dixièmes, millièmes ou cent-millièmes; ou que le jour soit divisé en dix heures, l'heure en cent minutes et la minute en cent secondes.*

BERTHOUD (Louis). Prix..... 3000^{fr}

An VII. *La recherche des meilleurs moyens de secourir les personnes enfermées dans les maisons incendiées, surtout dans une grande ville telle que Paris.*

REGNIER.
TREMEL.
GUYOT.
Prix partagé..... 3000^{fr}

An VIII. *Déterminer les époques de la longitude de l'apogée et du nœud de la Lune.*

BOUVARD (Alexis).
BURG.
Prix partagé..... 3000^{fr}

An IX. *Discuter toutes les observations que l'on pourra trouver de la comète de 1770, en déterminant, s'il est nécessaire, les positions des étoiles auxquelles on l'a comparée; examiner avec soin si les observations peuvent être représentées dans une orbite non rentrante, etc.*

BURCKHARDT (J.-C.). Prix..... 3000^{fr}

1810. *Donner de la double réfraction que subit la lumière en traversant diverses substances cristallisées une théorie mathématique vérifiée par l'expérience.*

MALUS (E.-L.).   Prix..... 3000ᶠ
ANONYME (Mémoire n° 1).   Mention honorable.

1812. *Donner la théorie mathématique des lois de la propagation de la chaleur, et comparer le résultat de cette théorie à des expériences exactes.*

FOURIER (J.-J.).   Prix..... 3000ᶠ

1811. *Donner la théorie mathématique des vibrations des surfaces élastiques et la comparer à l'expérience.*

GERMAIN (Mˡˡᵉ Sophie).   Mention honorable.
Le concours est prorogé.

1815. Même question.

GERMAIN (Mˡˡᵉ Sophie).   Prix..... 3000ᶠ

1816. *La théorie de la propagation des ondes à la surface d'un fluide pesant d'une profondeur indéfinie.*

CAUCHY (baron Augustin).   Prix..... 3000ᶠʳ

1816. *Application de l'Analyse mathématique à une question de Physique ou aux meilleures expériences de Physique.*

BREWSTER (David).   Prix partagé..... 3000ᶠʳ
SEEBECK.

1819. *1° Déterminer par des expériences précises tous les effets de la diffraction des rayons lumineux directs et réfléchis, lorsqu'ils passent séparément, ou simultanément près des extrémités d'un ou de plusieurs corps, d'une étendue soit limitée, soit indéfinie, en ayant égard aux intervalles de ces corps, ainsi qu'à la distance du foyer lumineux d'où les rayons émanent.*
2° Conclure de ces expériences, par les inductions mathématiques, les mouvements des rayons dans leur passage près des corps.

FRESNEL (Augustin).   Prix..... 3000ᶠ

1820. *Former par la seule théorie de la pesanteur universelle, et en n'empruntant des observations que les éléments arbitraires, des Tables du mouvement de la Lune, aussi précises que nos meilleures Tables actuelles.* (Prix doublé.)

DAMOISEAU (baron).   Prix..... 3000ᶠʳ
CARLINI (F.) et PLANA (baron).   Prix..... 3000ᶠʳ

1822. *Le prix sera décerné au meilleur Ouvrage ou Mémoire de Mathématiques pures ou appliquées, qui aura paru de 1800 à 1822.*

OERSTEDT (C.), pour la découverte de l'action de la pile voltaïque sur l'aiguille aimantée.   Prix..... 3000ᶠ
PLANA (baron).   Mention honorable.
FRESNEL (Aug.).
HERSCHEL (John-F.-William).
SAVART (F.).
M.   Prix.

8

1827. 1° *Déterminer par des expériences multipliées la densité qu'acquièrent les liquides et spécialement le mercure, l'eau, l'alcool et l'éther sulfurique par des compressions équivalentes au poids de plusieurs atmosphères.*
2° *Mesurer les effets de la chaleur produite par ces compressions.*

COLLADON (D.) et STURM (J.-C.-F.).　　　　Prix..... 3000fr

1828. *Examiner dans tous ses détails le phénomène de la résistance de l'eau, en déterminant avec soin, par des expériences exactes, les pressions que supportent séparément un grand nombre de points convenablement choisis sur les parties antérieures, latérales et postérieures d'un corps, lorsqu'il est exposé au choc de ce fluide en mouvement et lorsqu'il se meut dans le même fluide en repos, etc.* (Le concours est prorogé).

ANONYME (Mémoire n° 1).　　　　Mention honorable.
DUCHEMIN (colonel).　　　　"

1829. Le prix relatif au calcul des perturbations du mouvement elliptique des comètes n'ayant point été décerné, l'Académie propose le même sujet dans les termes suivants : *Elle appelle l'attention des géomètres sur cette théorie, afin de donner lieu à un nouvel examen des méthodes et à leur perfectionnement. Elle demande en outre qu'on fasse l'application de ces méthodes à la comète de 1759 et à l'une des deux autres comètes dont le retour périodique est déjà constaté.*

PONTÉCOULANT (Gustave de).　　　　Prix..... 3000fr

1830. Même question qu'en 1828 (*Phénomène de la résistance de l'eau*).

ANONYME.　　　　Mention honorable.

1830. *Le prix sera décerné à celui des Ouvrages qui présentera l'application la plus importante des théories mathématiques soit à la Physique générale, soit à l'Astronomie, ou qui contiendrait une découverte analytique très-remarquable.*

ABEL, de Christiania.
JACOBI, de Kœnigsberg.　　　　Prix partagé..... 3000fr

1831. *Le prix sera décerné au Mémoire manuscrit ou imprimé qui contiendra une découverte importante pour l'Analyse, ou une nouvelle application du calcul à l'Astronomie ou à la Physique.*

STURM (J.-C.-F.). — Mémoire sur la résolution des équations numériques.
　　　　Prix..... 3000fr

1838. *Résistance de l'eau.*

PIOBERT (G.).
MORIN (A.-J.).　　　　Encouragement..... 3000fr
DIDION (J.).
DUCHEMIN (colonel).　　　　Mention honorable.

1842. *Trouver les équations aux limites que l'on doit joindre aux équations indéfinies pour déterminer complètement les maxima et minima des intégrales multiples.*

SARRUS.　　　　Prix..... 3000fr
DELAUNAY (Ch.).　　　　Mention honorable.

1846. *Perfectionner dans quelque point essentiel la théorie des fonctions abé-*
liennes, ou plus généralement des transcendantes qui résultent de la
considération des intégrales de quantités algébriques.

ROSENHAIN (G.).　　　　　　　　　　　Prix.....　3000ᶠʳ
ANONYME (Mémoire n° 1).　　　　　　　Mention honorable.

1846. *Perfectionner dans quelque point essentiel la théorie des perturbations*
planétaires.

HANSEN (P.-A.).　　　　　　　　　　　Prix.....　3000ᶠ

1856. *Trouver, pour un exposant entier quelconque n, les solutions en nombres*
entiers et inégaux de l'équation

$$x^n + y^n = z^n,$$

ou prouver qu'elle n'en a pas, quand n est > 2.

La Commission, n'ayant reçu aucune pièce qui lui parût mériter le prix, l'a décerné
aux belles recherches de M. Kummer sur les nombres complexes composés de racines de l'unité et de nombres entiers.

KUMMER (E.-E.).　　　　　　　　　　　Prix.....　3000ᶠ

1858. *Établir rigoureusement la proposition de Legendre (voir Théorie des*
nombres, t. II, p. 76 de l'édition de 1830) dans le cas où elle serait exacte,
ou, dans le cas contraire, montrer comment on doit la remplacer.

DUPRÉ (Ath.).　　　　　　　　　　　Encouragement.....　1500ᶠ

1860. *Théorie des surfaces applicables.*

BOUR (Edm.).　　　　　　　　　　　Prix.....　3000ᶠʳ
BONNET (Ossian).　　　　　　　　　　Mention honorable.
CODAZZI (D.).　　　　　　　　　　　　»

1862. *Résumer, discuter et perfectionner en quelque point important les résul-*
tats obtenus jusqu'ici sur la théorie des courbes planes du quatrième
ordre.

JONQUIÈRES (E. de).　　　　　　　　　Médaille.....　2000ᶠ
POUDRA.　　　　　　　　　　　　　　　»　　　1000ᶠ

1863. *Reprendre l'examen comparatif des théories relatives aux phénomènes*
capillaires.

DESAINS (Ed.).　　　　　　　　　　　Médaille.....　1000ᶠ
QUET.　　　　　　　　　　　　　　　　»　　　1000ᶠ

1864. *Donner une théorie rigoureuse et complète de la stabilité de l'équilibre*
des corps flottants.

REECH (F.).　　　　　　　　　　　　Encouragement.....　1500ᶠ
JORDAN (C.).　　　　　　　　　　　　　　　　　1500ᶠ

1867. *Perfectionner la théorie des équations différentielles partielles du second ordre.*

> Le prix n'a pu être décerné; la Commission a proposé de l'attribuer au Mémoire d'Ed. Bour sur l'intégration des équations aux dérivées partielles du premier et du second ordre.

BOUR (Ed.).   Prix..... 3000ᶠʳ

1870. *Rechercher expérimentalement les modifications qu'éprouve la lumière dans son mode de propagation et ses propriétés par suite du mouvement de la source lumineuse et du mouvement de l'observateur.*

MASCART (E.).   Encouragement..... 2500ᶠʳ

1872. Même question.

MASCART (E.).   Prix..... 3000ᶠʳ

1874. *Théorie mathématique du vol des oiseaux.*

PENAUD (A.).   Récompense..... 2000ᶠʳ
HUREAU DE VILLENEUVE (A.) et CROCÉ-SPINELLI (J.).   Encouragement.. 1000ᶠʳ

1876. *Théorie des solutions singulières des équations aux dérivées partielles du premier ordre.*

DARBOUX (Gaston).   Prix..... 3000ᶠʳ

1879. Sur les fonds du budget, et en dehors des prix proposés, l'Académie a décerné un prix de trois mille francs à M. William Crookes, pour l'ensemble de ses expériences.

CROOKES (William).   Prix..... 3000ᶠʳ

1880. *Perfectionner en quelque point important la théorie des équations différentielles linéaires à une seule variable indépendante.*

HALPHEN (G.-H.).   Prix..... 3000ᶠʳ
POINCARÉ (H.).   Mention très honorable.
ANONYME (Mémoire n° 3).   »

Grand prix des Sciences physiques ou naturelles.

LAURÉATS.

An XI. *Indiquer les substances terreuses et les procédés propres à fabriquer une poterie résistante aux passages subits du chaud au froid.*
FOURNY, fabricant d'hygiocérames, à Paris.   Prix doublé..... 6000ᶠʳ
MULLER (de Nevers).   Accessit........ 800ᶠʳ

An XIII. *Quels sont les phénomènes de l'engourdissement que certains animaux, tels que les marmottes, les loirs, etc., éprouvent pendant l'hiver?* (Prix doublé).

HERHOLDT et RAFN, de Copenhague.   Moitié du prix..... 3000ᶠʳ

1807. Même question que ci-dessus.

Saissy, de Lyon.   Seconde moitié du prix doublé.....   1500fr

1809. *Quels sont les rapports qui existent entre les différents modes de phos-*
phorescence, etc.

Dessaignes.   Prix.....   3000fr
Anonyme (Mémoire n° 3).   Mention honorable.

1813. *Rechercher s'il existe une circulation dans les animaux connus sous le*
nom d'Astéries, ou étoiles de mer, d'Echinus, oursins ou hérissons de mer,
et d'Holothurus, ou priapes de mer, etc.

Tiedemann (Fr.).   Prix.....   3000fr
Anonyme (Mémoire n° 3).   Mention honorable.

1813. *Déterminer la chaleur spécifique des gaz, et particulièrement celle de*
l'oxygène, de l'azote et de quelques gaz composés, en la comparant à la
chaleur spécifique de l'eau, etc.

Delaroche (François) et Bérard (J.-E.).   Prix.....   3000fr
Anonyme (Mémoire n° 2).   Mention honorable.

1818. *Déterminer : 1° la marche du thermomètre à mercure comparativement à*
la marche du thermomètre à air depuis 20° au-dessous de zéro jusqu'à
200° C.; 2° la loi du refroidissement dans le vide; 3° les lois du refroi-
dissement dans l'air, le gaz hydrogène et le gaz acide carbonique à
différents degrés de température et pour différents états de raréfaction.

Petit et Dulong.   Prix.....   3000fr

1821. *Donner une description comparative du cerveau dans les quatre classes*
d'animaux vertébrés et particulièrement dans les reptiles et les pois-
sons, etc.

Serres (E.-R.-A.).   Prix.....   3000fr
Sommé.   Mention honorable.

1821. *Déterminer les changements chimiques qui s'opèrent dans les fruits*
pendant leur maturation et au delà de ce terme, etc.

Bérard, correspondant de l'Académie.   Prix.....   3000fr
Anonyme (Mémoire n° 3).   Mention honorable.

1823. *Quelles sont les causes, soit chimiques, soit physiologiques de la chaleur*
animale, etc.?

Despretz (M.-C.).   Prix.....   3000fr

1825. *Déterminer les phénomènes qui se succèdent dans les organes digestifs*
durant l'acte de la digestion.

Leuret (François) et Lassaigne (Louis).   Mention honorable.   1500fr
Tiedemann et Gmelin (1).   » 1500fr

---

(1) MM. Tiedemann et Gmelin ont refusé la mention honorable qui leur était accordée.

1829. *Présenter l'histoire générale et comparée de la circulation du sang dans les quatre classes d'animaux vertébrés, avant et après la naissance, et à différents âges.*

SAVATIER.   Encouragement.....   2000^{fr}

1830. *Description, accompagnée de figures, de l'origine et de la distribution des nerfs dans les poissons, etc.*

D'ALTON (Édouard) et SCHLEMM (Frédéric).
                          Valeur du prix à titre d'encouragement.....   3000^{fr}

1831. *Faire connaître l'ordre dans lequel s'opère le développement des vaisseaux ainsi que les principaux changements qu'éprouvent en général les organes destinés à la circulation du sang chez les animaux vertébrés.*

MARTIN SAINT-ANGE (G.-J.).   Valeur du prix à titre d'encouragement.....   4000^{fr}

1833. *Les organes creux que M. Schultz a désignés sous le nom de vaisseaux du latex existent-ils dans le grand nombre des végétaux, et quelle place y occupent-ils? Sont-ils séparés les uns des autres ou réunis en un réseau par de fréquentes anastomoses? Quelles sont l'origine, la nature et la destination des sucs qu'ils contiennent, etc.?*

SCHULTZ.   Prix.....   3000^{fr}

1835. *Examiner si le mode de développement des tissus organiques chez les animaux peut être comparé à la manière dont se développent les tissus des végétaux.*

VALENTIN, de Breslau.   Prix.....   3000^{fr}

1843. *Déterminer par des recherches anatomiques la structure comparée de l'organe de la voix chez l'homme et chez les animaux mammifères.*

MAYER, de Bonn.   Récompense.....   2000^{fr}
BISHOP (John).   "   .....   1000^{fr}

1843. *Déterminer par des expériences d'Acoustique et de Physiologie quel est le mécanisme de la production de la voix chez l'homme.*

DEQUEVAUVILLER.   Encouragement.....   1200^{fr}
BISHOP (John).   "   .....   1000^{fr}
CARLOTTI.   "   .....   800^{fr}

1843. *Structure comparée des organes de la voix.*

MAYER, de Bonn.   Récompense.....   2000^{fr}
BISHOP (John).   "   .....   1000^{fr}

1845. *Organes de la reproduction dans les cinq classes d'animaux vertébrés.*

PAPPENHEIM et VOGT.
MARTIN SAINT-ANGE (G.-J.).   Prix partagé.....   3000^{fr}
LEREBOULLET.   Accessit.
BELLINGERI (C.-F.).
DUMAS.   Mentions honorables.

1845. *Quelle est la succession des changements chimiques, physiques et organiques qui ont lieu dans l'œuf pendant le développement du fœtus chez les Oiseaux et les Batraciens?*

BAUDRIMONT. }
MARTIN SAINT-ANGE (G.-J.). }   Prix partagé..... 3000ᶠ
SACC (de Neuchâtel).   Mention honorable.

1847. *L'étude des mouvements des corps reproducteurs ou spores des algues zoosporées et des corps renfermés dans les anthéridies des cryptogames, telles que charas, mousses, hépatiques et fucacées.*

THURET (Gustave).   Prix..... 3000ᶠ
DERBÈS et SOLIER.   » 2000ᶠ

1849. *Détermination des quantités de chaleur dégagées dans les combinaisons chimiques.*

FAVRE (P.-A.) et SILBERMANN (H.).   Indemnité..... 1500ᶠ
ANDREWS (Thomas).   » 1000ᶠ
DAURIAC (M.) et SAHUQUÉ (Ad.).   » 500ᶠ

1851. *Développement des vers intestinaux.*

VAN BENEDEN (G.-J.).   Prix et impression du Mémoire..... 3000ᶠ
KUCHENMEISTER (Frédéric).   Encouragement..... 1500ᶠ

1853. *Étudier les lois de la distribution des corps organisés fossiles dans les différents terrains sédimentaires, suivant leur ordre de superposition, etc.*

GERVAIS (Paul).   Encouragement..... 1500ᶠ
 La question est maintenue au concours.

1856. *Établir par une étude du développement de l'embryon dans deux espèces, prises, l'une dans l'embranchement des Vertébrés, et l'autre soit dans l'embranchement des Mollusques, soit dans celui des Articulés, des bases pour l'Embryologie comparée.*

LEREBOULLET.   Prix..... 3000ᶠ

1856. *Étudier les lois de la distribution des corps organisés fossiles dans les différents terrains sédimentaires, suivant leur ordre de superposition, etc.*

BRONN (H.-G.).   Prix. ... 3000ᶠ

1857. *Étudier d'une manière rigoureuse et méthodique les métamorphoses et la reproduction des infusoires proprement dits (Polygastriques de M. Ehrenberg).*

LIEBERKUHN (N.). }
CLAPARÈDE (Ed.) et LACHMANN (J.). }   Prix partagé..... 3000ᶠ

1862. *Anatomie comparée du système nerveux des Poissons.*

PHILIPEAUX (J.-M.) et VULPIAN (A.).   Encouragement.... 1500ᶠ

1862. *Étude des hybrides végétaux.*

> NAUDIN (Ch.). Prix..... 3000fr
> GODRON (D.-A.). Mention très honorable.

1863. *Quels sont les changements qui s'opèrent, pendant la germination, dans la constitution des tissus de l'embryon végétal et du périsperme, ainsi que dans les matières que ces tissus renferment.*

> GRIS (Arthur). Prix..... 3000fr

1865. *Anatomie comparée du système nerveux des Poissons.*

> BAUDELOT (E.). Mention honorable..... 2000fr
> HOLLARD (H.). » 1000fr

1865. *Le prix est destiné au travail ostéologique qui aura le plus contribué à l'avancement de la Paléontologie française, etc.*

> EDWARDS (Alphonse-Milne). Prix..... 3000fr
> L'Académie vote également, pour l'impression du Mémoire, une somme de 6000fr

1873. *Histoire des phénomènes génésiques qui précèdent le développement de l'embryon chez les animaux dioïques dont la reproduction a lieu sans accouplement.*

> BALBIANI. Prix.... 3000fr

1874. *Étude de la fécondation dans la classe des Champignons.*

> CORNU (Maxime) et ROZE (Ern.). Encouragement..... 1500fr
> SICARD. »   1500fr

1875. *Faire connaître les changements qui s'opèrent dans les organes intérieurs des insectes pendant la métamorphose complète.*

> KUNCKEL D'HERCULAIS (Jules). Prix..... 3000fr

1879. *Étude approfondie des ossements fossiles de l'un des dépôts tertiaires situés en France.*

> FILHOL (Henri). Prix....... 3000fr
> LEMOINE (Victor). Récompense. 1000fr

Prix offert par le Roi d'Espagne

Le 19 germinal an V, Ch. Delacroix, Ministre des Relations extérieures, adressait à l'Institut national le programme d'un prix de cinquante louis d'or offert par le Roi d'Espagne, Charles IV.

Don Augustin de Pedrayes, auteur de ce programme, y proposait un problème de Géométrie transcendante à résoudre par quelqu'une des méthodes découvertes depuis l'invention du Calcul différentiel.

Par une décision du 6 floréal an V, la Première classe de l'Institut, sur le

rapport de Borda, se chargeait du jugement de ce concours et nommait, le
1er thermidor an VII, une Commission composée de Lagrange, Laplace,
Legendre, Cousin et Bossut pour juger les deux pièces qu'elle avait reçues.
Le 16 ventôse an IX, Lacroix succédait à Cousin, décédé, comme membre
de la Commission. Dans l'intervalle, une troisième pièce avait été adressée
au Secrétaire.

Nous ignorons la suite qui a pu être donnée à cette affaire, la décision de
la Classe n'étant pas insérée dans ses procès-verbaux, mais nous avons des
raisons de croire que le prix n'a pas été décerné; il ne figure d'ailleurs
sur aucun des programmes officiels qui ont été publiés, et les journaux de
l'époque sont muets à son égard.

Prix sur les sépultures, donné par l'État.

Le 1er vendémiaire an V, Legouvé, à l'une des séances publiques tenues
par l'Institut national, se plaignait « de l'indifférence qui laissoit le corps
d'un père, d'un parent, d'un ami, d'un citoyen, sortir seul de la maison où
il avoit vécu entouré de ses enfants, de ses amis; de l'apathie qui livroit ce
que l'on avoit possédé de plus cher à des hommes pour lesquels ces restes
précieux n'étoient qu'un importun fardeau qu'ils se hâtoient de précipiter
dans un hideux réceptacle ».

L'opinion publique avait recueilli ces plaintes, et l'Institut voulut donner
lui-même un exemple de son respect pour les funérailles en se réunissant
le 13 brumaire an VII pour honorer la sépulture de l'un de ses membres,
de Wailly.

Frappé des sentiments que cette manifestation avait fait naître, la Compagnie ne s'en tint pas là et chargea une Commission d'examiner ce qu'il conviendrait de faire relativement à ses membres ou aux dépôts communs dont
le soin intéressait l'État.

Deux Rapports lui furent présentés à ce sujet par Baudin des Ardennes ;
à la suite de ces Rapports, qui se trouvent imprimés dans le Tome II des
Mémoires de la Classe des Sciences morales et politiques, le Gouvernement,
par une lettre du 5 ventôse an VIII, offrait à l'Institut de proposer pour
sujet d'un prix à décerner dans sa séance publique du 15 vendémiaire an XI
la question suivante :

*Quelles sont les cérémonies à faire pour les funérailles, et le règlement à
adopter pour le lieu de la sépulture?*

Le prix était de *cinq hectogrammes d'or* (1500fr).

Les commissaires nommés furent Hallé, Desessartz, Toulongeon, Réveil-lère-Lepaux, Leblond et Camus.

La valeur du prix a été doublée.

LAURÉATS.

Mulot, ex-législateur, }
Duval (Amaury);   }   Prix partagé..... 3000ᶠʳ

Prix d'Astronomie, fondé par Jérôme Lalande.

Dans la séance générale tenue par l'Institut le 5 germinal an X, Lalande faisait la proposition suivante :

Je demande à l'Institut la permission de placer au Mont-de-Piété 10 000ᶠʳ, dont le revenu serve à donner chaque année une médaille d'or, ou la valeur, à celui qui aura fait l'observation la plus curieuse ou le mémoire le plus utile pour le progrès de l'Astronomie, en France ou ailleurs, les membres résidants de l'Institut exceptés, sur le rapport des commissaires que l'Institut aura choisis dans la Section d'Astronomie ou dans les autres Sections analogues.

A défaut d'observation ou de Mémoire assez remarquable, la Compagnie aura le droit de décerner la médaille comme encouragement à quelque élève qui aurait fait preuve de zèle pour l'Astronomie.

Elle pourrait également la remettre pour être double l'année suivante.

Si, pour accepter cette petite fondation, l'Institut croit avoir besoin de l'autorisation du Gouvernement, je le prie de vouloir bien la demander; je lui aurai l'obligation de pouvoir rendre à l'Astronomie une partie de ce que j'en ai reçu, et c'est ce que j'ai tâché de faire jusqu'à présent.

Une commission composée de Guyton de Morveau, Camus et Le Breton, membres des trois Classes, fut chargée d'examiner l'offre de donation faite par Lalande; elle fut acceptée dans la séance générale du 4 floréal an X.

Les Consuls de la République l'ayant approuvé par un arrêté du 13 du même mois, le prix Lalande put être proposé pour l'an XI.

Sa valeur est aujourd'hui de cinq cent quarante francs.

LAURÉATS.

			fr
An XI.	Olbers (H.-W.-M.)	Prix	571
An XII.	Piazzi (G.)	Prix	571
An XIII.	Harding	Prix	571
1806.	Swanberg	Prix	571
1807.	Olbers (H.-W.-M.)	Prix	571

1808. Mathieu (C.-L.).	Prix	571
1809. Gauss (Fr.).	Prix	571
1810. Poisson (S.-D.).	Prix	571
1811. Oltmanns Bessel (F.-W.).	Prix double	1142
1812. Lindenau (baron).	Prix	571
1813. D'Aussy.	Prix	571
1814. Piazzi (G.).	Prix	571
1815. Mathieu (C.-L.).	Prix	571
1816. Bessel (F.-W.).	Prix	571
1817. Pond (John).	Prix	571
1818. Pons.	Prix	571
1819. Nicollet Encke (J.-F.).	Prix partagé	635
1820. Nicollet Pons.	Prix partagé	635
1823. Rümker Gambart (J.-F.-A.).	Prix double	1270
1824. Damoiseau (baron).	Prix	635
1825. Herschel (John-F.-William) South (James).	Prix partagé	635
1826. Sabine (capitaine).	Prix	635
1827. Pons Gambart (J.-F.-A.).	Prix partagé	635
1828. Carlini Plana.	Prix partagé	635
1830. Gambart (J.-F.-A.) Gambey (H.-P.) Perrelet.	Prix double	1270
1832. Gambart (J.-F.-A.) Valz (B.).	Prix partagé	635
1833. Herschel (John-F.-William).	Prix	635
1834. Airy (G.-Biddell).	Prix	635
1835. Dunlop (James) Boguslawski.	Prix double	1270
1836. Beer Mädler (de Berlin).	Prix partagé	635
1837. Guinand fils.	Prix	635
1838. Brousseaud (colonel).	Prix	635
1839. Galle (de Berlin).	Prix	635
1840. Bremicker (de Berlin).	Prix	635
1842. Laugier (Ernest).	Prix	635
1843. Faye (H.) Mauvais (F.-V.).	Prix partagé	635
1844. De Vico d'Arrest.	Prix partagé	635
1845. Hencke (de Driessen).	Prix	635
1846. Galle.	Prix	635
1847. Hencke Hind (John-R.).	Prix partagé	635

		fr
1848. Graham	Prix	635
1849. Gasparis (de)	Prix	635
1850. Gasparis (de)		
Hind (John-R.)	Prix partagé	635
1851. Hind (John-R.)		
Gasparis (de)	Prix partagé	635
1852. Hind (John-R.)	Médaille	325
Gasparis (de)	Médaille	325
Luther (de Blik)	Médaille	325
Chacornac	Médaille	325
Goldschmidt (Hermann)	Médaille	325
1853. Gasparis (de)	Médaille	400
Chacornac	Médaille	400
Luther (Robert)	Médaille	400
Hind (John-R.)	Médaille	400
1854. Luther (Robert)	Médaille	300
Marth	Médaille	300
Hind (John-R.)	Médaille	300
Ferguson (de Washington)	Médaille	300
Goldschmidt (Hermann)	Médaille	300
Chacornac	Médaille	300
1855. Luther (Robert)		
Chacornac	Prix partagé	571
Goldschmidt (Hermann)		
1856. Chacornac	Médaille	500
Goldschmidt (Hermann)	Médaille	500
Pogson	Médaille	500
1857. Goldschmidt (Hermann)	Prix	500
Bruhns	Prix	500
1858. Goldschmidt (Hermann)	Médaille	300
Laurent	Médaille	300
Searle	Médaille	300
Tustle	Médaille	300
Winnecke	Médaille	300
Donati	Médaille	300
1859. Luther (Robert)	Prix	571
1860. Luther (Robert)	Médaille	300
Goldschmidt (Hermann)	Médaille	300
Chacornac	Médaille	300
Ferguson	Médaille	300
Forster		
Lesser	Médaille	300
1861. Tempel	Médaille	300
Luther (Robert)	Médaille	300
Goldschmidt (Hermann)	Médaille	300
1862. Clark	Prix	571
1863. Chacornac	Prix	542
1864. Carrington	Prix	542
1865. Warren de la Rue	Prix	542
1866. Mac Lear (Thomas)	Prix	542

			fr
1867. Schiaparelli (J.-V.)	Prix		542
1868. Janssen (P.-J.-C.)	Prix		542
1869. Watson (James)	Prix		542
1870. Huggins (William)	Prix		542
1871. Borelly	Prix		542
1872. Henry (Paul)	} Prix partagé		542
Henry (Prosper)	}		
1873. Coggia	Prix		542
1874. Mouchez (E.), capitaine de vaisseau	Prix		542
Bouquet de la Grye, ingénieur hydrographe	Prix		542
Fleuriais (Georges), capitaine de frégate	Prix		542
Tisserand (Félix)	Prix		542
André (Charles)	Prix		542
Héraud, ingénieur hydrographe	Prix		542
1875. Perrotin	Prix		542
1876. Palisa	Prix		542
1877. Hall (Asaph)	Prix		542
1878. Meunier (Stanislas)	Prix		542
1879. Peters (C.-H.-F.)	Prix		542
1880. Stone	Prix		540

Prix du galvanisme, fondé par le Premier Consul.

Paris, le 26 prairial an X.

J'ai intention, Citoyen Ministre, de fonder un prix consistant en une médaille de *trois mille francs* pour la meilleure expérience qui sera faite dans le cours de chaque année sur le fluide galvanique. A cet effet, les Mémoires qui détailleront les dites expériences seront envoyés, avant le 1ᵉʳ fructidor, à la Première classe de l'Institut national, qui devra, dans les jours complémentaires, adjuger le prix à l'auteur de l'expérience qui aura été la plus utile à la marche de la Science.

Je désire donner en encouragement une somme de *soixante mille francs* à celui qui, par ses expériences et ses découvertes, fera faire à l'électricité et au galvanisme un pas comparable à celui qu'ont fait faire à ces sciences Franklin et Volta, et ce, au jugement de la Classe.

Les étrangers de toutes les nations seront également admis au concours.

Faites, je vous prie, connaître ces dispositions au Président de la Première classe de l'Institut national, pour qu'elle donne à ces idées les développements qui lui paraîtront convenables, mon but spécial étant d'encourager et de fixer l'attention des physiciens sur cette partie de la Physique, qui est, à mon sens, le chemin des grandes découvertes.

Bonaparte.

Le 12 messidor an X, la Classe répondait à cette proposition par la lettre suivante :

Citoyen Premier Consul,

Vous venez de donner à la Classe une nouvelle preuve de votre sollicitude pour le progrès des sciences; elle en a entendu l'annonce avec enthousiasme, et a mis le plus grand empressement à en accélérer les effets. Nous avons l'honneur de vous adresser une copie du Rapport qui vient d'être fait sur cet objet à la Classe, et dont il sera donné lecture dans la prochaine séance publique; quelque libéral que vous ayez été dans cette occasion, nous ne doutons pas que l'honneur de répondre à l'appel d'un homme qui a su commander tous les genres d'admiration ne soit pour les concurrents un motif plus puissant encore d'émulation, que la récompense que vous promettez à celui dont les efforts auront été couronnés par le succès.

Nous avons l'honneur de vous saluer avec respect.

HAÜY, *Vice-Président;*
LACROIX, *Secrétaire;*
G. CUVIER, *ex-Secrétaire.*

Cette lettre était accompagnée d'un rapport de Biot, signé de Laplace, Hallé, Coulomb et Haüy, adopté dans la séance du 11 messidor an X.

Le premier concours eut lieu en l'année 1806, et le prix fut décerné à Erman (de Berlin).

Champagny écrivait à ce sujet à Napoléon, le 25 avril 1807 :

.... Le prix a été décerné à M. Erman, Prussien. Ainsi les Prussiens soumis aux lois de Votre Majesté sont traités comme vos sujets, et la Prusse, conquise par vos armes, l'est aussi par les bienfaits répandus en votre nom.

En 1807, le prix fut décerné à Humphry Davy; en 1809, à Gay-Lussac et à Thenard. C'est la dernière fois qu'il ait pu l'être jusqu'au retour de Louis XVIII, époque à laquelle il se trouva supprimé.

De l'an X jusqu'en 1816, la Première classe de l'Institut ne trouva point de découverte qui lui parût mériter l'encouragement de 60000 francs.

LAURÉATS.

			fr
1806.	ERMAN (de Berlin)	Prix	3000
1807.	DAVY (Humphry)	Prix	3000
1809.	GAY-LUSSAC	} Prix partagé	3000
	THENARD (baron L.-J.)		

Prix décennaux fondés par Napoléon.

Les Prix décennaux ont été institués par deux décrets successifs des 24 fructidor an XII (11 septembre 1804) et 28 novembre 1809. Ces décrets sont ainsi conçus :

PREMIER DÉCRET.

Au palais d'Aix-la-Chapelle, le 24 fructidor an XII.

Napoléon, Empereur des Français, à tous ceux qui les présentes verront, salut ;

Étant dans l'intention d'encourager les sciences, les lettres et les arts, qui contribuent éminemment à l'illustration et à la gloire des nations ;

Désirant non seulement que la France conserve la supériorité qu'elle a acquise dans les sciences et dans les arts, mais encore que le siècle qui commence l'emporte sur ceux qui l'ont précédé ;

Voulant aussi connaître les hommes qui auront le plus participé à l'éclat des sciences, des lettres et des arts ;

Nous avons décrété et décrétons ce qui suit :

Art. 1. — Il y aura de dix ans en dix ans, le jour anniversaire du 18 brumaire, une distribution de grands prix donnés de notre propre main dans le lieu et avec la solennité qui seront ultérieurement réglés.

Art. 2. — Tous les Ouvrages de science, de littérature et d'art, toutes les inventions utiles, tous les établissements consacrés au progrès de l'agriculture et de l'industrie nationales, publiés, connus ou formés dans un intervalle de dix années dont le terme précédera d'un an l'époque de la distribution, concourront pour les grands prix.

Art. 3. — La première distribution des grands prix se fera le 18 brumaire an XVIII et conformément aux dispositions de l'article précédent ; le concours comprendra tous les Ouvrages, inventions ou établissements publiés ou connus depuis l'intervalle du 18 brumaire de l'an VII au 18 brumaire de l'an XVII.

Art. 4. — Les grands prix seront, les uns de la valeur de dix mille francs, les autres de la valeur de cinq mille francs.

Art. 5. — Les grands prix de la valeur de dix mille francs seront au nombre de neuf, et décernés : 1° aux auteurs des deux meilleurs Ouvrages de science, l'un pour les sciences physiques, l'autre pour les sciences mathématiques ;... 3° à l'inventeur de la machine la plus utile aux arts et aux manufactures ; 4° au fondateur de l'établissement le plus avantageux à l'agriculture ou à l'industrie nationale.

Art. 6. — Les grands prix de la valeur de cinq mille francs seront au nombre de treize, et décernés : 1° aux traducteurs des dix manuscrits de la Bibliothèque impériale, ou des autres bibliothèques publiques de Paris, écrits en langues anciennes ou en langues orientales, les plus utiles soit aux sciences, soit à l'histoire, soit aux belles-lettres, soit aux arts....

Art. 7. — Ces prix seront décernés sur le Rapport et la proposition d'un Jury com-

posé des quatre Secrétaires perpétuels des quatre Classes de l'Institut et des quatre
Présidents en fonctions dans l'année qui précédera celle de la distribution.

DEUXIÈME DÉCRET.

Au palais des Tuileries, le 28 novembre 1809.

Napoléon, Empereur des Français, Roi d'Italie et Protecteur de la Confédération
du Rhin, etc., etc.;

Nous étant fait rendre compte de l'exécution de notre décret du 24 fructidor
an XII, qui institue des prix décennaux pour les Ouvrages de science, de littérature
et d'art, du Rapport du Jury institué par ledit décret;

Voulant étendre les récompenses et les encouragements à tous les genres d'études
et de travaux qui se lient à la gloire de notre empire;

Désirant donner aux jugements qui seront portés le sceau d'une discussion
approfondie et celui de l'opinion du public;

Ayant résolu de rendre solennelle et mémorable la distribution des prix que nous
nous sommes réservé de décerner nous-même;

Nous avons décrété et décrétons ce qui suit:

TITRE I. — *De la composition des prix.*

ART. 1. — Les grands prix décennaux seront au nombre de trente-cinq, dont dix-
neuf de première classe et seize de seconde classe.

ART. 2. — Les grands prix de première classe seront donnés:

1° Aux auteurs des deux meilleurs Ouvrages de sciences mathématiques, l'un pour
la Géométrie et l'Analyse pure, l'autre pour les sciences soumises aux calculs rigoureux, comme l'Astronomie, la Mécanique, etc.;

2° Aux auteurs des deux meilleurs Ouvrages de sciences physiques, l'un pour la
Physique proprement dite, la Chimie, la Minéralogie, etc., l'autre pour la Médecine,
l'Anatomie, etc.;

3° À l'inventeur de la machine la plus importante pour les arts et manufactures;

4° Au fondateur de l'établissement le plus avantageux à l'agriculture;

5° Au fondateur de l'établissement le plus utile à l'industrie.

ART. 3. — Les grands prix de seconde classe seront décernés: 1° à l'auteur de
l'Ouvrage qui fera l'application la plus heureuse des principes des sciences mathématiques ou physiques à la pratique;... 10° à l'auteur de l'Ouvrage topographique
le plus exact et le mieux exécuté.

ART. 4. — Outre le prix qui lui sera décerné, chaque auteur recevra une médaille
qui aura été frappée pour cet objet.

TITRE II. — *Du jugement des Ouvrages.*

ART. 5. — Conformément à l'article 7 du décret du 24 fructidor an XII, les Ouvrages
seront examinés par un Jury composé des Présidents et Secrétaires perpétuels de

chacune des quatre Classes de l'Institut. Le Rapport du Jury, ainsi que le Procès-verbal de ses séances et de ses discussions, seront remis à notre Ministre de l'Intérieur, dans les six mois qui suivront la clôture du concours.

Le concours de la seconde époque sera fermé le 9 novembre 1818.

Art. 6. — Le Jury du présent concours pourra revoir son travail jusqu'au 15 février prochain, afin d'y ajouter tout ce qui peut être relatif aux nouveaux prix que nous venons d'instituer.

Art. 8. — Chaque Classe fera une critique raisonnée des Ouvrages qui ont balancé les suffrages, de ceux qui ont été jugés dignes d'approcher du prix, et qui ont reçu une mention spécialement honorable.

Art. 9. — Les critiques seront rendues publiques par la voie de l'impression....

Art. 10. — Notre Ministre de l'Intérieur nous soumettra, dans le cours du mois d'août suivant, un Rapport qui nous fera connaître le résultat des discussions.

Art. 11. — Un Décret impérial décernera les prix.

Titre III. — *De la distribution des prix.*

Art. 12. — La première distribution des prix aura lieu le 9 novembre 1810, et la seconde distribution le 9 novembre 1819, jour anniversaire du 18 brumaire. Ces distributions se renouvelleront ensuite tous les dix ans, à la même époque de l'année.

Art. 13. — Elles seront faites par Nous, en notre palais des Tuileries, où seront appelés les Princes, nos Ministres et nos Grands officiers, des députations des Grands corps de l'État, le Grand maître et le Conseil de l'Université impériale, et l'Institut en corps.

Art. 14. — Les prix seront proclamés par notre Ministre de l'Intérieur; les auteurs qui les auront obtenus recevront de notre main les médailles qui en consacreront le souvenir.

Art. 15. — Notre Ministre de l'Intérieur est chargé de l'exécution du présent décret, qui sera inséré au *Bulletin des Lois.*

Dès la réception du premier des documents qu'on vient de lire, le Jury régulièrement constitué tint de nombreuses séances, à la suite desquelles il se préoccupa de recueillir les matériaux nécessaires à l'examen des Ouvrages sur la valeur desquels il allait être appelé à se prononcer.

Un programme, dont le Jury avait adopté la rédaction le 22 juillet 1808, fut transmis au Ministre Cretet et publié par ses soins; il était conçu dans les termes qui suivent :

Prix décennaux institués par S. M. l'Empereur et Roi.

Ce n'est pas ici le lieu de rappeler tout ce que l'auguste Chef de l'Empire français a fait depuis le commencement de son règne pour accélérer le progrès des lumières, honorer les talens, encourager les travaux utiles et exciter l'émulation dans tous les genres d'industrie. Jamais les sciences, les lettres et les arts n'ont trouvé dans un souverain un protecteur plus éclairé et un bienfaiteur plus magnifique.

Mais il est peut-être nécessaire de rappeler à l'attention du public une institution que la multitude des événemens mémorables qui se sont succédé depuis quelques années, avec autant d'éclat que de rapidité, a pu faire perdre de vue à ceux mêmes que cette institution intéresse davantage.

Il existe un Décret impérial daté du palais d'Aix-la-Chapelle, le 24 fructidor an XII, dont nous allons rapporter les principales dispositions :

Étant dans l'intention (dit Sa Majesté Impériale dans le préambule) d'encourager les sciences, les lettres et les arts qui contribuent éminemment à l'illustration et à la gloire des nations,

Désirant non seulement que la France conserve la supériorité qu'elle a acquise dans les sciences et dans les arts, mais encore que le siècle qui commence l'emporte sur ceux qui l'ont précédé;

Voulant aussi connaître les hommes qui auront le plus participé à l'éclat des sciences, des lettres et des arts;

Nous avons décrété et décrétons ce qui suit :

Art. 1. — Il y aura de dix ans en dix ans, le jour anniversaire du 18 brumaire, une distribution de grands prix donnés de notre propre main dans le lieu et avec la solennité qui seront ultérieurement réglés.

Art. 2. — Tous les Ouvrages de science, de littérature et d'art, toutes les inventions utiles, tous les établissemens consacrés au progrès de l'agriculture et de l'industrie nationales, publiés, connus ou formés dans un intervalle de dix années dont le terme précédera d'un an l'époque de la distribution, concourront pour les grands prix.

Dans les articles suivans Sa Majesté établit vingt-deux grands prix, dont neuf de 10000fr et les autres de 5000fr, pour les meilleurs Ouvrages de Science et d'Histoire, pour les meilleurs poèmes dramatiques ou autres, pour les meilleures traductions de manuscrits en langues anciennes ou orientales, pour les machines les plus utiles aux arts et aux manufactures, pour les établissemens d'agriculture et d'industrie les plus avantageux, enfin pour les plus beaux ouvrages de peinture et de sculpture.

Une condition essentielle des pièces de poésie et des ouvrages de peinture et de sculpture, c'est qu'ils aient pour sujets des traits puisés dans notre histoire et honorables au caractère français, et certes jamais le génie et le talent n'ont pu avoir pour s'exercer un champ plus vaste et plus riche.

L'article 3 fixe la première distribution de ces grands prix au 18 brumaire an XVIII (9 novembre 1809), et, par conséquent, le concours expire le 9 novembre 1808.

D'après l'article 7, ces prix seront décernés sur le Rapport et la proposition d'un Jury composé des Secrétaires perpétuels des quatre Classes de l'Institut et des quatre Présidens en fonctions dans l'année qui précédera celle de la distribution.

Quoique les différens genres d'Ouvrages et de travaux qui peuvent concourir aux prix décennaux n'aient besoin que de la notoriété publique pour obtenir l'attention la plus scrupuleuse du Jury institué pour le jugement de ces prix, cependant, dans la vue d'éviter de vaines réclamations sur les Ouvrages que l'on pourrait croire avoir été oubliés ou négligés au concours, tout auteur d'un Ouvrage, d'une invention, d'un établissement qui, suivant le texte du Décret impérial, sera dans le cas de concourir à l'un des prix décennaux, est invité à envoyer une Note détaillée et explicative de ses titres au Secrétariat de l'Institut, adressée spécialement *au Jury des prix décennaux.*

Les concurrents sont invités en même temps à s'interdire toute sollicitation ou recommandation auprès des membres du Jury en particulier. Des démarches de ce genre prouveraient dans ceux qui se les permettraient aussi peu de confiance dans la bonté de leur cause que dans l'impartialité de leurs juges.

Le Décret du 28 novembre 1809 modifia sensiblement les conditions dans lesquelles les prix devaient être décernés.

Pour ce nouveau concours, deux cent soixante-quatorze Ouvrages furent inscrits et examinés; les opérations du Jury furent délicates et longues, et c'est seulement au mois d'octobre 1810 qu'elles purent prendre fin. Pour la première Classe de l'Institut, les décisions auxquelles elles donnèrent lieu furent les suivantes :

Premier grand prix de première classe, destiné au meilleur Ouvrage de Géométrie ou d'Analyse pure. — Commissaires : Laplace, Monge, Prony. — Rapport du 13 août 1810. — Lauréat proposé : LAGRANGE.

Second grand prix de première classe, destiné au meilleur Ouvrage dans les sciences soumises aux calculs rigoureux, comme l'Astronomie, la Mécanique. — Commissaires : Delambre, Burckhardt, Lacroix. — Rapport du 13 août 1810. — Lauréat proposé : LAPLACE.

Troisième grand prix de première classe, destiné au meilleur Ouvrage de Physique proprement dite, de Chimie, de Minéralogie, etc. — Commissaires : Lelièvre, Haüy, Vauquelin, Charles et Desfontaines. — Rapport du 20 août 1810. — Lauréat proposé : BERTHOLLET.

Quatrième grand prix de première classe, destiné à l'auteur du meilleur Ouvrage sur la Médecine, l'Anatomie, etc. — Commissaires : Sabatier, Pelletan, Hallé. — Rapport du 1er octobre 1810. — Lauréat proposé : CUVIER.

Cinquième grand prix de première classe, destiné à l'inventeur de la machine la plus importante pour les arts et les manufactures. — Commissaires : Charles, Prony, Malus. — Rapport du 3 septembre 1810. — Lauréat proposé : MONTGOLFIER.

Sixième grand prix de première classe, destiné au fondateur de l'établissement le plus avantageux à l'agriculture. — Commissaires : Thouin,

Tessier, Silvestre. — Rapport du 20 août 1810. — Lauréat proposé : l'établissement de LA MANDRIA, de Chivas, département de la Doire.

Septième grand prix de première classe, destiné au fondateur de l'établissement le plus utile à l'industrie. — Commissaires : Prony, Périer, Chaptal, Berthollet. — Rapport du 20 août 1810. — Lauréat proposé : OBERKAMPF.

Premier grand prix de seconde classe, destiné à l'Ouvrage qui fera l'application la plus heureuse des principes des sciences mathématiques ou physiques à la pratique. — Commissaires : Laplace, Guyton, Charles, Vauquelin, Arago. — Rapport du 27 août 1810. — Lauréat proposé : LA BASE DU SYSTÈME MÉTRIQUE DÉCIMAL.

Deuxième grand prix de seconde classe, destiné à l'Ouvrage topographique le plus exact et le mieux exécuté. — Commissaires : Carnot, Cassini, Buache. — Rapport du 27 août 1810. — Lauréat proposé : LA CARTE TOPOGRAPHIQUE DE LA GUYENNE, par BELLEYME.

Les trois autres Classes de l'Institut avaient terminé, elles aussi, leur travail sur les prix décennaux ; mais les événements ne permirent pas de les décerner, et cette belle et grande institution disparut avec l'Empire.

Prix sur le croup, donné par Napoléon.

Le 5 mars 1807, Napoléon-Charles, le premier des fils de Louis Bonaparte et de Hortense Beauharnais, frère aîné de Napoléon III, mourait emporté par le croup. Profondément ému de cette mort, l'Empereur, peu de jours avant la bataille de Friedland, adressait à Champagny, Ministre de l'Intérieur, les ordres nécessaires pour qu'un concours fût institué en vue de rechercher les moyens d'arrêter les progrès du croup et d'en prévenir l'invasion. Conformément à ces ordres, le 28 juillet 1807, Champagny transmettait à la première Classe un arrêté ainsi conçu :

Le Ministre de l'Intérieur, en exécution de l'ordre donné par S. M. l'Empereur, le 4 juin dernier, au quartier général de Finckenstein, d'ouvrir un concours sur la maladie connue sous le nom de *croup*, dont l'objet sera un prix de *douze mille francs* pour le meilleur Ouvrage sur le traitement de cette maladie, et vu le Rapport de l'École de Médecine de Paris, en date du 16 du courant, arrête :

ART. 1. — Il est ouvert un concours sur le sujet suivant : Déterminer, d'après les monuments pratiques de l'art et d'après des observations exactes, les caractères de la maladie connue sous le nom de *croup*, et la nature des altérations qui la constituent; les circonstances extérieures et intérieures qui en déterminent le développement; ses affinités avec d'autres maladies; en établir, d'après une expérience constante et comparée, le traitement le plus efficace; indiquer le moyen d'en arrêter les progrès et d'en prévenir l'invasion.

Art. 2. — Tous les médecins nationaux et étrangers sont appelés au concours proposé pour le traitement curatif et préservatif du *croup*....

Art. 6. — Tous les Mémoires destinés au concours devront être adressés au Ministre de l'Intérieur. Pour donner lieu à un renouvellement suffisant des circonstances qui peuvent favoriser les expériences et les observations, le concours ne sera fermé qu'au 1er janvier 1809. Ce terme passé, les Mémoires qui parviendraient ne seront point admis au concours.

Art. 7. — Une Commission spéciale sera chargée de faire un Rapport au Ministre sur les Ouvrages admis au concours. Cette Commission sera composée de douze membres, dont quatre seront pris dans la Classe des Sciences physiques et mathématiques de l'Institut, quatre parmi les professeurs de l'École de Médecine de Paris, qui ne feront point partie de l'Institut, et les quatre autres dans le corps des médecins de Paris.

Art. 8. — Il sera décerné un prix de *douze mille francs* au médecin auteur du meilleur Mémoire sur la nature du *croup* et sur les moyens de prévenir cette maladie ou d'assurer le succès de son traitement....

Le 25 juillet 1809, le Ministre informait l'Institut qu'il avait pris un arrêté par lequel le concours était prorogé au 31 du même mois. La Commission, composée de Des Essartz, Hallé, Pinel, Portal, membres de l'Institut, Corvisart, premier médecin de l'Empereur et Roi, Chaussier, Leroux, professeurs de la Faculté de Médecine, Lepreux, premier médecin de l'Hôtel-Dieu, Balleroy, Duchanoy, docteurs en Médecine, Royer-Collard, docteur en Médecine, inspecteur général de l'Université impériale, Thouret, doyen de la Faculté de Médecine, président, se réunit au palais de l'Institut pour la première fois le 3 août 1809. Le 23 du même mois, Thouret étant décédé, Lepreux fut nommé président.

Dans la séance du 15 mai 1811, la Commission adopta les conclusions d'un Rapport qui lui fut présenté par Royer-Collard.

Ces conclusions furent approuvées par une lettre ministérielle du 13 août.

LAURÉATS.

1811. Jurine, de Genève, correspondant de l'Institut........... } Prix partagé........... 6.000fr
Albert (Jean-Abraham) de Bremen...................
Vieusseux, de Genève........................ Mention honorable.
Caillau (J.-M.), de Bordeaux................. "
Double (F.-J.)............................. "
Anonyme (Mémoire n° 17)................. Citation.

Prix légué par M. Ravrio.

Par un testament en date, à Paris, du 30 août 1814, M. A.-A. Ravrio, ancien fabricant de bronzes, léguait à la première Classe de l'Institut une somme de *trois mille francs*, une fois payée, « pour être décernée en prix à celui qui aurait trouvé un moyen infaillible de dorer sans danger du mercure, contraire à la santé des ouvriers doreurs ».

Le 8 mai 1815, sur le Rapport de la Section de Chimie, la Classe déclara accepter ce legs; elle y fut autorisée d'une manière définitive par un Décret impérial du 19 du même mois.

A la suite d'un Rapport lu dans la séance publique du 8 janvier 1816, le programme suivant fut publié :

Trouver un moyen simple et peu dispendieux de se mettre à l'abri, dans l'art de dorer sur cuivre par le mercure, de tous les dangers dont cet art est accompagné, et particulièrement de la vapeur mercurielle.

Le prix, proposé pour le 1ᵉʳ janvier 1817, ne put être décerné et le Concours fut prorogé au mois de janvier 1818.

LAURÉAT.

1818 Darcet (J.-P.-J.), vérificateur général des Monnaies.....   Prix.... 3000ᶠʳ

L'ACADÉMIE DES SCIENCES

(1816-1880).

Ici commence la dernière période, la plus importante sans contredit, de ce travail, que nous aurions voulu pouvoir présenter avec moins d'étendue. Napoléon disparaît et avec lui l'Institut national des Sciences et des Arts. Louis XVIII lui succède et date du château des Tuileries, le 21 mars de l'an 1816, et de son règne le vingt et unième, dit-il, une ordonnance royale par laquelle il rétablit les quatre Académies et ajoute à celle des Sciences, à celle des Inscriptions et Belles-Lettres et à celle des Beaux-Arts, une Classe d'Académiciens libres.

Cette ordonnance n'apporte aucune modification au mode de distribution des prix fondés par l'État, mais elle présente assez d'intérêt pour que nous la reproduisions ici :

Louis, par la grâce de Dieu, roi de France et de Navarre, à tous ceux qui ces présentes verront, salut.

La protection que les rois nos aïeux ont constamment accordée aux sciences et aux lettres nous a toujours fait considérer avec un intérêt particulier les divers établissements qu'ils ont fondés pour honorer ceux qui les cultivent ; aussi n'avons-nous pu voir sans douleur la chute de ces Académies qui avaient si puissamment contribué à la prospérité des lettres, et dont la fondation a été un titre de gloire pour nos augustes prédécesseurs. Depuis l'époque où elles ont été rétablies sous une dénomination nouvelle, nous avons vu avec une vive satisfaction la considération et la renommée que l'Institut a méritées en Europe. Aussitôt que la divine Providence nous a rappelé sur le trône de nos pères, notre intention a été de maintenir et de protéger cette savante Compagnie, mais nous avons jugé convenable de rendre à chacune de ses Classes son nom primitif, afin de rattacher leur gloire passée à celle qu'elles ont acquise, et afin de leur rappeler à la fois ce qu'elles ont pu faire dans des temps difficiles et ce que nous devons en attendre dans des jours plus heureux.

Enfin nous nous sommes proposé de donner aux Académies une marque de notre royale bienveillance, en associant leur établissement à la restauration de la monarchie et en mettant leur composition et leurs statuts en accord avec l'ordre actuel de notre Gouvernement.

A ces causes, et sur le Rapport de notre Ministre secrétaire d'État au département de l'Intérieur,

Notre Conseil d'État entendu,

Nous avons ordonné et ordonnons ce qui suit :

Art. 1. L'Institut sera composé de quatre Académies, dénommées ainsi qu'il suit, et selon l'ordre de leur fondation, savoir :

L'Académie française;

L'Académie royale des Inscriptions et Belles-Lettres;

L'Académie royale des Sciences;

L'Académie royale des Beaux-Arts.

Art. 2. Les Académies sont sous notre protection directe et spéciale.

Art. 3. Chaque Académie aura son régime indépendant et la libre disposition des fonds qui lui sont ou lui seront spécialement affectés.

Art. 4. Toutefois l'Agence, le Secrétariat, la Bibliothèque et les autres Collections de l'Institut demeureront communs aux quatre Académies.

Art. 5. Les propriétés communes aux quatre Académies et les fonds y affectés seront régis et administrés, sous l'autorité de notre Ministre secrétaire d'État au département de l'Intérieur, par une Commission de huit membres, dont deux seront pris dans chaque Académie.

Ces commissaires seront élus chacun pour un an et seront toujours rééligibles.

Art. 6. Les propriétés et fonds particuliers de chaque Académie seront régis en son nom par les bureaux ou Commissions institués ou à instituer, et dans les formalités établies par les règlements.

Art. 7. Chaque Académie disposera, selon ses convenances, du local affecté aux séances publiques.

Art. 8. Elles tiendront une séance publique commune le 24 avril, jour de notre rentrée dans notre royaume.

Art. 9. Les membres de chaque Académie pourront être élus aux trois autres Académies.

Art. 10. L'Académie française reprendra ses anciens statuts, sauf les modifications que nous pourrions juger nécessaires, et qui nous seront présentées, s'il y a lieu, par notre Ministre secrétaire d'État au département de l'Intérieur.

Art. 11. L'Académie française est et demeure composée ainsi qu'il suit :

(Voir l'*Annuaire de l'Institut* de 1817.)

Art. 12. L'Académie royale des Inscriptions et Belles-Lettres conservera l'organisation et les règlements actuels de la troisième Classe de l'Institut.

Art. 13. L'Académie royale des Inscriptions et Belles-Lettres est et demeure composée ainsi qu'il suit :

(Voir l'*Annuaire de l'Institut* de 1817.)

Art. 14. L'Académie royale des Sciences conservera l'organisation et la distribution en sections de la première Classe de l'Institut.

Art. 15. L'Académie royale des Sciences est et demeure composée ainsi qu'il suit :

(Voir l'*Annuaire de l'Institut* de 1817.)

Art. 16. L'Académie royale des Beaux-Arts conservera l'organisation et la distribution en sections de la quatrième Classe de l'Institut.

Art. 17. L'Académie royale des Beaux-Arts est et demeure composée ainsi qu'il suit :

(Voir l'*Annuaire de l'Institut* de 1817.)

Art. 18. Il sera ajouté, tant à l'Académie royale des Inscriptions et Belles-Lettres qu'à l'Académie royale des Sciences, une Classe d'Académiciens libres, au nombre de dix pour chacune de ces deux Académies.

Art. 19. Les Académiciens libres n'auront d'autre indemnité que celle du droit de présence.

Ils jouiront des mêmes droits que les autres Académiciens et seront élus selon les formes accoutumées.

Art. 20. Les anciens Honoraires et Académiciens, tant de l'Académie royale des Sciences que de l'Académie royale des Inscriptions et Belles-Lettres, seront de droit Académiciens libres de l'Académie à laquelle ils ont appartenu.

Ces Académies feront les élections nécessaires pour compléter le nombre de dix Académiciens libres dans chacune d'elles.

Art. 21. L'Académie royale des Beaux-Arts aura également une Classe d'Académiciens libres, dont le nombre sera déterminé par un règlement particulier, sur la proposition de l'Académie elle-même.

Art. 22. Notre Ministre secrétaire d'État au département de l'Intérieur soumettra à notre approbation les modifications qui pourraient être jugées nécessaires dans les règlements de la seconde, de la troisième et de la quatrième Classe de l'Institut, pour adapter lesdits règlements à l'Académie royale des Inscriptions et Belles-Lettres, à l'Académie royale des Sciences et à l'Académie royale des Beaux-Arts.

Art. 23. Il sera, chaque année, alloué au budget de notre Ministre secrétaire d'État de l'Intérieur un fonds général et suffisant pour payer les traitements conservés et indemnités aux Membres, Secrétaires perpétuels et Employés des quatre Classes de l'Institut, ainsi que pour les divers travaux littéraires, les expériences, impressions, prix et autres objets.

Le fonds sera réparti entre chacune des quatre Académies qui composent l'Institut, selon la nature de leurs travaux, et de manière à ce que chacune d'elles ait la libre jouissance de ce qui sera assigné pour son service.

Art. 24. Tous les membres qui ont appartenu jusqu'à ce jour à l'une des quatre Classes de l'Institut conserveront la totalité de leur traitement.

Art. 25. Sont maintenus les décrets et règlements qui ne contiennent aucune disposition contraire à celles de la présente ordonnance.

Art. 26. Notre Ministre secrétaire d'État au département de l'Intérieur est chargé de l'exécution de la présente ordonnance.

M. — *Prix.* 6

Donné au château des Tuileries, le 21 mars de l'an de grâce 1816, et de notre règne le vingt et unième.

LOUIS.

Par le Roi :

Le Ministre secrétaire d'État de l'Intérieur

Vaublanc.

Prix de Chirurgie offert par Delpech.

Par acte passé par-devant M⁰ Péridier, à Montpellier, M. Delpech, le célèbre chirurgien, déclarait avoir inséré dans son Ouvrage intitulé *Précis élémentaire des maladies réputées chirurgicales*, au Tome I, page 280, une note dont la teneur suit :

Nous ne craignons pas de renouveler ici le défi de Pibrac. Nous déclarons que nous avons déposé chez M⁰ Péridier, notaire à Montpellier, un contrat en vertu duquel nous compterons la somme de *deux mille francs* à celui qui remettra deux fémurs tirés d'un même sujet, dont l'un aura été guéri, *sans la moindre difformité*, d'une fracture du col. Les pièces anatomiques devront être accompagnées de l'histoire de la maladie dûment certifiée, et que nous ferons examiner par la Société de la Faculté de Médecine de Paris et par celle de Montpellier, et les pièces elles-mêmes seront soumises à l'examen d'une Commission choisie par l'Institut et composée d'anatomistes, de chirurgiens praticiens et de géomètres.

Delpech ayant adressé à l'Académie une expédition de cet acte, avec une lettre datée du 3 juillet 1816, l'Académie des Sciences, sur le rapport de Pelletan, déclara, le 2 septembre suivant, qu'elle refusait de s'occuper de cette affaire.

Prix offert par un Anonyme.

L'Académie des Sciences recevait, dans sa séance du 28 juillet 1817, la proposition qui lui était faite par un particulier de décerner un prix de *trois mille francs* à la personne qui inventerait la machine et le procédé le plus simple, le plus efficace et le moins dispendieux pour extraire du lin et du chanvre la plus grande quantité et la meilleure qualité de la matière propre à la filature.

Une Commission, composée de Bosc, Thenard, Silvestre, Yvart et Huzard, ayant été nommée pour examiner cette proposition, Silvestre donna lecture, le 4 août suivant, d'un Rapport dans lequel la question était traitée avec de grands développements. En résumé, la Commission déclarait, par l'organe de son rapporteur, qu'elle pensait que la publication d'un programme pour le travail du chanvre et du lin était désormais inutile, la machine inventée par M. Christian, directeur du Conservatoire des Arts et Métiers, réalisant parfaitement les vues exposées par le fondateur du prix proposé à l'Académie.

Cette conclusion fut adoptée dans la même séance.

Prix de Statistique fondé par un Anonyme (M. de Montyon).

Le 1er septembre 1817, un Anonyme proposait d'offrir un capital de *sept mille francs* pour la fondation d'un prix relatif à la Statistique. Le 8 du même mois, Fourier, au nom d'une Commission composée de Laplace, Lacépède, Maurice et Silvestre, proposait à l'Académie de prononcer l'acceptation de cette fondation, ce qui fut approuvé par une ordonnance royale du 22 octobre 1817.

Le 5 janvier 1818, l'Académie, à la suite d'un nouveau rapport de Fourier, faisait publier le programme suivant :

Parmi les Ouvrages publiés chaque année et qui auront pour objet une ou plusieurs questions relatives à la statistique de la France, celui qui, au jugement de l'Académie, contiendra les recherches les plus utiles, sera couronné dans la première séance publique de l'année suivante. On considère comme admis à ce concours les Mémoires envoyés en manuscrits et ceux qui auraient été imprimés et publiés dans le cours de l'année. Sont seuls exceptés les Ouvrages imprimés ou manuscrits des membres résidants de l'Académie.

Le prix, consistant en une médaille de la valeur de *cinq cent trente francs*, fut proposé, la première fois, pour l'année 1818. Il est aujourd'hui de *cinq cents francs*.

LAURÉATS.

			fr
1819.	Moreau de Jonnès (A.)	Prix	530
	Trouvé (baron)	Médaille de 300fr donnée par le Ministre.	
	Quénot	Mention honorable.	
	Cavoleau	"	
	Massol	"	
1821.	Delpon	Prix double	1060
	Duplessis	Mention honorable.	
1822.	Dupin (baron)	Prix partagé	530
	Charpentier (J. de)		
1823.	Deribier	"	530
	Ravinet (Th.)		

<table>
<tr><td></td><td></td><td>fr</td></tr>
<tr><td>1824. BENOISTON DE CHATEAUNEUF</td><td>Prix partagé</td><td>530</td></tr>
<tr><td>BOTTIN</td><td></td><td></td></tr>
<tr><td>1825. CREUZÉ DE LESSER (Hippolyte)</td><td>Prix</td><td>530</td></tr>
<tr><td>MARCEL DE SERRE</td><td>Mention honorable.</td><td></td></tr>
<tr><td>1827. BRAYER (de Laon)</td><td>Prix double partagé</td><td>1060</td></tr>
<tr><td>CAVOLEAU</td><td></td><td></td></tr>
<tr><td>ORNANO (Cuneo d')</td><td>1re Mention honorable.</td><td></td></tr>
<tr><td>PERROT et AUPICK</td><td>2e   »</td><td></td></tr>
<tr><td>BAUDOUIN</td><td></td><td></td></tr>
<tr><td>1828. THOMAS</td><td>Prix</td><td>530</td></tr>
<tr><td>FALRET (D^r)</td><td>Mention très honorable.</td><td></td></tr>
<tr><td>1829. FALRET (D^r)</td><td>Prix</td><td>530</td></tr>
<tr><td>VILLOT aîné</td><td>Mention honorable.</td><td></td></tr>
<tr><td>1830. PUVIS (A.)</td><td>Prix</td><td>530</td></tr>
<tr><td>1831. ROBIQUET aîné</td><td>»</td><td>530</td></tr>
<tr><td>1832. JULLIEN</td><td>»</td><td>530</td></tr>
<tr><td>1833. GUERRY</td><td>»</td><td>530</td></tr>
<tr><td>MORELOT</td><td>1re Mention honorable.</td><td></td></tr>
<tr><td>DUBRENA</td><td>2e   »</td><td></td></tr>
<tr><td>1834. SOCIÉTÉ INDUSTRIELLE DE MULHOUSE (*Statistique générale du département du Haut-Rhin*)</td><td>Prix</td><td>530</td></tr>
<tr><td>ANGLADA</td><td>Mention honorable.</td><td></td></tr>
<tr><td>MARTIN DE SAINT-LÉON</td><td>»</td><td></td></tr>
<tr><td>PÉTIGNY (DE)</td><td>»</td><td></td></tr>
<tr><td>ROZET (capitaine)</td><td>»</td><td></td></tr>
<tr><td>THIRRIA (ingénieur)</td><td>»</td><td></td></tr>
<tr><td>1835. DELACROIX</td><td>Médaille</td><td>330</td></tr>
<tr><td>GENTY DE BUSSY</td><td>»</td><td>200</td></tr>
<tr><td>GRAS (Scipion)</td><td>Mention honorable.</td><td></td></tr>
<tr><td>GUYÉTAND</td><td>»</td><td></td></tr>
<tr><td>BIGOT DE MOROGUES (baron)</td><td>»</td><td></td></tr>
<tr><td>1836. CASPER (de Berlin)</td><td>»</td><td></td></tr>
<tr><td>DEMONFERRAND (F.)</td><td>»</td><td></td></tr>
<tr><td>1837. VICAT (Louis-Joseph)</td><td>Prix partagé</td><td>530</td></tr>
<tr><td>DEMONFERRAND (F.)</td><td></td><td></td></tr>
<tr><td>1838. DUCHATTELIER</td><td>Prix</td><td>530</td></tr>
<tr><td>PYOT</td><td>Mention honorable.</td><td></td></tr>
<tr><td>SOCIÉTÉ DE GENS DE LETTRES (*Guide pittoresque du voyageur en France*)</td><td>»</td><td></td></tr>
<tr><td>1839. DAUSSE (M.-F.-B.)</td><td>Prix</td><td>530</td></tr>
<tr><td>GAUTHIER</td><td>Mention honorable.</td><td></td></tr>
<tr><td>RAGET</td><td>»</td><td></td></tr>
<tr><td>1841. DUFAU</td><td>Prix</td><td>530</td></tr>
<tr><td>SCHELL (M.)</td><td>Prix et indemnité</td><td>1030</td></tr>
<tr><td>LACHÈSE (Adolphe)</td><td>Mention honorable.</td><td></td></tr>
<tr><td>D'ANGEVILLE</td><td>Citation.</td><td></td></tr>
<tr><td>1843. DEMAY (V.-P.)</td><td>Premier prix</td><td>530</td></tr>
<tr><td>LEGOYT } *ex æquo*</td><td>Second prix</td><td>265</td></tr>
<tr><td>RIVOIRE }</td><td>»</td><td>265</td></tr>
<tr><td>1844. CHALETTE père</td><td>Prix</td><td>525</td></tr>
</table>

1844. BOUTTEVILLE (DE) et PARCHAPPE...................... Mention honorable.
      GOSSIN (Jules)..   '
      GAYMARD (Émile)......................................   '
1845. BALLIN..
1847. BOBIERRE et MORIDE............................... ⎱ Prix partagé......... 53o
      SCHNITZLER.. ⎰
      WATTEVILLE (DE)...................................... Mention honorable.
1848. FOURNEL... Prix............... 53o
      PATRIA (les auteurs de).............................. Médaille........... 36o
      MOREAU DE JONNÈS (A.)................................   "   36o
      LEPAGE (H.) et CHARTON (Ch.)........................   "   200
1849. MARTIN et FOLEY..................................... Prix............... 53o
      WATTEVILLE (DE)...................................... Mention honorable.
1850. BOUTRON-CHARLARD et HENRY (O.)...................... Prix............... 53o
1851. MACMENÉ (E.).. Prix partagé....... 53o
      WATTEVILLE (DE)......................................
      NEVEU-DEROTRIE (E.).................................. Mention honorable.
1852. SAY (Horace).. Prix............... 53o
      RONDOT.. Mention honorable.
      SAY (Léon)..   "
      GAYOT...   "
      BLONDEL...   "
      DAUMAS (général)....................................   "
      BLOCK (Maurice).....................................   "
      TALBOT et GUÉRAUD...................................   "
      PIERRE (J.-Is.).....................................   "
      MARCHAND (Eug.).....................................   "
1853. HUBBARD (Gustave)................................... Médaille........... 200
      LACHÈSE (Adolphe)...................................   "   200
      BÉRIGNY (Ad.)....................................... Mention honorable.
      ROUBAUD (Dr)..   "
      CARBUCCIA (général J.-L.)...........................   "
1854. DENAMIEL (Joseph)..................................   "
      GRAD (Ed.)..   "
      COMMISSION DE STATISTIQUE DU CANTON DE BENFELD (GUÉRIN, ⎱   "
        secrétaire-archiviste)............................ ⎰
1855. LE PLAY... Prix............... 477
      VICAT...   "   477
      DEMAY (V.-P.)....................................... Mention honorable.
      GIRAUDET (Dr).......................................   "
      GRANGEZ (Ern.)......................................   "
      WATTEVILLE (DE)......................................   "
1856. HUSSON (Arm.)....................................... Prix............... 477
1858. ABONDEAU...   "   477
      BÉRIGNY (Ad.)....................................... Mention honorable.
1859. DUFFAUD (ingénieur)................................. Prix............... 477
      REBOUL-DENEYROL..................................... Mention honorable.
1860. GUERRY... Prix............... 477
      HUSSON (Arm.)....................................... Mention honorable.
      FAYET...   "

		fr
1861. RIGAUT	Prix	477
BLOCK (Maurice)	»	477
CHASTELLUX (DE)	Mention honorable.	
LA TREMBLAIS (DE)	»	
1862. MANTELLIER	Prix	477
CHAMPION (Maurice)	Mention honorable.	
1863. SAINT-MARTIN (DE)	»	
MALBRANCHE (A.)	»	
1864. GUÉRIN (N.)	Prix	453
COLLIN (ingénieur)	»	453
CHAMPION (Maurice)	Mention honorable.	
DEMAY (V.-P.)	»	
1865. CHENU (Dr)	Prix	2500
POULET (V.)	Mention très honorable.	
SISTACH	Mention honorable.	
SAINT-PIERRE (Camille)	»	
1866. BROCHARD (Dr)	Prix	453
PARCHAPPE	Mention très honorable.	
LE FORT (Léon)	Mention honorable.	
ANONYME	»	
GIRARD DE CAILLEUX	»	
1867. MARCHAND (Eugène)	Prix	453
MARMY et QUESNOY	Mention honorable.	
VACHER	»	
BERGERON (C.-J.)	»	
BLANCHET (A.)	»	
BEAUVISAGE	»	
1868. BÉRIGNY (A.)	Prix	453
ÉBRARD (E.)	Mention honorable.	
FAYET (P.)	»	
CHARPILLON	»	
RAMBOSSON (J.)	»	
1869. CHENU (Dr)	Prix	2000
MAGUÉ (A.) et POLY	Mention honorable.	
BONTEMPS	»	
1870. POTIQUET (Alfred)	Prix	1500
THÉVENOT (A.)	Mention honorable.	
CASTAN (A.)	»	
1871. CADET (E.)	Prix	453
ÉLY	Mention honorable.	
1872. REVUE MARITIME ET COLONIALE	Prix	453
1873. LUCAS (Félix)	»	453
SŒUR (H.)	Mention honorable.	
BERTRAND (Hector)	»	
1874. KERTANGUY (DE)	Prix	453
SAINT-GENIS (DE)	Mention honorable.	
LOUA (Toussaint)	»	
1875. CHENU (Dr)	Rappel de prix.	
BORIUS (Dr A.)	Prix	453
MAHER (Dr)	Mention honorable.	

1875. Ricoux (René)	Mention honorable.	
Lecadre (Ad.)	»	
Trémeau de Rochebrune	»	
Anonyme	»	
1876. Bertillon (D^r)	»	
Heuzé (G.)	»	
Delaunay (G.)	»	
1877. Yvernès (E.)	Prix	453
Loua (Toussaint)	»	453
Dislère	Mention honorable.	
Prech (Albert)	»	
1879. Borius (Dr A.)	Rappel de prix.	
Saint-Genis (de)	Prix	453
Le Bon (G.)	Encouragement	400
Bonnange (F.)	Mention honorable.	
1880. Ricoux (René)	Prix	500
Pamard (A.)	Mention honorable.	
Marvaud (A.)	»	

Prix fondé par M. Alhumbert.

Le 15 septembre 1817, l'Académie recevait communication d'un testament par lequel M. A.-J. Alhumbert, ministre du culte catholique, l'instituait légataire de *trois cents francs* de rente perpétuelle sur l'État pour fonder un prix « pour les progrès des sciences et arts ».

Une ordonnance royale du 6 novembre suivant autorisait l'acceptation de ce legs, dont la valeur devait former le fonds d'un prix à décerner alternativement par l'Académie des Sciences et par l'Académie des Beaux-Arts. Le 16 février 1818, M. Alhumbert n'ayant pas déterminé d'une manière précise la nature du prix qu'il avait entendu créer, l'Académie des Sciences, sur le rapport de Cuvier, décidait qu'il serait donné « à des Mémoires sur des questions particulières propres à compléter l'ensemble de nos connaissances ». En conséquence, elle proposait pour sujet du prix qu'elle devait décerner pour la première fois en 1819 la question suivante :

*Description anatomique des vers intestinaux connus sous les noms d'*Ascaris lumbricalis *et d'*Echinorhyncus gigas.

Dès l'année 1831, l'Académie, recevant peu de travaux pour le prix Alhumbert, prenait la résolution de cumuler les fonds annuels résultant du legs, jusqu'à ce qu'il se trouvât en caisse une somme assez considérable pour indemniser les auteurs des dépenses que leurs recherches pouvaient occasionner. Le prix Alhumbert fut ainsi élevé à *deux mille cinq cents francs.*

Il résulte de cette situation qu'il ne peut être proposé aujourd'hui qu'à des époques indéterminées.

LAURÉATS.

1819. *Description anatomique des vers intestinaux connus sous les noms d'Ascaris lumbricalis et d'Echinorhyncus gigas.*

CLOQUET (Jules).   Prix.....   3oo^{fr}

1822. *Suivre le développement du Triton ou Salamandre aquatique, dans ses différents degrés, depuis l'œuf jusqu'à l'animal parfait.*

DUTROCHET (R.-J.-H.).   Prix.....   3oo^{fr}

1831. *Exposer d'une manière complète, et avec des figures, les changements qu'éprouvent le squelette et les muscles des Grenouilles et des Salamandres dans les différentes époques de leur vie.*

DUGÈS.   Prix.....   15oo^{fr}
MARTIN SAINT-ANGE (G.-J.).   Mention très honorable.

1862. *Essayer par des expériences bien faites de jeter un nouveau jour sur la question des générations dites spontanées.*

PASTEUR (Louis).   Prix.....   25oo^{fr}
BARY (A. de).   Mention honorable ...   1ooo^{fr}

1862. *Étude expérimentale des modifications qui peuvent être déterminées dans le développement d'un animal vertébré par l'action des agents extérieurs.*

LEREBOULLET.
DARESTE (Camille).   Prix partagé.....   25oo^{fr}

Prix de Physiologie expérimentale, fondé par un Anonyme (M. de Montyon).

Le 15 juin 1818, l'Académie, par l'entremise du marquis de Laplace, recevait d'un anonyme, fondateur du prix de Statistique, la proposition de consacrer une pareille somme (*sept mille francs*) à la « fondation d'un prix pour l'Ouvrage le plus utile sur la Physiologie expérimentale ».

L'Académie ayant accepté cette fondation le 22 juin, le Roi l'approuva par une Ordonnance du 22 juillet suivant.

Le prix, représenté par une médaille de la valeur de *quatre cent quarante francs*, fut proposé la première fois pour l'année 1819.

Les résultats de ce concours furent jugés particulièrement remarquables. L'Académie se trouva dans l'obligation de décerner deux prix d'égale valeur, un accessit et une mention honorable.

Le concours de l'année suivante fut aussi considérable que le précédent;

aussi, dès le 20 mai 1820, l'Académie recevait-elle une nouvelle Note du fondateur anonyme du prix de Physiologie.

Dans cette Note, l'auteur rappelait les trois fondations de prix qu'il avait faites jusque-là, Statistique, Physiologie et Mécanique, et, considérant que la Physiologie, ayant pour objet les lois de la nature vivante, est la base de la Médecine et de la Chirurgie, sciences qui ont tant d'influence sur le sort de l'homme, il désirait contribuer, autant qu'il était en son pouvoir, au développement des connaissances physiologiques, et, en conséquence, il proposait d'ajouter une somme de *sept mille francs* à pareille somme qu'il avait déjà donnée pour le même objet.

Ce complément de fondation fut approuvé par Ordonnance royale du 5 juillet 1820, et l'Académie proposa, pour l'année 1821, un prix de Physiologie expérimentale, dont la valeur était portée à *huit cent quatre-vingt-quinze francs*.

Il est aujourd'hui de *sept cent soixante francs*.

LAURÉATS.

			fr
1820.	Serres (E.-R.-A.)	Prix	410
	Edwards (Henri-Milne)	Prix	410
	Breschet (G.) et Villermé (L.-R.)	Accessit.	
	Bourdon (Isidore)	Mention honorable.	
1821.	Dutrochet (R.-J.-H.)	Prix partagé	410
	Edwards (Henri-Milne)		
	Tiedemann et Gmelin	Accessit.	
	Magendie (Fr.)	Mention honorable.	
	Desmoulins (A.)	Encouragement.	
1822.	Cloquet (Jules)	Prix partagé à titre d'encouragement ..	895
	Desmoulins (A.)		
1823.	Fodera (Michel)	Prix partagé à titre d'encouragement ..	895
	Flourens (M.-J.-P.)		
1824.	Flourens (M.-J.-P.)	Prix partagé	895
	Prévost et Dumas (J.-B.)		
	Strauss		
	Gaspard (B.)	Mention honorable.	
1825.	Chossat (Ch.)	Prix	895
1826.	Brachet (de Lyon)	Encouragement	895
1827.	Brongniart (Adolphe)	Prix	895
1828.	Dutrochet (R.-J.-H.)	Prix partagé.	895
	Audouin et Edwards (Henri-Milne)		
1829.	Lippi (Régulus)	Prix	895
	Poiseuille	Médaille	500
	Dufour (Léon)	Mention honorable.	
	Vimont		"
	Velpeau (A.-L.-M.)		"
	Rousseau (Emm.)		"

M. — *Prix.*   12

1829. Collard de Martigny	Mention honorable.	
Le Gallois (Eug.)	Impression du Mémoire.	
1830. Dufour (Léon)	Prix	895
Fourcaud	Mention honorable.	
1831. Baer (C.-A. de)	Médaille	300
Burdach	»	300
Rathke	»	300
Poiseuille	»	300
Panizza	»	300
Rusconi	»	300
Jacobson	»	300
1832. Carus	Encourag. et médaille.	300
Muller (A.)	»	300
Ehrenberg (C.-G.)	»	300
Delpech (J.-M.) et Coste (V.)	»	300
Lauth	»	300
Martin Saint-Ange (G.-J.)	»	300
1833. Breschet	Encouragement.	300
Meyen	»	300
Purkinje (Jean)	»	300
Velpeau (A.-L.-M.)	»	300
1834. Mohl (Hugo)	Médaille	500
Donné (A.-L.)	Encouragement	500
1835. Gaudichaud	Prix partagé	895
Poiseuille		
Martin Saint-Ange (G.-J.)	Médaille	400
Dufour (Léon)	Impression du Mémoire.	
1837. Heyne jeune (Bernard)	Prix	895
1838. Wagner	Mention honorable.	
Deschamps	Citation.	
1839. Payen	Prix	895
1840. Chossat (Ch.)	»	895
Le Canu	Mention honorable.	
1841. Longet	Prix partagé et dédom-	1945
Matteucci	magement de 1500ᶠʳ	1945
Négrier (Dʳ), d'Angers	Mention honorable.	
Bellingeri (C.-F.)	»	
Dufour (Léon)	Impression du Mémoire.	
1842. Laurent (Dʳ L.)	Prix avec indemnité de 2000ᶠʳ	2895
Robert-Latour	Mention honorable.	
Dufour (Léon)	Impression du Mémoire.	
1843. Pouchet (F.-A.)	Prix	895
Blondlot	Mention honorable.	
Dubois (d'Amiens)	»	
1844. Agassiz (Louis)	Prix	895
Bischoff (Th.-L.-G.)	»	895
Raciborski (A.)	Mention honorable.	
1845. Bernard (Claude)	Prix	895
Parchappe	Mention honorable.	

1846. SAPPEY (C.) .... Mention honorable.
  COSTE (V.) .... »
1847. BROWN-SÉQUARD (E.) .... »
1848. BERNARD (Claude) .... Prix 895
1849-1850. STANNIUS ... . Mention honorable.
  HOLLARD (H.) .... »
1851. BERNARD (Claude) .... Prix 895
  BROWN-SÉQUARD (E.) .... Mention honorable.
  DUFOUR (Léon) .... »
  JOBERT (de Lamballe) .... »
1852. BUDGE et WALLER (A.) .... Prix 1863
1853. BERNARD (Claude) .... » 805
1854. DAVAINE (C.) .... » 805
1855. BROWN-SÉQUARD (E.) .... » 805
1856. WALLER (Aug.) .... » 2000
  DAVAINE (C.) .... Récompense 1500
  FABRE .... » 1000
1857. MULLER (Aug.) .... Prix 805
  BROWN-SÉQUARD (E.) .... » 805
  PHILIPEAUX (J.-M.) .... Mention honorable.
  LESPÈS (Charles) .... »
1858. JACUBOWITSCH (N.) .... Premier prix 1000
  LENHOSSEK (Jos. de) .... } Prix partagé 805
  LACAZE-DUTHIERS (de) .... }
  COLIN (G.) .... Mention honorable.
  MAREY (E.-J.) .... »
  CALLIBURCÈS .... »
1859. PASTEUR (Louis) .... Prix 805
  OLLIER (L.-X.-E.-L.) .... Mention honorable.
1860. STILLING (B.) .... Prix 805
  PHILIPEAUX (J.-M.) et VULPIAN (A.) .... Mention honorable.
  FAIVRE (E.) .... »
1861. HYRTL .... } Prix partagé 805
  KUHNE .... }
  CHAUVEAU (J.-B.-A.) .... Mention honorable.
  COLIN (G.) .... »
1862. BALBIANI .... Prix 1800
  CHAUVEAU (J.-B.-A.) et MAREY (E.-J.) .... » 1200
1863. MOREAU (Ar.) .... Premier prix 1200
  VULPIAN (A.) et PHILIPEAUX (J.-M.) .... Deuxième prix 805
  BATAILLE .... Mention honorable.
1864. BALBIANI .... Prix 1000
  GERBE (Z.) .... » 1000
  SAPPEY (C.) .... Encouragement 500
  KNOCH (J.) .... Mention honorable.
  DUFOUR (Léon) .... Impression du Mémoire.
1865. BERT (Paul) .... Prix 805
  REVEIL (O.) .... } Impression du Mémoire et mention très honorable.

			fr
1866.	Colin (G.)	Mention honorable....	600
	Philipeaux (J.-M.)	»	600
	Knoch (J.)	Citation très honorable.	
	Chéron (J.)	»	
1867.	Cyon (E.)	Prix	764
	Baillet (C.)	Deuxième prix	600
	Moura	Indemnité	400
1868.	Gerbe (Z.)	Prix	1500
	Goujon (E.)	Encouragement	500
1869.	Famitzin	Prix	764
	Arloing et Tripier (Léon)	Mention honorable....	600
1870.	Gris (Arthur)	Prix partagé	1600
	Chantran (S.)		
	Chéron (J.) et Goujon (E.)	Encouragement	600
	Méhay	Mention honorable.	
1871.	Rallin	Prix	764
1873.	Pouchet (Georges)	»	764
	Perrier (Edmond)	Mention honorable.	
	Sanson (André)	»	
1874.	Arloing et Tripier (Léon)	Prix	764
	Sabatier (Arm.)	»	764
1875.	Faivre	»	764
1876.	Morat et Toussaint (H.)	»	764
	Mialhe	Médaille	500
1877.	Ferrier (David)	Prix partagé	764
	Carville et Duret		
	Jolyet (F.) et Regnard (P.)	Mention très honorable.	
	Richet (Charles)	Citation honorable.	
1878.	Richet (Charles)	Prix	764
1879.	Franck (François)	»	764
1880.	Bonnier (Gaston)	»	750

Prix de Mécanique, fondé par un Anonyme (M. de Montyon).

Le 16 août 1819, M. de Laplace présentait à l'Académie la Note suivante :

L'humanité, confirmée par la relligion, prescrit de contribuer autant qu'il est en soi au bien-être de ses semblables. C'est un acte de bienfaisance efficace et louable que de travailler au développement de l'industrie et des connaissances humaines.

Si l'Académie des Sciences daigne approuver ces intentions, un Anonyme est disposé à former en inscriptions sur le thrésor royal une rente de *cinq cents francs* pour fonder un prix annuel, en faveur de celui qui au jugement de l'Académie s'en sera rendu le plus digne, en inventant ou en perfectionnant des instruments utiles aux progrès de l'agriculture, des arts mécaniques et des sciences pratiques et spéculatives.

— 93 —

L'Académie prononça l'acceptation provisoire de cette donation dans la même séance ; elle fut autorisée à l'accepter d'une manière définitive par une Ordonnance royale du 29 septembre 1819.

Le prix, proposé la première fois pour l'année 1821, ne fut décerné qu'en 1824.

Sa valeur actuelle est de *sept cents francs*.

LAURÉATS.

		fr
1824. BUREL (A.)	Médaille	500
ATHENAS (P.)	"	500
CULHAT (Ant.)	"	500
1825. PONCELET (Jean-Victor)	Prix doublé	1000
1829. THILORIER (A.)	Prix triplé	1500
COLLADON (D.)	Mention honorable.	
1830. THILORIER (A.)	Médaille	700
BABINET (Jacques)	"	300
1832. THILORIER (A.)	Médaille et encouragement.	300
PIXII fils	Médaille et encouragement.	300
1833. GALY-CAZALAT	Médaille et mention honorable.	500
COIGNET	Médaille et mention honorable.	500
1834. GRANGÉ (J.-J.)	Médaille	900
RAUCOURT (colonel)	Mention honorable.	
CAGNIARD-LATOUR	"	
GROUVELLE et HONORÉ	"	
1835. RAUCOURT (colonel)	Prix	500
1836. MORIN (capitaine Arthur)	Prix partagé	250
ERNST (R.)	"	125
SOREL	"	125
1838. CALIGNY (Anatole de)	Prix	500
1839. ARNOUX	"	3000
1841. CARVILLE (C.)	"	500
1843. GIRARD	"	1076
CAVÉ	Mention honorable.	
MEYER et CHARBONNIER	"	
LETESTU	"	
1845. PECQUEUR	Premier prix	600
CORDIER	Deuxième prix	400
1849-1850. LESBROS (colonel)	Prix	1800
MAUREL (T.) et JAYET	"	1000
1852. TRIGER	"	500
1853. FRANCHOT (Ch.-L.-F.)	"	2665
1855. BOILEAU (P.-P.)	"	750
1859. GIFFARD (Henry)	"	750
1866. TRESCA (Henri-Édouard)	"	1000

<pre>
1868. Lavalley....................................... Prix............ 1000
1869. Arson..   »   700
1873. Ricq (capitaine)...............................   »   1000
1874. Peaucellier (colonel)..........................   »   700
1876. Deprez (Marcel)................................   »   700
1877. Caspari..   »   700
1878. Corliss (G.-H.)................................   »   1000
1880. Cornut (E.)....................................   »   700
</pre>

Prix offert par un Anonyme.

Dans la séance du 9 octobre 1820, un Anonyme envoyait une lettre de change de *six cents francs*, à l'ordre de l'un des deux Secrétaires perpétuels, pour servir à un prix sur les questions proposées par la Note suivante :

S'il n'est pas vraisemblable que toutes les molécules des corps, tant pondérables qu'impondérables, sont des corpuscules indivisibles ?

Si tous les fluides impondérables, non compris le fluide magnétique, ne peuvent pas être réduits à deux qui seraient l'électricité vitrée et l'électricité résineuse, et si, dans ce système, on ne devrait pas supposer que les molécules de chacun de ces fluides électriques se repoussent entre elles, qu'elles ont de l'attraction tant pour les molécules pondérables que pour celles de l'autre fluide, que le calorique et la lumière sont composés de l'une et de l'autre électricité, que la lumière bleuâtre ou violette est l'électricité vitrée la plus pure et que le rayon rouge est celui qui contient le plus d'électricité résineuse ?

Si la différence qui existe entre l'électricité ordinaire et l'électricité voltaïque ne peut être regardée comme résultant d'un état de vibrations des molécules de cette dernière électricité, vibrations qui seraient occasionnées dans la pile par la manière dont l'électricité se transmettrait de la surface de chaque disque à la couche de liquide qu'elle touche ?

Si les qualités acides ou alcalines des corps ne peuvent pas être attribuées aux quantités d'électricité vitrée et résineuse qui sont retenues par affinité autour des molécules de ces corps, l'électricité vitrée produisant l'acidité et la résine produisant l'alcalinité ?

Si toutes les attractions ou répulsions qui existent entre les dernières molécules des corps ne peuvent pas être supposées avoir lieu en raison inverse des quarrés des distances ?

Dans la séance du 16 octobre, Laplace, au nom d'une Commission composée de Berthollet, Charles, Laplace, Humboldt et Arago, déclarait que, les questions proposées ne pouvant être résolues ni par le calcul ni par l'expérience, il n'y avait pas lieu d'accepter cette donation. L'Académie accepta les conclusions de ce Rapport.

L'auteur de cette proposition de prix est resté inconnu.

Prix de Médecine et Chirurgie et prix des Arts insalubres
fondés par M. de Montyon.

Dans sa séance du 23 avril 1821, l'Académie des Sciences recevait communication du testament de M. Antoine-Jean-Baptiste-Robert Auget, baron de Montyon, né à Paris le 23 décembre 1733, mort à Paris le 29 décembre 1820, conseiller d'État avant la Révolution, successivement intendant de l'Auvergne et de la Provence.

Nous extrayons de ce testament les clauses suivantes :

Je veux être enterré le plus simplement possible.... 3° J'institue ma légataire universelle de tous mes biens, meubles et immeubles, de quelque nature qu'ils soient et en quelque pays qu'ils soient situés, présents et à venir, et en y comprenant les actions à exercer pour le recouvrement de mes droits, Mlle Robertine de Balivière, ma filleule, à la charge d'acquitter mes dettes et toutes les dispositions portées au présent testament....

11° Je veux qu'il soit employé une somme de 2400^{fr} à 3000^{fr} pour faire une statue en marbre formant un buste de Madame Élisabeth de France, avec cette inscription : *A la vertu*. Ce buste sera placé dans un lieu où il pourra être vu de beaucoup de personnes, s'il est possible à la porte de l'église Notre-Dame, à Paris. Je ne me rappelle pas si j'ai jamais eu l'honneur de parler à cette princesse ; mais je désire lui payer ici un tribut de respect et d'admiration.

12° Je lègue une somme de *dix mille francs* pour fournir un prix annuel à celui qui découvrira des moyens de rendre quelque art mécanique moins malsain.

13° Pareille somme de *dix mille francs* pour prix annuel en faveur de qui aura trouvé dans l'année un moyen de perfectionnement de la science médicale ou de l'art chirurgical.

14° Pareille somme de *dix mille francs* pour prix annuel en faveur d'un Français pauvre qui aura fait, dans l'année, l'action la plus vertueuse.

15° Pareille somme de *dix mille francs* en faveur du Français qui aura composé et fait paraître le Livre le plus utile aux mœurs.

Pour les articles précédents, 12 et 13, les prix seront distribués par l'Académie des Sciences ; pour les articles derniers, 14 et 15, par l'Académie française.

16° Je lègue à chacun des hospices du département de Paris une somme de dix mille francs, pour être distribuée en gratifications ou secours à donner aux pauvres qui sortiront de ces hospices et qui auront le plus besoin de secours. Comme il y a douze départements, cette disposition est un objet de cent vingt mille francs. La disposition sera faite par les administrateurs des hospices.

17° Je veux que les legs portés aux articles précédents, 12, 13, 14, 15, 16, ce dernier pour chacun des hospices de Paris, soient doublés, triplés et même quadruplés, en sorte qu'un legs porté à dix mille francs soit porté à quarante mille francs, le doublement de tous ces legs précédant le triplement d'aucun d'eux, et le triplement

de tous précédant le quadruplement d'aucun d'eux; cette progression pour avoir
lieu si l'état de mes biens le permet....

19° Je donne à mes dispositions cette latitude indéterminée, parce que l'incertitude du montant des biens dans lesquels je puis rentrer et dont j'ai été dépouillé
pour cause d'émigration ne m'offre point un montant fixe de ma fortune.

Fait à Paris, le 12 novembre 1819.

AUGET DE MONTYON.

Les Académies furent autorisées à accepter le legs Montyon par une
Ordonnance royale du 29 juillet 1821. A ce moment même commencèrent
pour elles de longues et difficiles opérations, qui aboutirent cependant, le
25 avril 1822, à une transaction consentie à la fois par Mme de Balivière,
tutrice de la légataire universelle, par M. Duplay, représentant les hospices
de Paris, par M. Raynouard, représentant l'Académie française, et enfin
par MM. Cuvier et Delambre, représentant l'Académie des Sciences. Cette
transaction, fixant les droits de Mlle Robertine de Balivière à une somme
totale de 500 000^fr, fut approuvée par une seconde ordonnance royale du
10 juillet 1822.

L'Académie des Sciences proposa immédiatement de décerner les prix
Montyon, pour la première fois, dans sa séance publique de l'année 1825.

Les années suivantes, les prix purent être beaucoup plus considérables,
la presque totalité du legs étant rentrée dans la caisse de l'Académie.

Nous trouvons dans un excellent Ouvrage publié par M. F. Labour sur
M. de Montyon les renseignements qui suivent, relativement à l'état de sa
fortune; il nous a paru intéressant de les reproduire ici :

M. de Montyon, dit M. F. Labour, était décédé le 29 décembre 1820, et ce ne fut
que neuf ans après que l'actif fut définitivement établi à la somme de 6 802 422^fr,95.

Les biens et valeurs recouvrés en France figurent dans ce chiffre

	fr
pour..	2369809,78
La part dans l'indemnité du milliard avait été de..................	815292,57
Les recouvrements à l'étranger furent les sommes ci-après :	
Angleterre..	2216491,01
Amérique..	605364,32
Lubeck...	254,54
Pays-Bas, Russie, Louisiane...	462995,65
Saxe et Prusse...	106916,72
Suisse..	60870,60
Toscane..	164427,76
	6802422,95

Le 26 janvier 1829, désirant donner aux concours Montyon plus d'éclat et plus d'importance qu'ils n'en avaient eus jusque-là, l'Académie décidait qu'elle soumettrait à l'approbation du Gouvernement un règlement dont nous reproduisons les dispositions principales :

Art. 1. — Les prix fondés par M. de Montyon, et qui, selon les expressions mêmes du testateur, ont pour but le perfectionnement de la science médicale ou de l'art chirurgical et les moyens de rendre un art mécanique moins malsain, seront décernés tant aux découvertes ou perfectionnements dont l'Académie aurait eu connaissance qu'aux meilleurs résultats des recherches entreprises d'après les questions qu'elle aurait proposées, en se conformant expressément aux vues du fondateur.

Art. 5. — Les pièces admises au concours n'auront droit aux prix qu'autant qu'elles contiendront une découverte parfaitement déterminée. Si la pièce a été présentée par l'auteur, il devra indiquer la partie de son travail où cette découverte se trouve exprimée. Dans tous les cas, la Commission chargée de l'examen du concours fera connaître que c'est à la découverte dont il s'agit que le prix est donné.

Art. 6. — Le jugement du concours devant donner lieu à des expériences, des constructions de machines ou appareils, des acquisitions des Ouvrages nouveaux, et à diverses publications et dépenses accessoires, le montant desdites dépenses sera prélevé sur la somme disponible chaque année et affectée aux prix.

Art. 7. — Les sommes qui demeureraient disponibles à la fin de chaque exercice, parce qu'il n'en aurait pas été fait emploi, en exécution des articles précédents, seront ajoutées au fonds de l'année suivante, pour être affectées, avec l'approbation préalable du Ministre de l'Intérieur, aux publications ordonnées par l'Académie, aux frais accessoires de transcriptions ou autres dépenses analogues à celles qui sont mentionnées en l'article 6, enfin à des expériences et travaux propres à éclairer les sciences ou les arts dont le testateur a voulu encourager les progrès.

Une Ordonnance royale du 23 août 1829 approuva ces dispositions nouvelles. Aujourd'hui l'Académie propose, chaque année, conformément à une décision en date du 15 juin 1857, trois prix de *deux mille cinq cents francs* chacun et trois mentions honorables de *quinze cents francs;* elle accorde aussi, quand elle le juge conforme aux intérêts de la Science, des citations honorables dont le nombre et la valeur sont indéterminés. Ces citations permettent aux concurrents de poursuivre avec plus de facilité les expériences qu'ils projettent.

On voit, par ce qui précède, combien nous avions de raisons d'appeler l'attention sur les immenses services rendus par M. de Montyon aux sciences et à ceux qui s'adonnent à leur culture.

Il conviendrait peut-être, cependant, d'ajouter encore à toutes les fondations dont l'Académie lui est redevable et dont nous avons présenté l'historique, celle d'un prix qu'il aurait destiné à *l'invention d'instruments propres à suppléer la main-d'œuvre des nègres;* mais il n'existe, soit dans les procès-verbaux de l'Académie, soit dans ses titres de propriété, soit dans ses archives ou ses programmes, aucune mention, de quelque nature qu'elle soit, de ce prix que M. de Montyon lui-même dit avoir fondé en 1792.

Nous n'avons à ce sujet que les renseignements qui suivent :

Au mois de mai 1819, M. de Montyon avait déjà créé les prix de Statistique et de Physiologie expérimentale, lorsqu'il crut entrevoir la possibilité de faire rentrer l'Académie en possession des donations qu'il lui avait faites avant 1793. Il écrivit, à cette occasion, au Ministre de l'Intérieur une lettre qui ne nous est pas connue, mais qu'on peut facilement reconstituer par la lecture des pièces suivantes :

MINISTÈRE DE L'INTÉRIEUR.

Paris, le 1er mai 1819.

A Messieurs les Secrétaires perpétuels de l'Académie des Sciences.

Messieurs,

Monsieur le baron de Montyon annonce avoir fondé autrefois plusieurs prix à distribuer *annuellement* par l'Académie royale des Sciences. Le premier, au mois de mai 1780, pour la découverte des moyens de rendre les opérations des arts mécaniques moins dangereuses et moins malsaines. Capital, 12 000fr.

Le deuxième, au mois de juin 1780, pour des expériences utiles aux sciences. Capital, 12 000fr.

Le troisième, au mois de mai 1786, pour l'invention des moyens de simplifier les procédés des arts, 12 000fr.

Le quatrième, au mois d'août 1792, pour l'invention d'instruments propres à suppléer la main-d'œuvre des nègres. Capital, 12 000fr.

Son Excellence le Ministre de l'Intérieur me charge de vous prier, Messieurs, de lui faire savoir si les registres de l'Académie royale des Sciences font mention : 1o que ces capitaux ont été acceptés par elle dans le temps ?

2o Comment elle les avait placés et à quel taux ?

3o Si la Compagnie a eu quelquefois occasion de distribuer les prix, avant la loi du 8 août 1793, portant suppression des Académies et Sociétés littéraires qui étaient dotées par le Gouvernement ?

J'ai l'honneur, Messieurs, de vous présenter l'assurance de ma considération distinguée,

Le maître des requêtes, directeur de la division
de l'imprimerie et de la librairie,

VILLEMAIN.

L'Académie répondit à cette dépêche ministérielle, le 8 du même mois, en faisant connaître le résultat des recherches auxquelles on avait dû se livrer. Ces recherches avaient été négatives pour ce qui concernait la fondation du mois d'août 1792.

Le même jour, M. de Montyon adressait directement à l'Académie la lettre qu'on va lire :

A Monsieur le Secrétaire de l'Académie des Sciences.

Monsieur,

J'ai fait avant la Révolution des fondations en faveur de divers établissements pour des objets d'utilité publique.

Ces fondations ont consisté dans des sommes qui ont été placées sur l'État, et dont les arrérages ont servi à des prix et autres distributions, adjugées annuellement par les établissements à qui ces sommes ont été données. La Révolution et les convulsions qu'elle a entraînées ont fait disparaître ces fondations.

Je ne réclame point les sommes que j'ai données, je demande que ces fondations soient rétablies, et je me suis adressé, à ce sujet, à Son Excellence le Ministre de l'Intérieur.

Je viens d'apprendre que Son Excellence a demandé à votre Académie des renseignements sur celles de ces fondations qui la concernent.

L'existence de ces fondations est certaine. Mais, ayant perdu par les suites de mon émigration presque tous mes papiers ainsi que mes biens, je ne puis donner des renseignements détaillés sur la manière dont ont été faits les placements et j'en connais seulement la date, l'objet et le montant des sommes, mais je me rappelle que, parmi ces fondations, il en est dont les fonds ont été placés à rentes perpétuelles, d'autres en rentes viagères sur la tête du Roi ou de M. le Dauphin.

Si les fondations faites en faveur de votre Académie sont dans cette dernière classe, le décès des augustes personnes sur la tête desquelles la rente est placée n'en peut opérer l'extinction, le décès étant le fait du débiteur; cette question ne serait pas douteuse s'il ne s'agissait que de particuliers, et elle ne peut être décidée différemment quand il s'agit de la nation. Au contraire, la continuation de la rente est encore plus nécessaire et plus constante par des principes d'équité publique et d'honneur national.

Comme je ne réclame rien pour moi personnellement, c'est à vous, ce me semble, Monsieur, deffenseur des intérêts de votre corps, à faire valoir cette considération qui doit faire impression sur un ministère respectable, pénétré de sentiments nobles et digne d'être l'interprète des hautes pensées de Sa Majesté.

Je suis avec considération, Monsieur, votre très humble et très obéissant serviteur.

De Montyon.

Paris, le 8 mai 1819.

Mon adresse est : le baron de Montyon, rue de l'Université, n° 23.

Cette affaire en resta là, et l'Académie ne crut pas qu'il lui fût possible de suivre M. de Montyon dans la voie où il voulait l'engager.

Le prix relatif à la main-d'œuvre des nègres paraît cependant avoir existé au moins à l'état de projet, car nous trouvons dans un Ouvrage intitulé *Vie de M. de Montyon*, par M. Alissan de Chazet (¹), une note fort intéressante à ce sujet :

C'est à Genève qu'il (M. de Montyon) passa les premières années de son émigration ; il y était encore lorsqu'il obtint, en 1792, le dernier de tous les prix que l'Académie française ait donnés, et qui avait été remis cinq fois de suite. Le sujet était : *Les conséquences qui ont résulté pour l'Europe de la découverte de l'Amérique, relativement à la politique, à la morale et au commerce.* L'auteur ne se nomma point, mais il fut reconnu, parce qu'au lieu de prendre le prix, qui était de mille écus, il le destina à celui qui trouverait, au jugement de l'Académie des Sciences, *les meilleurs moyens ou les meilleurs instruments pour économiser et suppléer la main-d'œuvre des nègres* (page XLIV).

M. Alissan de Chazet commet là une petite erreur qu'il importe de rectifier. Le prix proposé en effet par l'Académie française s'élevait seulement à douze cents livres et non à trois mille. Il est fort possible que M. de Montyon ait eu la pensée d'en consacrer la valeur à la fondation d'un prix, mais nous pouvons affirmer que ce prix n'a jamais été accepté ni, à plus forte raison, proposé par l'Académie des Sciences.

On a remarqué sans doute l'article du testament de M. de Montyon par lequel il exprime la volonté expresse de faire élever un monument à la mémoire de Madame Élisabeth. Les Académies ont voulu se charger de l'accomplissement de cette clause touchante, et elles ont demandé à M. le baron Bosio le buste qui en fait l'objet. N'ayant pu obtenir, après son achèvement, qu'il fût érigé, comme le demandait le testateur, sur l'une des places publiques de la ville, elles s'empressèrent, à la suite d'une délibération prise le 24 décembre 1822 par une Commission mixte, composée de personnes représentant les Administrations intéressées, de le recueillir au palais de l'Institut, dans la salle même des séances publiques, où on peut le voir aujourd'hui.

Son inauguration eut lieu, sans aucune cérémonie, le vendredi 25 août 1826, jour de la Saint-Louis, à une séance publique tenue par l'Académie française.

Désireuses de rendre à leur bienfaiteur un public et éclatant hommage, les Académies et l'Administration des hospices sollicitèrent, en 1838,

---

(¹) Paris, Gosselin, Delaunay, Mesnier, décembre 1829, brochure in-8 de XCII pages.

l'autorisation de faire transporter les restes de M. de Montyon du cimetière de l'Ouest à l'Hôtel-Dieu de Paris. Cette translation effectuée, une cérémonie religieuse réunissait, le 25 avril, dans l'église Saint-Julien-le-Pauvre, l'Académie des Sciences, l'Académie française, l'Administration des hospices, un nombre considérable d'admirateurs de M. de Montyon et un nombre plus grand encore de ceux qu'il avait aimés et secourus.

A la suite de cette cérémonie, les restes du grand philanthrope étaient inhumés sous le péristyle de l'Hôtel-Dieu, au pied même de la statue élevée à sa mémoire. D'éloquents discours furent prononcés à cette occasion : M. le comte de Rambuteau, préfet de la Seine, prit la parole au nom de la ville de Paris et du Conseil général des hospices, M. de Barante au nom de l'Académie française, et M. A.-C. Becquerel au nom de l'Académie des Sciences.

La statue de Montyon, due au ciseau du baron Bosio, porte, sur son piédestal, une inscription ainsi conçue :

A LA MÉMOIRE

D'ANTOINE-JEAN-BAPTISTE-ROBERT AUGET DE MONTYON

BARON DE MONTYON

CONSEILLER D'ÉTAT

DONT L'INÉPUISABLE BIENFAISANCE

ET L'INGÉNIEUSE CHARITÉ

ONT ASSURÉ

APRÈS SA MORT COMME DURANT SA VIE

DES ENCOURAGEMENS AUX SCIENCES

DES RÉCOMPENSES AUX ACTIONS VERTUEUSES

DES SOULAGEMENS A TOUTES LES MISÈRES HUMAINES

NÉ LE 23 DÉCEMBRE 1733, MORT LE 29 DÉCEMBRE 1820

La démolition de l'ancien Hôtel-Dieu ayant été ordonnée, à la suite de la construction des bâtiments actuellement existants, les restes de M. de Montyon ont été provisoirement transportés, en juillet 1877, dans l'église Saint-Julien-le-Pauvre, où nous avons pu les voir au mois d'avril 1880. La plaque de cuivre gravée qui a été placée sur le cercueil porte encore, dans un parfait état de conservation, l'inscription suivante :

CE CERCUEIL

RENFERME LES RESTES DE ANTOINE-JEAN-BAPTISTE-ROBERT AUGET

BARON DE MONTYON

DÉCÉDÉ A PARIS LE 29 DÉCEMBRE 1820

EXHUMÉS DU CIMETIÈRE DE L'OUEST LE 23 AVRIL 1838

ET DÉPOSÉS LE LENDEMAIN A L'HÔTEL-DIEU

AU PIED DE SA STATUE

PAR LES SOINS DU CONSEIL GÉNÉRAL DES HOSPICES DE PARIS

DE L'ACADÉMIE FRANÇAISE ET DE L'ACADÉMIE ROYALE DES SCIENCES

SES LÉGATAIRES

Il est permis d'espérer que la dépouille mortelle de M. de Montyon, qui se trouve encore aujourd'hui, avec la statue de Bosio, dans l'église Saint-Julien-le-Pauvre, retrouvera bientôt, dans le nouvel édifice de l'Hôtel-Dieu, la sépulture qui lui avait été réservée autrefois.

Prix de Médecine et de Chirurgie.

LAURÉATS.

			fr
1825.	Roux (P.-J.)	Prix	3000
	Lassis	Récompense	2000
	Amussat (J.-Z.)	Mention honorable.	
	Leroy d'Étiolles (James)	»	
	Civiale (Jean)	»	
1826.	Louis	Encouragement	2000
	Bailly	Citation.	
	Audouard	»	
	Lassis	»	
	Civiale (Jean)	Encouragement	6000
	Amussat (J.-Z.)	»	2000
	Heurteloup (baron)	»	2000
	Leroy d'Étiolles (James)	»	2000
	Deleau jeune	»	2000
1827.	Pelletier et Caventou	Prix	10000
	Civiale (Jean)	»	10000
	Laennec (M.)	Encouragement	5000
	Leroy d'Étiolles (James)	»	2000
	Henry (Ossian) fils	»	2000
	Rostan	»	1500
	Gendrin	»	1500
	Bretonneau	»	1500
	Ollivier (d'Angers)	»	1500
	Bayle	»	1500
	Rochoux	»	1000
1828.	Chervin	Prix	10000
	Heurteloup (baron)	»	5000
	Gruethuisen	Médaille	1000
1829.	Piorry (P.-A.)	Encouragement	2000
	Jobert (de Lamballe)	»	2000
	Brachet (de Lyon)	»	2000
	Louis	»	2000
	Lassis	Récompense	2000
1831.	Courtois	Prix	6000
	Coindet	»	4000
	Lugol	»	6000
	Serturner	»	2000
	Amussat (J.-Z.)	»	6000
	Leroy d'Étiolles (J.)	»	6000
	Hatin (Félix)	»	2000

			fr
1832.	Rousseau (Emmanuel)	Récompense	1500
	Lecanu	»	1500
	Parent du Chatelet	»	1500
	Manec	»	4000
	Bennati	»	2000
	Deleau jeune	»	4000
	Mérat (F.-V.)	»	1500
	Villermé	»	1500
	Leroux	»	2000
1833.	Forget	Ecouragement	2000
	Colombat (de l'Isère)	»	5000
	Baudelocque neveu	»	2000
	Pinel (Scipion)	»	1500
	Heurteloup (baron)	Prix	6000
	Jacobson (de Copenhague)	Encouragement	4000
	Sirhenry	»	2000
	Annesley	Médaille	1000
	Marcus	»	1000
	Jachnichen	»	1000
	Dieffenbach	»	1000
	Marcin-Kowski	»	1000
	Gaymard	»	1000
	Gérardin	»	1000
	Foy	»	1000
	Brière de Boismont	»	1000
	Bouillaud (Jean)	»	1000
	Fabre	»	1000
	Guérin (Jules)	»	1000
	Rayer	»	1000
	Scoutetten	»	1000
	Lassis	»	1000
1834.	Gensoul	Récompense	5000
	Bousquet	»	3000
	Mayor	»	3000
	Souberbielle	»	2000
	Segalas	»	2000
	Nicod (A.)	»	2000
	Costallat	Encouragement	1500
	Gannal père	Indemnité	1500
	James (Constantin)	»	1000
	Hatin (Félix)	Mention honorable.	
	Philips (Benjamin)	»	
	Serre (d'Alais)	»	
	Pinel (Scipion)	»	
	Ricord (Ph.)	»	
1835.	Mérat (F.-V.) et Delens	Récompense	3000
	Réveillé-Parise	»	1500
	Fabre et Constant	»	3000
	Humbert	»	3000
	Montault	Encouragement	1000

			fr
1835.	Baudelocque neveu	Encouragement	2000
	Junod (Dr)	»	2000
	Heyne (Bernard)	»	2000
	Martin	»	1000
	Charrière (J.)	»	1800
	Deleau jeune	Citation.	
	Bégin	»	
	Mirault (d'Angers)	»	
	Sédillot et Malgaigne	»	
1836.	Lembert aîné (Dr)	Prix	5000
1837.	Tuefferd (de Montbéliard)	Encouragement	500
	Brisset	»	500
	Fiard	»	500
	Bousquet	»	500
	Perdrau	»	500
	Chervin	Citation.	
	Jobert (de Lamballe)	»	
	Devergie (Alphonse)	»	
	Donné (Alphonse)	»	
	Foville (A.)	»	
	Piorry (P.-A.)	»	
1838.	Bright	Encouragement	1500
	Martin-Solon	»	1500
	Rayer	»	1500
	Ricord (Ph.)	»	1500
	Martin (F.)	Indemnité	1000
1839.	Valleix	Encouragement	1000
	Fourcault (A.)	Récompense	2000
	Duval (Vincent)	»	3000
	Fuster	»	3000
	Serrurier et Rousseau (Emmanuel)	Citation.	
	Thibert (Félix)	»	
1840.	Tanquerel des Planches (L.)	Prix	6000
	Amussat (J.-Z.)	Indemnité et encouragement.	4000
1841.	Bouillaud (Jean)	Récompense	4000
	Amussat (J.-Z.)	»	3000
	Grisolle	»	2000
	Ségalas	»	1500
	Ricord (Ph.)	»	1000
	Becquerel (Alfred)	Encouragement	1000
	Hatin (Félix)	Mention honorable.	
	Mercier	»	
1842.	Stromeyer et Dieffenbach	Prix	6000
	Bourgery et Jacob	Récompense	5000
	Thibert	»	4000
	Longet (F.-A.)	»	3000
	Valleix	»	2000
	Amussat (J.-Z.)	Mention honorable.	
	Serrurier et Rousseau (Emmanuel)	»	

		fr.
1842. Boyer (Philippe)	Mention honorable.	
1843. Piorry (P.-A.)	Récompense	1500
Trousseau (A.) et Belloc	"	1500
Barthez et Rilliet	"	1300
Poiseuille (L.)	"	700
Lagauchie	"	700
Cazenave	"	500
Tardieu (Ambroise)	"	500
Denis (de Commercy)	Encouragement	500
Reybard	"	500
Poumet (J.)	Indemnité	500
Rognetta et Fournier-Deschamps	Mention honorable.	
Foullioy (L.-M.)	"	
Foville	"	
1844. Amussat (J.-Z.)	Récompense	1500
Bonnet	"	1200
Becquerel (Alfred) et Rodier (A.)	Encouragement	600
Réveillé-Parise	"	500
Morel-Lavallée	"	500
Donné (Al.)	Mention honorable.	
Clias	"	
1845. Guillon (F.-G.)	Encouragement	2000
Brière de Boismont	"	1500
Boyer (L.)	"	1500
Morel-Lavallée	"	500
Maisonneuve	Indemnité	500
1846. Lebert (H.)	Récompense	1800
Roussel (Théophile)	"	1500
Pravaz (Ch.)	"	1500
Roger (H.)	"	1200
Bourguignon	"	1200
Moreau (de Tours)	Mention honorable.	
Colson	"	
1847-1848. Jackson	Prix	2500
Morton	"	2500
Porta	Récompense	2000
Bibra et Gueist	Encouragement	1000
Mandl (Louis)	"	1000
Becquerel (Alfred) et Rodier (A.)	"	1000
Landouzy (H.)	"	1000
Larroque (B. de)	"	1000
Legendre	Mention honorable.	
Bourdon (Isidore)	"	
Audouard	"	
Blandet	"	
Bois de Loury et Chevallier (A.)	"	
Renouard	Citation.	
1849. Jobert (de Lamballe)	Prix	2500
Guillon (F.-G.)	Encouragement	1000
Martin (Ferdinand)	"	1000

			fr
1849.	Morel-Lavallée	Encouragement	1000
1850.	Herpin (Th.) (de Genève)	Récompense	1500
	Delasiauve	»	1000
	Mercier (Auguste)	»	1500
	Vrolik	»	1000
	Stahl	Encouragement	1000
	Hurteaux (A.)	»	1000
	Carrière	»	1000
1851.	Guérin (Jules)	Prix	2500
	Huguier	Récompense	2000
	Briquet et Mignot	»	2000
	Duchenne (de Boulogne)	»	2000
	Lucas (Pr.)	»	2000
	Tabarié	»	2000
	Pravaz (Ch.)	»	2000
	Gluge	»	2000
	Gosselin (A.-L.)	»	1500
	Gariel	»	2000
	Vidal (de Cassis)	»	1500
	Serre (d'Uzès)	»	1000
	Boinet	Encouragement	1000
	Monneret et Fleury	Mention honorable.	
	Sandras (S.)	»	
1852.	Bourgery et Jacob	Récompense	2000
	Hirschfeld (Lud.)	»	1500
	Follin	»	1000
	Blondlot	»	1500
	Duméril (Aug.), Demarquay et Lecointe	»	1500
	Lebert (H.)	»	2000
	Becquerel (Alfred) et Rodier (A.)	»	1200
	Davaine (C.)	»	1000
	Fauconneau-Dufresne	»	1000
	Richard (A.)	Encouragement	1000
	Bretonneau	Prix	2500
	Trousseau (A.)	»	2000
	Manec	Récompense	2000
	Becquerel (Alfred)	Encouragement	1000
	Bouisson	»	1000
	Boinet	»	1000
	Baudens	»	1000
	Niepce (B.)	»	1000
	Renault (Eug.)	»	1000
	Josat	»	1000
	Orfila (Louis)	»	1000
1853.	Koelliker (A.)	Récompense	2000
	Robin (Ch.) et Verdeil	»	2000
	Becquerel (Alfred) et Vernois (Max.)	Encouragement	1200
	Reynoso (Alvaro)	»	500
	Legand	»	500
	Mège-Mouriès	»	500

			fr
1856.	Renault (Eugène)	Récompense	1000
	Filhol (E.)	»	1000
	Galtier	»	1000
	Middeldorpf (Albrecht)	»	1000
	Brown-Séquard (E.)	»	1000
	Robin (Charles)	»	1000
	Boinet	»	1000
	Guillon (F.-G.)	»	1000
	Faure	Encouragement	800
	Colombe (F.)	»	800
	Hiffelsheim	»	700
	Philipeaux (R.) (de Lyon)	»	700
	Legendre (E.)	»	600
	Gorbaux (Arm.) et Follin (E.)	»	600
	Godard (Ernest)	»	500
	Colin (G.)	»	500
	Figuier (L.)	»	500
	Duplay	»	500
	Gosselin (A.-L.)	»	500
	Verneuil	»	500
	Delpech (A.)	»	500
1857.	Broca (Paul)	Prix	2500
	Delafond et Bourguignon	»	2500
	Morel	»	2500
	Bertillon	Mention honorable.	
	Fonssagrives (J.-B.)	»	
	Berthelot (M.)	Citation honorable.	
	Mandl (Louis)	»	
	Jacquart (H.)	»	
	Roux	»	
	Legendre (E.)	»	
	Pietra-Santa (Pr. de)	»	
	Dumont (G.)	»	
	Luca (de)	»	
1858.	Négrier (d'Angers)	Prix	2500
	Landouzy	Mention honorable.	1800
	Boudin	»	1800
	Denis (de Commercy)	»	1800
	Giraldès (J.-A.)	»	1500
	Forget (Amédée)	»	1500
	Durand-Fardel	Mention simple.	
	Lefoulon	»	
	Faure	Citation honorable.	
	Godard (Ernest)	»	
	Demarquay (J.-N.) et Leconte (Ch.)	»	
	Oré	»	
	Castorani (R.)	»	
1859.	Béhier (J.)	Mention honorable.	1500
	Gallois	»	1500
	Giraud-Teulon	»	1500

fr

1859. LUSCHKA (Hubert)	Mention honorable ...	1500
LEGENDRE (E.)	»	1500
MARCÉ	»	1500
BÉRAUD	Citation honorable.	
HILLAIRET	»	
LARCHER (J.-F.)	»	
MARC-D'ESPINE	»	
PIORRY (P.-A.)	»	
POISEUILLE (L.) et LEFORT (J.)	»	
ROBIN (Charles)	»	
SAPPEY (C.)	»	
TILLAUX (Paul)	»	
SCHNEFF	»	
PIETRA-SANTA (Pr. DE)	»	
JUNOD (Dr T.)	»	
1860. DAVAINE (C.)	Prix	2500
BERGERON (J.)	»	2000
MAINGAULT (A.)	»	2000
TURK (Louis)	Mention honorable....	1200
CZERMACK (Jean)	»	1200
MAREY (E.-J.)	»	1200
DEMARQUAY (J.-N.)	Citation honorable.	
RAIMBERT	»	
VELLA (L.)	»	
JACQUART (H.)	»	
MIGNOT	»	
ROBIN (Charles)	»	
PAUL (Constantin)	»	
MANDL (Louis)	»	
1861. LALLEMAND (Ludger), PERRIN (Maurice) et DUROY	Prix	2500
HASPEL	Mention honorable et encouragement.	1500
DUTROULEAU	»	1500
ROUIS	»	1500
ROGER (H.)	»	1200
HUGUIER	»	1200
LABOULBÈNE	Encouragement	1000
COSTALLAT	Citation honorable.	
LANDOUZY	»	
LUYS (Jules)	»	
BILLOD (E.)	»	
LARCHER (J.-F.)	»	
ROBIN (Charles)	»	
1862. CRUVEILHIER	Prix	2500
LEBERT (H.)	»	2000
FRERICHS	»	2000
LARCHER (J.-F.)	Mention honorable....	1500
COHN	»	1500
DOLBEAU	»	800
LUYS (Jules)	»	800

			fr
1863.	CHASSAIGNAC	Prix	2500
	DEBOUT	»	1500
	GALLOIS	»	1500
	BOURDON (Hip.)	»	1500
	CAHEN	»	1500
	LEVEN (M.) et OLLIVIER (A.)	Citation honorable.	
	DESPRÈS (Armand)	»	
	MOREL-LAVALLÉE	»	
	PETER (M.)	»	
1864.	ZENKER	Prix	2500
	MAREY (E.-J.)	»	2500
	MARTIN (F.) et COLLINEAU	»	2500
	GRIMAUD (de Caux)	Encouragement	1500
	OLLIVIER (Aug.)	Médaille	1000
	LEMATTRE (Gustave)	»	1000
	VILLEMIN (J.-A.)	»	1000
	LANCEREAUX (E.)	»	1000
	FAURE	»	1000
	PETREQUIN (J.-E.)	Citation honorable.	
	ABEILLE	»	
	DELIOUX DE SAVIGNAC	»	
	COURTY (A.)	»	
	FOLEY	»	
	MILLET	»	
	JACQUART (H.)	»	
	SCHNEPP	»	
1865.	VANZETTI	Prix	2500
	CHAUVEAU, VIENNOIS et MEYNET	»	2500
	LUYS (Jules)	»	2500
	DESORMEAUX	Mention honorable	1500
	SUCQUET	»	1500
	LEGRAND DU SAULLE	»	1500
	STOEBER et TOURDES	Citation honorable.	
	MOURA (Dr)	»	
	OLLIVIER (Aug.) et BERGERON (Georges)	»	
	CORNIL	»	
	JOULIN	»	
	LABORDE	»	
1866.	BÉRAUD	Prix	2500
	ANGER (Benjamin)	»	2500
	MAREY (E.-J.)	»	2500
	VOISIN (Aug.) et LIOUVILLE (H.)	Mention honorable	1500
	LABORDE	»	1500
	SAPPEY (C.)	»	1500
	BOUCHUT (E.)	Citation honorable.	
	EMPIS (G.-S.)	»	
	FOURNIÉ (Édouard)	»	
	CAHEN	»	
	LEMAIRE (Jules)	»	
	GIMBERT	»	

			fr
1866.	Polaillon	Citation honorable.	
	Demarquay (J.-N.)	"	
	Labordette (A. de)	"	
1867.	Chauveau (J.-B.-A.)	Prix	2500
	Courty	"	2500
	Lancereaux (E.)	"	2500
	Schultze (Max.)	Mention honorable	1500
	Hérard et Cornil	"	1500
	Foissac	"	1500
	Villemin (J.-A.)	Citation honorable.	
	Bergeron (G.)	"	
	Bouchard	"	
	Prévost (J.-L.) et Cottard (J.)	"	
	Estor et Saintpierre (C.)	"	
	Ordonez	"	
	Commenge (O.)	"	
1868.	Villemin (J.-A.)	Prix	2500
	Feltz (V.)	Mention honorable	1500
	Flint (A.)	"	1500
	Raciborski (A.)	"	1500
	Larcher (J.-F.)	Citation honorable.	
	Goubaux (Arm.)	"	
	Jaccoud	"	
	Grandry	"	
	Susini	"	
	Cabadé	"	
	Hayem (Georges)	"	
	Colin (G.)	"	
	Gréhant (N.)	"	
	Labordette	"	
1869.	Junod (Dr T.)	Prix	2500
	Paulet et Sarazin	"	2500
	Luschka	"	2500
	Knoch (J.)	Mention honorable	1500
	Maurin (Am.)	"	1500
	Roger (H.)	"	1500
	Roudanowski (Pierre)	Citation honorable.	
	Blache	"	
	Saint-Cyr (F. de)	"	
1870.	Gréhant (N.)	Prix	2500
	Blondlot (de Nancy)	"	2500
	Bérenger-Féraud	Mention honorable	1500
	Duclout (L.)	"	1500
	Colin (Léon)	"	1500
	Raimbert (L.-A.)	Citation honorable.	
	Becquoy	"	
	Hayem (Georges)	"	
	Krishaber (M.) et Peter (M.)	"	
1871.	Lancereaux (E.) et Lackerbauer	Prix	2500
	Chassagny	"	2500

		fr
1871. Coze et Feltz (V.)	Encouragement	1200
Jousset (de Bellesme)	»	1200
Decaisne (E.)	»	1200
Desprès (Armand)	»	1200
1872. Luys (Jules)	Prix	2000
Magnan	»	2000
Woillez (E.-J.)	»	2000
Mandl (Louis)	Mention honorable	1200
Fano	»	1200
Legrand du Saulle	»	1200
Bonnafont	Citation honorable.	
Le Bon (Gustave)	»	
Liouville (Henry)	»	
Guérard	»	
Bourdillat	»	
Gimbert	»	
Lisle (E.)	»	
Vallin	»	
Ritter (E.)	»	
1873. Harting	Prix	2000
Lefort (J.)	»	2000
Péan	»	2000
Armand	Mention honorable	1200
Bouland (Pierre)	»	1200
Oré	»	1200
Félizet (Georges)	Citation honorable.	
Ollivier (A.)	»	
Redard (Paul)	»	
Bergeret et Mayençon	»	
Brémond (L. et E.)	»	
Burdel	»	
Hardy et Montméja	»	
Lefebvre (L.)	»	
Lunier (L.)	»	
Monoyer	»	
Polaillon et Carville	»	
1874. Dieulafoy	Prix	2400
Malassez	»	2400
Méhu (C.)	»	2400
Bérenger-Féraud	Mention honorable	1000
Létiévant	»	1000
Péter (M.)	»	1000
Sappey (C.)	Encouragement	1000
Béni-Barde	Citation honorable.	
Bourrel	»	
Herrgott (Dr)	»	
Dechaux	»	
Lunier (L.)	»	
Marvaud	»	
Moncocq	»	

1874. MARTIN (Toussaint) .... Citation honorable.
       SALLE (J.-B.-V.) .... »
1875. GUÉRIN (Alphonse) .... Prix 2500
       LEGOUEST .... » 2500
       MAGITOT .... » 2500
       BERRIER-FONTAINE .... Mention honorable.... 1500
       PAULY (Ch.) .... » 1500
       VEYSSIÈRE .... » 1500
       BUDIN (P.) et COYNE (P.) .... Citation honorable.
       CÉZARD (St.) .... »
       SAINT-CYR (F. DE) .... »
       HERRGOTT (F.-J.) .... »
       LUTON.. »
       MORACHE (G.) .... »
       OLLIVIER (A.) .... »
       RAIMBERT (L.-A.) .... »
1876. FELTZ (V.) et RITTER (E.) .... Prix 2500
       PAQUELIN (C.) .... » 2500
       PERRIN .... » 2500
       MAYENÇON et BERGERET..................... Mention honorable.... 1500
       MAYET....................................... » 1500
       SANSON (André)............................... » 1500
       FARABEUF.................................... Citation honorable.
       FRANCK (François) .... »
       GAYON (U.) .... »
       BADAL (J.-A.)................................. »
       BARÉTY...................................... »
       BROCHARD (Dr).............................. »
       JOLLY....................................... »
       LABBÉ (Léon) et COYNE (Paul)................. »
       LAVERAN (A.)................................ »
       LECLERC..................................... »
       POINCARÉ (Léon).............................. »
       PONCET (F.)................................. »
1877. HANNOVER (Ad.)............................. Prix 2500
       PARROT (J.)................................. » 2500
       PICOT (J.).................................. » 2500
       TOPINARD (P.)............................... Mention honorable.... 1500
       LASÈGUE et REGNAULT .... 〳
       DELPECH et HILLAIRET .... 〵 » 1500
       FRANCK (François)............................ 〳
       ORÉ... 〵 » 1500
       BURQ (V.).................................. Citation honorable.
       MÉGNIN (J.-P.)............................... »
       ARMINGAUD................................... »
       BROUARDEL (P.)............................. »
       COUTY (Louis)............................... »
       DESPRÈS (Armand)............................ »
       LECOMTE.................................... »
       PEYRAUD (H.)............................... »

			fr
1877.	Salathé	Citation honorable.	
	Sanné (A.)	»	
	Testut (Léo)	»	
1878.	Franck (François)	Prix	2500
	Hayem (Georges)	»	2500
	Key et Retzius	»	2500
	Bérenger-Féraud	Mention honorable....	1500
	Favre (A.)	»	1500
	Robin (Albert)	»	1500
	Toussaint (H.)	Citation honorable.	
	Proust (A.)	»	
	Colin (L.)	»	
	Déjérine (J.)	»	
	Legrand du Saulle	»	
	Fournié (Édouard)	»	
	Gairal	»	
	Debost (Émile)	»	
1879.	Dujardin-Beaumetz et Audigé	Prix	2500
	Tillaux (P.)	»	2500
	Voisin (A.)	»	2500
	Bochefontaine	Mention honorable....	1500
	Lecorché	»	1500
	Simonin	»	1500
	Gréhant (N.)	Citation honorable.	
	Azam	»	
	Delaunay (Gaëtan)	»	
	Grasset (J.)	»	
	Poncet (F.)	»	
	Porak	»	
	Riembault (A)	»	
1880.	Charcot (J.-M.)	Prix	2500
	Jullien (Louis)	»	2500
	Sappey (Ph.-C.)	»	2500
	Chatin (Johannès)	Mention honorable....	1500
	Gréhant (N.)	»	1500
	Guibout (E.)	»	1500
	Leven	Citation honorable.	
	Manasset (Casimir)	»	
	Masse (E.)	»	
	Nepveu (G.)	»	
	Rambosson (J.)	»	
	Trumet de Fontarce (A.)	»	

Grands prix de Médecine et de Chirurgie.

Conformément au règlement du 26 janvier 1829 et aux dispositions de l'ordonnance royale du 23 août de la même année, l'Académie proposa en 1830, pour sujet d'un *grand prix de Chirurgie* qu'elle devait décerner en 1832, de *déterminer, par une série de faits et d'observations authentiques, quels sont les avantages et les inconvénients des moyens mécaniques et gymnastiques appliqués à la cure des difformités du système osseux.*

Le concours fut prorogé de 1832 à 1834, puis à 1836, et le prix, sur le rapport de Double, fut décerné dans la séance publique du 21 août 1837.

En 1830 également, l'Académie proposait, pour sujet d'un *grand prix de Médecine*, à décerner en 1832, la question dont l'énoncé suit :

Déterminer quelles sont les altérations physiques et chimiques des organes et des fluides dans les maladies désignées sous le nom de fièvres continues.

Quels sont les rapports qui existent entre les symptômes de ces maladies et les altérations observées?

Insister sur les vues thérapeutiques qui se déduisent de ces rapports.

Le prix ne fut point décerné, mais l'importance de la question proposée décida l'Académie à la diviser en deux questions distinctes et à en former le sujet de deux prix à décerner en 1834.

Ces deux questions étaient rédigées de la manière suivante :

QUESTION DE MÉDECINE. — *Déterminer quelles sont les altérations des organes dans les maladies désignées sous le nom de fièvres continues.*

Quels sont les rapports qui existent entre les symptômes de ces maladies et les altérations observées?

Insister sur les vues thérapeutiques qui se déduisent de ces rapports.

QUESTION DE CHIMIE MÉDICALE. — *Déterminer quelles sont les altérations physiques et chimiques des solides et des liquides dans les maladies désignées sous le nom de fièvres continues.*

En 1834, la question de Chimie médicale fut retirée du concours et la question de Médecine fut de nouveau proposée pour 1836.

Le prix ne put pas être décerné. Sur le rapport de Serres, il ne fut accordé que des encouragements.

Dans la séance publique du 13 août 1838, l'Académie proposait, pour sujet d'un prix de 10000ᶠʳ à décerner en 1842, la question suivante :

La vertu préservatrice de la vaccine est-elle absolue, ou bien ne serait-elle que temporaire?

Dans ce dernier cas, déterminer, par des expériences précises et des faits authentiques, le temps pendant lequel la vaccine préserve de la variole.

Le cow-pox a-t-il une vertu préservatrice plus certaine ou plus persistante

que le vaccin déjà employé à un nombre plus ou moins considérable de vacci-
nations successives?

En supposant que la qualité préservatrice du vaccin s'affaiblisse avec le temps,
faudrait-il le renouveler, et par quels moyens?

L'intensité plus ou moins grande des phénomènes locaux du vaccin a-t-elle
quelque relation avec la qualité préservatrice de la variole?

Est-il nécessaire de vacciner plusieurs fois une même personne et, dans le cas
d'affirmative, après combien d'années faut-il procéder à de nouvelles vacci-
nations?

Le nombre d'Ouvrages adressés au concours fut considérable et l'Académie se trouva dans l'obligation d'en remettre l'examen successivement à 1843 et à 1844. Dans la séance du 8 mars 1845, Serres donnait lecture d'un admirable rapport, à la suite duquel il n'était accordé que des récompenses.

Le 25 mars 1861, l'Académie proposait pour 1864 un prix de 5000^{fr} dont le sujet était *l'histoire de la pellagre*. Dans la séance du 6 février 1865, sur le rapport de Rayer, le prix était décerné et trois Mémoires étaient particulièrement distingués.

Le même jour, 25 mars 1861, l'Académie proposait encore deux autres prix pour l'année 1866 : l'un de 5000^{fr}, relatif à *l'application de l'électricité à la Thérapeutique*; l'autre de 10000^{fr}, ayant pour sujet *la conservation des membres par la conservation du périoste*.

C'est à l'occasion du dernier de ces prix que l'Académie, discutant, deux mois auparavant, les conditions dans lesquelles elle pouvait proposer la question du périoste, reçut du maréchal Vaillant, Membre de l'Institut et Ministre de la Maison de l'Empereur, la lettre suivante :

Palais du Louvre, 6 février 1861.

Monsieur le Président, si j'ai commis une indiscrétion, votre bienveillance obtiendra mon pardon de l'Académie.

J'ai parlé à l'Empereur de la proposition faite par notre honorable et savant Secrétaire perpétuel, M. Flourens, de mettre au concours la grande et belle question de la régénération des os brisés par accidents, coups de feu, etc. L'Empereur ne pouvait être indifférent à ce remarquable progrès de la Science chirurgicale, intéressant à un si haut degré l'humanité tout entière, et dont nos soldats blessés ont déjà commencé à recueillir de si précieux avantages.

Sa Majesté, s'associant aux intentions philanthropiques de l'Académie des Sciences, m'autorise à vous dire qu'elle ajoutera *dix mille francs* au prix qui sera fixé par nos confrères.

En conséquence, le prix fut porté à 20 000ᶠʳ. Il a été décerné, sur le rapport de Velpeau, dans la séance du 11 mars 1867.

Le prix concernant l'application de l'électricité à la Thérapeutique n'obtint pas immédiatement le même succès. En 1866, il ne put être accordé qu'une médaille, et le concours fut prorogé à l'année 1869.

A cette époque, le prix fut encore réservé et proposé pour 1872. Sur le rapport de M. Becquerel père, l'Académie accorda deux médailles de la valeur de 5000ᶠʳ.

De 1872 le concours fut de nouveau prorogé à l'année 1875; sur le rapport de M. Edmond Becquerel, le prix fut décerné.

Depuis 1861, l'Académie paraît avoir renoncé à proposer des questions spéciales pour le concours Montyon. Les prix dont elle a aujourd'hui la disposition sont si nombreux et si divers, spécialement pour ce qui regarde la Médecine et la Chirurgie, qu'elle est en situation de récompenser par des distinctions particulières tous les travaux qui se produisent dans ces branches de la Science.

Les reliquats de la fondation trouvent d'ailleurs une application plus utile peut-être dans les recherches de toute nature que l'Académie se fait un devoir de provoquer ou d'encourager.

LAURÉATS.

1836. *Déterminer quelles sont les altérations des organes dans les maladies désignées sous le nom de* fièvres continues.

GENDRIN.	Encouragement.....	1500ᶠʳ
PIÉDAGNEL..	»	1500ᶠʳ
BOUSQUET.	»	1500ᶠʳ
MONTAULT.	»	1500ᶠʳ

1837. *Déterminer par une série de faits et d'observations authentiques quels sont les avantages et les inconvénients des moyens mécaniques et gymnastiques appliqués à la cure des difformités du système osseur.*

GUÉRIN (Jules).	Premier prix	10000ᶠʳ
BOUVIER.	Deuxième prix....	6000ᶠʳ

1845. *La vertu préservatrice de la vaccine est-elle absolue ou bien ne serait-elle que temporaire. etc.?*

BOUSQUET.	Récompense....	3000ᶠʳ
STEINBRENNER.	»	2500ᶠʳ
FIARD.	»	2500ᶠʳ
ANONYMES (Mémoires nᵒˢ 7, 9, 22, 23).	Mentions honorables.	

1864. *Histoire de la pellagre.*

  Roussel (Théophile).   Prix 5000ᶠʳ
  Costallat.   Accessit 2000ᶠʳ
  Billod.   Citation honorable.
  Bouchard.   »

1866. *Application de l'électricité à la Thérapeutique.*

  Namias (H.).   Médaille 1500ᶠʳ

1867. *La conservation des membres par la conservation du périoste.*

  Ollier (L.-X.-E.-L.). }
  Sedillot (Ch.-Emm.). {   Prix partagé 20000ᶠʳ

1872. *Application de l'électricité à la Thérapeutique.*

  Legros (Ch.) et Onimus.   Médaille 3000ᶠʳ
  Cyon (E.).   »   2000ᶠʳ

1875. *Même question.*
  Onimus.   Prix 5000ᶠʳ

Prix des Arts insalubres.

LAURÉATS.

1825. Labarraque	Prix	3000
Parent du Chatelet	Récompense	2000
Masuyer (de Strasbourg)	»	2000
1829. Dubuc (de Rouen)	Prix	3000
1830. Aldini (le chevalier)	»	8000
1831. Parent du Chatelet	Encouragement	1500
1832. Robinet (Ismaël)	Récompense	8000
1834. Salmon	Prix	8000
Rougier (de Septèmes)	»	3000
Sochet	Encouragement	1500
1835. Degousée et Mulot	Deux prix de 3000ᶠʳ	6000
Amoros (colonel)	Prix	3000
Gannal père	Encouragement	2000
1836. Castera	»	2000
Fusz (P.)	Prix	1000
Delion (A.)	»	2000
Houzeau-Muiron	»	2000
Paulin (colonel)	»	8000
Gannal père	»	8000
1838. Castera	Encouragement	2000
Ajasson de Grandsagne } Bassano (E. de) {	»	600
1839. Valat (Dʳ)	Prix	2000
Laignel (B.)	Encouragement	1500
1841. La Rive (Arthur de)	Prix	3000
Elkington	»	6000

		fr
1841. RUOLZ (H. DE)	Prix	6000
1842. MARTIN (de Vervins)	»	4000
LAMY	»	3000
JARRIN et LONGCÔTÉ	»	2000
CHUARD	Encouragement	2000
1843. CHAMEROY	Prix	2500
SIRET	Récompense	1000
BOUTIGNY (d'Évreux)	Encouragement	1000
MELSENS (Louis)	Indemnité	700
1844. CHAUSSENOT aîné	Récompense	2000
1845. LAIGNEL (Benjamin)	Prix	2500
1846-1847-1848. LECLAIRE	Prix	2500
ROCHER	»	2500
PINET (Eugène)	{ Mention honorable.	
PEUGEOT (Jules)		
1849-1850. MALLET (A.)	Récompense	500
CAVAILLON (DE)	»	500
1851. MASSON (E.)	Récompense	2000
SUCQUET (V.)	«	2000
1853. ARNAUD	Prix	2500
HERPIN	»	2500
DOYÈRE (L.)	'	2500
MACHECOURT	»	1500
FONTAINE	«	1500
CHUARD	Encouragement	500
1854. ROUY aîné (P.-A.)	Prix	2500
FONTENAU (Félix)	Récompense	1500
MABRU (Guillaume)	Encouragement	1500
1855. DUMÉRY	Prix	2500
SOREL	»	2000
BOUTRON et BOUDET	»	2000
THIBOUT (Nap.)	Encouragement	500
1856. SCHROETTER	Prix	2500
CHAUMONT	»	2000
1857. ROLLAND (Eugène)	Prix	2500
DANNERY (de Rouen)	Encouragement	1000
1858. DANNERY (de Rouen)	Prix	2500
HERLAND	Encouragement	1500
1859. GUIGARDET	Encouragement	1000
1860. MANDET	Prix	2500
FOURNIER (Ch.)	«	2500
GUIGARDET	Récompense	1000
BOBOEUF	«	1000
1863. GRIMAUD (de Caux)	{ Prix 2500fr / Indemnité 1500fr }	4000
GUIGNET (Er.)	Prix	2500
BOUFFÉ (A.)	Récompense	1500
1864. DUMAS (A.) et BENOIT	Encouragement	1000
CHAMBON-LACROISADE (H.)	«	500
1865. ACHARD (Auguste)	Prix	2500

		fr
1865. CHANTRAN (S.)	Récompense	1000
GALIBERT (A.)	Encouragement	500
1866. GALIBERT (A.)	Encouragement	1000
1867. FREYCINET (C. DE)	Prix	2500
GALIBERT (A.)	Encouragement	1500
PIMONT (P.)	"	1500
1868. VIGNIER	Prix	2500
1869. PIMONT (P.)	Prix	2500
CHARRIÈRE (J.)	"	2500
1870. GOLDENBERG (G.)	Prix	2500
GARCIN (Mlle C.) et ADAM	Encouragement	2000
LOUVEL	"	2000
1871. GUIBAL	Prix	2500
1873. MOURCOU (A.)	Prix	2500
CONSTANTIN	Encouragement	1500
GÉRARDIN (Aug.)	"	1500
1875. DENAYROUZE (Louis)	Prix	2500
1876. MELSENS (Louis)	Prix	2500
1877. HÉTET	Encouragement	2000
1878. D'HUBERT	Prix	2500
LENOIR	"	2500
TURPIN (Eugène)	Encouragement	1000
PAQUELIN (C.)	"	1000
1879. BOUTMY et FAUCHER (L.)	Prix	2500
HARO	Encouragement	1500
1880. BIRCKEL	Récompense	1500

Prix relatif à l'application de la vapeur à la marine, fondé par le Roi Louis-Philippe.

Le 13 novembre 1834, M. le baron Ch. Dupin, Membre de l'Institut, Ministre de la Marine, adressait à l'Académie la lettre qui suit :

Profondément convaincu de l'importance des secours que les arts des travaux publics doivent chercher dans l'application des sciences, le Roi vient d'approuver le sujet suivant d'un prix de *six mille francs* à décerner par l'Académie des Sciences dans la séance publique de 1836 :

Au meilleur Ouvrage ou Mémoire sur l'emploi le plus avantageux de la vapeur pour la marche des navires et sur le système de mécanisme, d'installation, d'arrimage et d'armement qu'on doit préférer pour cette classe de bâtiments.

Je m'estime heureux d'être l'organe d'une proposition qui sera, j'ose l'espérer, un motif de recherches et de perfectionnements dignes de la Marine royale et dignes de l'Académie.

Baron DUPIN.

Ce prix ne put être décerné qu'en 1853, époque à laquelle l'Académie proposa au Ministre de le partager également entre MM. Dupuy de Lôme, Moll et Bourgois.

Cette proposition ayant été adoptée, l'Académie sollicita des pouvoirs publics un décret instituant un autre prix de 6000^{fr}; sur le rapport de M. Th. Ducos, alors Ministre de la Marine, ce décret fut rendu le 5 avril 1854, et le prix put être de nouveau proposé à l'émulation des savants.

De longues années s'écoulèrent encore avant qu'on pût trouver des travaux assez considérables pour le mériter, et ce n'est qu'en 1876 qu'il fut possible de l'attribuer à M. A. Ledieu, Correspondant de l'Académie.

Pénétrée des difficultés qu'elle rencontrerait dans l'avenir, la question à proposer étant extrêmement restreinte, l'Académie demanda, le 9 décembre 1876, au Ministre de la Marine, en lui transmettant un Rapport de M. l'amiral Jurien de La Gravière sur cet objet, de vouloir bien élargir le cercle étroit de l'ancienne formule et donner une plus grande latitude aux concurrents.

Le Ministre, M. l'amiral Fourichon, s'empressa d'accéder au vœu de l'Académie et l'informa peu de jours après que, sur sa proposition, M. le Président de la République, par un décret du 21 décembre, avait réglé que dorénavant le prix de *six mille francs* serait réservé « à tout progrès de nature à accroître l'efficacité de nos forces navales ».

Sous cette nouvelle forme, il a été décerné pour la première fois en 1878.

LAURÉATS.

1853. Dupuy de Lôme..	} Prix partagé..........	6000
Moll..		
Bourgois..		
1876. Ledieu (Alfred), correspondant de l'Académie..........	Prix................	6000
1878. Bailly, lieutenant de vaisseau........................	} Prix partagé..........	6000
Perroy, ingénieur de la Marine........................		

Prix fondés par M. Bordin.

Par un testament en date du 27 avril 1835, M. C.-L. Bordin, ancien notaire à Paris, léguait à l'Institut royal de France 12000^{fr} de rente à diviser et à répartir chaque année entre l'Académie française, l'Académie des Inscriptions et Belles-Lettres, l'Académie des Sciences et l'Académie des Beaux-Arts, pour la fondation de prix annuels dont le nombre et la valeur devaient être déterminés par des programmes spéciaux.

Sur ces 12000ᶠʳ, une somme de 500ᶠʳ devait rester à la disposition des Académies légataires pour les couvrir et les indemniser des frais et des dépenses annuelles que leur occasionnent les détails d'exécution.

Les sujets mis au concours, disait M. Bordin, auront toujours pour but l'intérêt public, le bien de l'humanité, les progrès de la Science et l'honneur national.

L'Institut sera saisi de cette rente de douze mille francs du jour de mon décès ; mais son entrée en jouissance ne commencera que du jour du décès de Mᵐᵉ Bordin.

L'Académie fut autorisée à accepter ce legs par un décret du 12 novembre 1835.

Elle proposa pour la première fois de décerner le prix Bordin dans sa séance publique de l'année 1856.

La question proposée était la suivante :

Un thermomètre à mercure étant isolé dans une masse d'air atmosphérique, limitée ou illimitée, agitée ou tranquille, dans des circonstances telles qu'il accuse actuellement une température fixe, on demande de déterminer les corrections qu'il faut appliquer à ses indications apparentes, dans les conditions d'exposition où il se trouve, pour en conclure la température propre des particules gazeuses dont il est environné.

Elle fut retirée du concours et remplacée par une autre.

Les questions de prix Bordin sont proposées, tous les ans, alternativement par les Sections de Sciences mathématiques et par les Sections de Sciences physiques.

Les prix sont de la valeur de *trois mille francs.*

LAURÉATS.

Sciences mathématiques.

1862. *Déterminer par l'expérience les causes capables d'influer sur les différences de position du foyer optique et du foyer photogénique.*

TEYNARD (Félix).	Récompense.....	2000ᶠʳ
MIERSCH (Carl).	»	1000ᶠʳ

1865. *Étude d'une question laissée au choix des concurrents et relative à la théorie des phénomènes optiques.*

JANSSEN (Jules).	Récompense.....	1500ᶠʳ
SOLEIL (H.)	»	1000ᶠʳ
PICHOT.	»	500ᶠʳ
ANONYME.	Mention honorable.	

1865. *Apporter un perfectionnement notable à la théorie mécanique de la chaleur.*

Dupré (Athanase).   Mention honorable et Encouragement.   1500^{fr}

1866. *Déterminer les indices de réfraction des verres qui sont aujourd'hui employés à la construction des instruments d'optique et de photographie, etc.*

Baille (J.-B.-A.).   Prix..... 3000^{fr}
Mascart (E.).   Mention honorable.

1866. *Déterminer les longueurs d'onde de quelques rayons de lumière simple bien définis.*

Mascart (E.).   Prix..... 3000^{fr}

1867. *Direction des vibrations de l'éther dans les rayons polarisés.*

Jenker (W.).   Médaille..... 2000^{fr}

1872. *Théorie des raies du spectre.*

Lecoq de Boisbaudran.   Encouragement..... 2000^{fr}

1876. *Rechercher par de nouvelles expériences calorimétriques et par la discussion des observations antérieures quelle est la véritable température à la surface du Soleil.*

Violle.   Récompense..... 2000^{fr}
Crova.   Encouragement..... 1000^{fr}
Vicaire.   » 1000^{fr}

1878. *Diverses formules ont été proposées pour remplacer la loi d'Ampère sur l'action de deux éléments de courant : discuter ces diverses formules et les raisons qu'on peut alléguer pour accorder la préférence à l'une d'elles.*

Reynard.   Encouragement..... 2000^{fr}

1880. *Trouver le moyen de faire disparaître ou au moins d'atténuer sérieusement la gêne et les dangers que présentent les produits de la combustion sortant des cheminées sur les chemins de fer, sur les bateaux à vapeur, ainsi que dans les villes, à proximité des usines à feu.*

Lax.   Récompense..... 1500^{fr}

Sciences physiques ou naturelles.

1859. *Métamorphisme des roches.*

Daubrée (G.-A.).   Récompense..... 2000^{fr}
Delesse (A.-E.-O.-J.).   Encouragement..... 1000^{fr}

1863. *Étude des vaisseaux du latex.*

Dippel (Léopold). }   Prix partagé..... 3000^{fr}
Hanstein (Johannes). }

1863. *Faire l'histoire anatomique et physiologique du corail et des autres zoo-
phytes de la même famille.*

    LACAZE-DUTHIERS (F.-J.-H. DE)   Prix..... 3000ᶠʳ

1865. *Déterminer expérimentalement les causes de l'inégalité de l'absorption,
par des végétaux différents, des solutions salines de diverses natures
que contient le sol, et reconnaître par l'étude anatomique des racines
les rapports qui peuvent exister entre les tissus qui les constituent et les
matières qu'elles absorbent ou qu'elles excrètent.*

    DEHÉRAIN (P.-P.).   Prix..... 3000ᶠʳ

1867. *Étude de la structure anatomique du pistil et du fruit dans ses principales modifications.*

    VAN TIEGHEM (Philippe).   Prix..... 3000ᵇ

1869. *Monographie d'un animal invertébré marin.*

    MARION (A.-F.). }
    WAGNER (Nic.). }   Prix partagé..... 3000ᶠʳ

1870. *Anatomie comparée des Annélides.*

    VAILLANT (Léon).   Prix..... 3000ᵇ

1871. *Rôle des stomates dans les fonctions des feuilles.*

    BARTHÉLEMY (A.).   Encouragement..... 1500ᶠʳ

1873. *L'étude de l'écorce des plantes dicotylédonées, soit au point de vue de
l'anatomie comparée de cette partie de la tige, soit au point de vue de
ses fonctions.*

    VESQUE (Julien).   Prix..... 3000ᶠʳ

1875. *Faire connaître les ressemblances et les différences qui existent entre les
productions organiques de toute espèce des pointes australes des trois
continents de l'Afrique, de l'Amérique méridionale et de l'Australie,
ainsi que des terres intermédiaires, et les causes que l'on peut assigner
à ces différences.*

    EDWARDS (Alphonse-Milne).   Prix..... 3000ᶠʳ

1877. *Étudier comparativement la structure et le développement des organes de
la végétation dans les Lycopodiacées.*

    BERTRAND (C.-E.).   Encouragement..... 1000ᶠʳ

1877. *Étudier comparativement la structure des téguments de la graine, dans
les végétaux angiospermes et gymnospermes.*

    BERTRAND (C.-E.).   Prix..... 3000ᶠʳ

1880. *Étude approfondie d'une question relative à la géologie de la France.*

    GOSSELET (J.).   Prix..... 3000ᶠʳ
    FALSAN (A.) et CHANTRE (E.).   » 3000ᶠʳ

Prix fondé par Mme la Marquise de Laplace.

Le 28 mars 1836, Arago recevait la lettre suivante :

Monsieur, j'ai l'honneur de vous demander de vouloir bien soumettre à l'acceptation de l'Académie des Sciences un prix que j'ai l'intention de fonder à perpétuité.

Ce prix consisterait dans les Œuvres complètes de M. de Laplace ; il serait donné tous les ans par les mains du Président de l'Académie au premier élève sortant de l'École Polytechnique.

Si, comme je dois l'espérer, l'Académie des Sciences agrée l'offre que je lui soumets, je lui transmettrai aussitôt une inscription sur l'État de 215ᶠʳ, montant du prix de tous les Volumes convenablement reliés.

Dans le cas où, contre toute probabilité, à la suite de quelque nouvelle organisation des services publics, l'École Polytechnique cesserait d'exister, la fondatrice demanderait à l'Académie de vouloir bien donner à ce prix (les Œuvres de M. de Laplace) la destination qu'on jugerait la plus favorable à l'émulation des jeunes élèves qui cultivent les Mathématiques.

Mme de Laplace espère de l'affection des confrères et amis de M. de Laplace qu'ils verront dans sa proposition un hommage qu'elle est heureuse de rendre aux Sciences dont l'Académie est le sanctuaire.

Recevez, etc.

Marquise DE LAPLACE.

Une ordonnance royale du 3 juin 1836 autorisa l'Académie à accepter cette donation, qui, conformément au désir de Mme de Laplace, eut un effet rétroactif; le prix fut décerné en 1836 pour l'année 1835.

Depuis plusieurs années, les Œuvres de Laplace, imprimées aux frais de l'État, en exécution de la loi du 15 juin 1842, étaient épuisées; l'Académie éprouvait de sérieuses difficultés à se procurer, dans le commerce, l'exemplaire destiné au Prix qu'elle est appelée à décerner annuellement.

Dans ces circonstances, la réimpression de ces Œuvres fut décidée. M. le général Marquis de Laplace, qui en avait pris l'initiative, mourut en y affectant, par testament, une somme de 70000ᶠʳ et en priant MM. Dumas et Élie de Beaumont, Secrétaires perpétuels de l'Académie, d'en surveiller l'exécution; de son côté, Mme la Marquise de Colbert, nièce du général et petite-fille de Laplace, voulut aussi y consacrer une somme importante, afin que l'œuvre prît le caractère d'une édition définitive.

Le 16 juillet 1877, l'Académie acceptait de publier cette édition sous ses auspices et sous sa responsabilité; M. Bertrand succédait à M. Élie de Beaumont, alors décédé, et MM. Puiseux et Houël offraient leur active coopération pour la revision des textes.

C'est ainsi que pourra s'achever bientôt ce magnifique monument élevé à la gloire de Laplace. Son exécution matérielle a été confiée à M. Gauthier-Villars : c'est dire qu'elle est à la fois digne du grand astronome, de sa famille et de l'Académie elle-même.

Le traité passé entre Mᵐᵉ de Colbert, MM. Dumas et Bertrand et M. Gauthier-Villars assure à tout jamais à l'Académie des Sciences la possession de l'exemplaire dont elle fait emploi tous les ans.

Nous extrayons de ce traité les clauses suivantes :

Art. 5. — M. Gauthier-Villars s'engage, de plus, à livrer gratuitement, chaque année, de la part de Mᵐᵉ de Colbert, petite-fille de Laplace, à l'Académie des Sciences, un exemplaire des Œuvres complètes de Laplace, destiné à être donné en prix, conformément à la fondation instituée par la Marquise de Laplace, à l'élève sorti le premier de l'École Polytechnique.

Art. 6. — Il doit être bien entendu que, dans les réimpressions que M. Gauthier-Villars devra faire par la suite, il comprendra l'exemplaire complet à fournir gratuitement, chaque année, à l'Académie, pour le prix fondé par Mᵐᵉ de Laplace. Cet engagement est ainsi pris à tout jamais par M. Gauthier-Villars, tant pour lui que pour ses successeurs.

LAURÉATS.

			fr
1835.	JACQUIN	Prix	215
1836.	DELAUNAY (Ch.-Eug.)	»	215
1837.	GALISSARD DE MARIGNAC (Jean-Charles)	»	215
1838.	PIOT	»	215
1839.	DELESSE (A.-E.-O.-J.)	»	215
1840.	REUSS (G.-C.)	»	215
1841.	BOSSEY (A.-A.)	»	215
1842.	RIVOT	»	215
1843.	WERNER	»	215
1844.	BERTIN	»	215
1845.	MANTION (H.-F.-D.)	»	215
1846.	VARROY (H.-A.)	»	215
1847.	COULLARD-DESCOS (A.-E.)	»	215
1848.	DUBOIS (Ed.)	»	215
1849.	MALIBRAN (H.-M.)	»	215
1850.	FABIAN (J.-A.)	»	215
1851.	OPERMANN (Ch.-Alf.)	»	215
1852.	BOUR (J.-Ed.-Em.)	»	215
1853.	LEROUXEAU DE SAINT-DRIDAN (L.-M.)	»	193
1854.	MARIN (C.-J.)		193
1855.	GAY (J.-B.)	»	193
1856.	MARTIN (L.-A.-E.)	»	193
1857.	BÉRAL (B.-E.)	»	193
1858.	VICAIRE (J.-M.-H.-E.)	»	193
1859.	MEURGEY (A.-E.-S.-P.)	»	193
1860.	LAPPARENT (A.-A. DE)	»	193

		fr
1861. Genreau (P.)	Prix	193
1862. Matrot (A.)	»	183
1863. Demongeot (A.-N.)	»	183
1864. Lévy (A.-M.)	»	183
1865. Douvillé	»	183
1866. Langlois (F.-M.-N.)	»	183
1867. Zeiller (C.-R.)	»	183
1868. Amiot (H.-J.)	»	183
1869. Voisin (F.-H.)	»	183
1870. Sauvage (L.-A.-E.)	»	183
1871. Boutiron (H.-J.-B.-N.)	»	183
1872. Oppermann (C.-A.)	»	183
1873. Kuss (H.)	»	183
1874. Badoureau (J.-P.-A.)	»	183
1875. Bonnefoy (M.-P.)	»	183
1876. Henriot (L.-P.)	»	183
1877. Dougados (F.-J.-C.)	»	183
1878. Béchevel (E.-D.-H. de)	»	183
1879. Walckenaer (C.-M.)	»	183
1880. Termier (P.-M.)	»	183

Prix donné par M. Manni.

Le 13 février 1837, l'Académie recevait de M. Manni, professeur de l'Université de Rome, une lettre par laquelle il proposait de faire les fonds d'un prix spécial de *quinze cents francs* à décerner au meilleur Mémoire sur la question des morts apparentes et sur les moyens de remédier aux accidents funestes qui en sont souvent les conséquences.

Une ordonnance royale du 6 avril 1837 autorisait l'acceptation de cette somme une fois donnée.

Le prix fut proposé pour l'année 1839, dans les termes qui suivent :

Quels sont les caractères distinctifs des morts apparentes ?

Quels sont les moyens de prévenir les enterrements prématurés ?

Le prix a été décerné en 1846.

LAURÉAT.

1846. Bouchut (Dr E.)	Prix	1500 fr

Prix légué par M. Baraudon.

Par un testament fait à Limoges le 11 juin 1836, M. Baraudon, procureur du roi, léguait à l'Institut de France deux sommes de 6000 fr, la première pour la fondation d'un prix à décerner par l'Académie des Inscriptions et Belles-Lettres ou par l'Académie des Sciences morales et politiques, la seconde, dont il désirait qu'il fût fait l'emploi suivant :

Il sera pris également sur ma succession une somme de six mille francs qui sera donnée à la personne qui, dans l'espace de cinq ans, à compter du moment où le présent testament aura commencé à produire définitivement effet, aura fait la découverte la plus profitable aux classes ouvrières de la société.

Par une décision prise dans sa séance du 26 février 1838, l'Académie avait déclaré accepter cette donation; mais, les deux autres Académies légataires l'ayant refusée pour ce qui les concernait, l'Académie des Sciences a annulé sa première décision le 26 mars suivant.

Prix fondés par M. Ragueneau de la Chainaye.

Par un testament en date du 25 janvier 1832, M. Ragueneau de la Chainaye, consul de France au Chili, léguait aux Académies composant l'Institut de France, l'Académie des Inscriptions et Belles-Lettres exceptée, une somme évaluée à 100 000ᶠʳ, pour la fondation de « prix à décerner à des Mémoires sur des sujets d'utilité publique ».

Un décret du 13 mars 1837 autorisait les Académies à accepter ce legs.

Peu de temps après, l'Académie des Sciences, se trouvant en possession de ce décret, recevait de la veuve du testateur une lettre par laquelle elle l'informait que l'actif de la succession s'élevait à une somme de moitié inférieure à celle que présentait le passif. Par une délibération du 24 février 1842, les Académies déclarèrent renoncer au legs; elles y furent régulièrement autorisées par un nouveau décret du 15 juin.

Prix Cuvier.

Par une lettre du 1ᵉʳ avril 1839, M. le baron de Gerando informait l'Académie des Sciences que la Commission des souscripteurs pour le monument Cuvier, ayant en réserve une somme restée sans emploi, avait exprimé le vœu qu'elle servit à la fondation d'un prix qui porterait le nom de Cuvier.

Dans sa séance du 8 avril, l'Académie, acceptant l'offre qui lui était faite, décidait que le prix Cuvier serait décerné tous les trois ans à l'Ouvrage le plus remarquable sur l'étude des ossements fossiles, l'Anatomie comparée ou la Zoologie.

Le Roi, par une ordonnance du 25 juillet 1839, autorisa l'acceptation de la somme offerte à l'Académie par la Commission.

Le prix fut proposé la première fois, pour l'année 1851. Sa valeur est actuellement de *quinze cents francs*.

LAURÉATS.

		fr
1851. Agassiz (Louis)	Prix	1500
1854. Muller (J.)	»	1500
1857. Owen (Richard)	»	1500
1860. Dufour (Léon)	»	1500
1863. Murchison (sir R.-I.)	»	1500
1866. Baer (C.-A. de)	»	1500
1869. Ehrenberg (C.-G.)	»	1500
1873. Deshayes	»	1500
1876. Fouqué (F.)	»	1500
1879. Studer (Bernard)	»	1500

Prix sur l'Agriculture, fondé par M. Bigot de Morogues.

M. le baron Bigot de Morogues a légué, par son testament en date du 25 octobre 1834, une somme de *dix mille francs*, placée en rentes sur l'État, pour faire l'objet d'un prix à décerner tous les cinq ans, alternativement, par l'Académie des Sciences, à l'Ouvrage qui aura fait faire le plus grand progrès à l'Agriculture en France, et, par l'Académie des Sciences morales et politiques, au meilleur Ouvrage sur l'état du paupérisme en France et le moyen d'y remédier.

Les deux Académies légataires ont été autorisées à accepter le legs Morogues, par ordonnance royale du 26 mars 1842.

Le prix proposé pour la première fois par l'Académie des Sciences a été décerné, en 1853, à M. Hervé Mangon.

La valeur du prix Morogues est aujourd'hui de *mille sept cents francs*.

LAURÉATS.

		fr
1853. Mangon (Hervé)	Prix	1700
1863. Barral (J.-A.)		1700
1873. Molon (de)		1700

Prix offerts par Mme la Princesse Galitzin.

Par deux lettres du mois d'octobre 1844, Mme la princesse Galitzin, née Ismaïlow, offrait à l'Académie une première somme de *mille francs* pour l'institution d'un « prix relatif au dernier changement opéré dans les monnaies de la Russie », puis une seconde somme de même valeur pour la proposition d'un autre « prix concernant les inconvénients de la pomme de terre, considérée comme nourriture habituelle des peuples ».

Par une délibération en date du 21 octobre, l'Académie a refusé ces deux donations.

Prix offert par M. Delestre-Poirson.

Le 22 mars 1849, M. Delestre-Poirson adressait à M. Arago une lettre de laquelle nous extrayons ce qui suit :

Par un souvenir de famille, et ayant d'ailleurs été témoin de l'état de gêne et de privations qu'éprouvent souvent les savants dans la retraite où, absorbés exclusivement par l'étude, ils se livrent au perfectionnement de la Science, j'offre à l'Académie une rente perpétuelle de *mille francs*, dont les arrérages seront délivrés annuellement à un savant (géographe et père de famille de préférence) habitant le XIIe arrondissement de Paris.

Le 26 du même mois, une Commission, composée de MM. Duperrey, Élie de Beaumont et Chevreul, fut chargée d'examiner cette proposition, à laquelle aucune suite ne fut donnée.

Prix sur l'Homœopathie, offert par M. Loiseau.

Dans sa séance du 21 octobre 1850, M. Loiseau adressait à l'Académie la note suivante :

Désirant faire pour l'homœopathie ce qui a déjà été fait pour le magnétisme, je propose *quatre mille francs* à l'homœopathe qui pourra démontrer, par des expériences, les principes sur lesquels repose la doctrine de Hahnemann, exposés dans l'*Organon*.

Par une décision du 11 novembre, l'Académie, sur le Rapport de sa Section de Médecine et Chirurgie et de sa Commission administrative, a refusé de juger ce prix.

Prix fondé par **M. Josse**.

Par un testament fait à Port-Louis (ile Maurice), le 1ᵉʳ août 1839, M. F.-T. Josse, officier de santé des troupes françaises, instituait l'École de Médecine de Paris et l'Institut de France ses légataires universels.

Dans la plus pure intention, dit-il, de fonder un prix annuel à perpétuité, pour être délivré, chaque année, à celui qui aura présenté le meilleur ouvrage sur mes opinions relatives à la chaleur et à la lumière, considérées sous les nouveaux rapports consignés dans mes thèses, sans en altérer ni l'esprit, ni le texte.

Par une décision en date du 14 avril 1851, sur le Rapport d'une Commission composée de MM. Arago, Flourens, Velpeau, Dumas, Andral et Duméril, l'Académie des Sciences a refusé ce legs, pour ce qui la concerne.

Prix Volta.

Le 23 février 1852, un décret présidentiel instituait un prix de 50000ᶠ relatif aux applications de la pile de Volta. Ce décret était ainsi conçu :

Louis-Napoléon, Président de la République française, sur le Rapport du Ministre de l'Instruction publique et des Cultes,

Considérant qu'au commencement de ce siècle la pile de Volta a été jugée le plus admirable des instruments scientifiques ;

Qu'elle a donné :

À la chaleur les températures les plus élevées ;

À la lumière une intensité qui dépasse toutes les lumières artificielles ;

Aux arts chimiques une force mise à profit par la galvanoplastie et le travail des métaux précieux ;

À la Physiologie et à la Médecine pratique des moyens dont l'efficacité est sur le point d'être constatée ;

Qu'elle a créé la télégraphie électrique ;

Qu'elle est ainsi devenue et tend encore à devenir, comme l'avait prévu l'Empereur, le plus puissant des agents industriels ;

Considérant dès lors qu'il est d'un haut intérêt d'appeler les savants de toutes les nations à concourir aux développements des applications les plus utiles de la pile de Volta ;

Décrète :

Art. 1. — Un prix de cinquante mille francs est institué en faveur de l'auteur de la découverte qui rendra la pile de Volta applicable avec économie :

Soit à l'industrie, comme source de chaleur ; soit à l'éclairage ; soit à la Chimie ; soit à la Mécanique ; soit à la Médecine pratique.

Art. 2. — Les savants de toutes les nations sont admis à concourir.

Art. 3. — Le concours demeurera ouvert pendant cinq ans.

Art. 4. — Il sera nommé une Commission chargée d'examiner la découverte de chacun des concurrents et de reconnaître si elle remplit les conditions requises.

Art. 5. — Les Ministres sont chargés, chacun en ce qui le concerne, de l'exécution du présent décret.

Fait au palais des Tuileries, le 23 février 1852.

L. NAPOLÉON,

Par le Président,

Le Ministre de l'Instruction publique et des Cultes,

H. FORTOUL.

En 1858, à l'expiration de la première période de cinq années, la Commission ne crut pas possible de décerner le prix Volta; elle accorda seulement des médailles d'encouragement à MM. RUHMKORFF, FROMENT, DUCHESNE DE BOULOGNE et MITTDELSDORFF, et exprima le désir que le prix fût maintenu au concours.

Un décret du 8 mai 1858 institua un nouveau prix pour l'année 1863. Cette fois, à la suite d'un Rapport très étendu de M. Dumas, Rapport inséré au *Moniteur universel* du 13 septembre 1864, le prix de 50000^{fr} fut décerné à M. RUHMKORFF pour l'appareil électrique qui porte son nom; M. FROMENT, reçut la croix d'officier de la Légion d'honneur. Le rapporteur signalait en outre les travaux de M. ACHARD pour un frein automoteur, M. BONELLI pour un métier à tisser, M. HUGGES pour un appareil électrique, M. CAZELLI pour un pantographe, M. SERRIN pour ses appareils d'éclairage, M. OUDRY pour ses procédés de galvanoplastie, M. DUCHESNE DE BOULOGNE et M. MITTDELSDORFF pour leurs applications de l'électricité à la Médecine.

Le 18 avril 1866, le prix Volta fut de nouveau proposé pour 1871; les événements n'ayant pas permis de le décerner, M. Thiers, par un décret du 29 novembre de la même année, le maintint au concours.

Après deux remises successives, sur le Rapport de M. Ed. Becquerel, le prix Volta a été attribué en 1880 à M. Graham BELL, professeur de Physiologie vocale à l'Université de Boston, pour l'invention du téléphone magnéto-électrique articulant.

Dans ce même concours, M. GRAMME a obtenu un prix de 20000^{fr} pour sa machine magnéto-électrique, qui a pour but la production de l'électricité au moyen de la force motrice.

M. Gaston PLANTÉ et M. le Dr ONIMUS ont reçu des lettres de félicitations ministérielles, le premier pour la construction des couples et batteries secondaires, le second pour ses recherches expérimentales sur la direction, l'intensité et la durée des courants électriques.

Nous aurions pu passer ce prix sous silence, l'Académie n'ayant pas mission de le décerner; mais sa création, inspirée par le souvenir des services rendus à la Science par le *prix du Galvanisme*, nous a paru par cela même se rattacher étroitement à notre travail. Ajoutons que c'est à l'influence qu'exerçait alors M. Dumas, l'illustre Secrétaire perpétuel de l'Académie, dans les Conseils du Gouvernement, qu'est due la fondation du *prix Volta* et que les Commissions chargées de juger les concours, quoique nommées directement par le Ministre de l'Instruction publique, ont toujours été composées de membres de l'Académie des Sciences.

Prix sur le choléra, fondé par M. Bréant.

Dans sa séance du 21 juin 1852, l'Académie acceptait le legs qui lui était fait dans les termes suivants par M. J.-R. Bréant, ancien directeur des essais des monnaies de France :

J'institue et donne après ma mort, pour être décerné par l'Institut de France, un prix de *cent mille francs* à celui qui aura trouvé le moyen de guérir du choléra asiatique ou qui aura découvert les causes de ce terrible fléau.

Dans l'état actuel de la Science, je pense qu'il y a encore beaucoup de choses à trouver dans la composition de l'air et dans les fluides qu'il contient : en effet, rien n'a encore été découvert au sujet de l'action qu'exercent sur l'économie animale les fluides électriques, magnétiques ou autres ; rien n'a été découvert également sur les animalcules qui sont répandus en nombre infini dans l'atmosphère, et qui sont peut-être la cause ou une des causes de cette cruelle maladie.

Je n'ai pas connaissance d'appareils aptes, ainsi que cela a lieu pour les liquides, à reconnaître l'existence dans l'air d'animalcules aussi petits que ceux que l'on aperçoit dans l'eau en se servant des instruments microscopiques que la Science met à la disposition de ceux qui se livrent à cette étude.

Comme il est probable que le prix de *cent mille francs*, institué comme je l'ai expliqué plus haut, ne sera pas décerné de suite, je veux, jusqu'à ce que ce prix soit gagné, que l'intérêt dudit capital soit donné par l'Institut à la personne qui aura fait avancer la Science sur la question du choléra ou de toute autre maladie épidémique, soit en donnant de meilleures analyses de l'air, en y démontrant un élément morbide, soit en trouvant un procédé propre à connaître et à étudier les animalcules qui jusqu'à présent ont échappé à l'œil du savant, et qui pourraient bien être la cause ou une des causes de la maladie.

Un décret impérial en date du 15 novembre 1853 autorisait l'Académie des Sciences à accepter la fondation Bréant.

Dès qu'elle put entrer en possession de ce legs, l'Académie renvoya à l'examen de sa Section de Médecine et Chirurgie la rédaction du programme qu'il convenait de publier. Claude Bernard lui présenta à cette occasion, dans la séance du 13 novembre 1854, un Rapport, dont les conclusions suivantes furent adoptées :

1° Pour remporter le prix de cent mille francs, il faudra trouver une médication qui guérisse le choléra asiatique dans l'immense majorité des cas, ou indiquer d'une manière incontestable les causes du choléra asiatique, de façon qu'en amenant la suppression de ces causes on fasse cesser l'épidémie, ou enfin découvrir une prophylaxie certaine et aussi évidente que l'est, par exemple, celle de la vaccine pour la variole.

2° Pour obtenir le prix annuel représenté par l'intérêt du capital, il faudra, par des procédés rigoureux, avoir démontré dans l'atmosphère l'existence de matières pouvant jouer un rôle dans la production ou la propagation des maladies épidémiques.

Dans le cas où les conditions précédentes n'auraient pas été remplies, le prix annuel pourra, aux termes du testament, être accordé à celui qui aura trouvé le moyen de guérir radicalement les dartres ou qui aura éclairé leur étiologie.

Le prix fondé par M. Bréant n'a pas encore été décerné, mais les intérêts qu'il fournit sont fréquemment attribués à des recherches importantes ou à des expériences conformes aux vues exposées par le testateur.

LAURÉATS.

		fr
1858. Doyère (L.)	Prix	5000
1859. Doyère (L.)	Impression du Mémoire couronné.	1200
1862. Barallier	Récompense	2000
1863. Davaine (C.)	Prix	2500
Grimaud (de Caux)	Indemnité	4000
1866. Legros (Ch.) et Gouzon	Récompense	2000
Thiersch (C.)	»	1200
Baudrimont (A.)	Citation	800
Worms (Jules)	»	800
Lindsay	»	
1867. Huette (Charles)	Récompense	2500
Mesnet	Encouragement	1500
1868. Lorain (P.)	Récompense	2500
Brébant (de Reims)	»	1500
Nicaise	»	1000
1869. Fauvel (Ch.)	Récompense	5000
Proeschel (F.)	Mention très honorable.	
De Kerley	»	
Géry père	»	

1870.	Chauveau (J.-B.-A.)	Récompense	5000
1871.	Grimaud (de Caux)	Récompense partagée.	5000
	Tholozan (J.-D.)		
	Bourgogne fils	Mention honorable.	
1872.	Bouley (J.-J.) et Robbe	Récompense	5000
	Netter (A.)	"	2000
1873.	Proust	Récompense partagée.	5000
	Pellarin (A.)		
1874.	Pellarin (Ch.)	Récompense	3500
	Armieux	"	1500
1876.	Duboué	Encouragement	2000
	Stanski	"	1000
1877.	Rendu (Joanny)	Prix	5000
1879.	Toussaint (H.)	"	5000
1880.	Colin (G.)	"	5000

Prix triennal fondé par Napoléon III.

Napoléon, par la grâce de Dieu et la volonté nationale, Empereur des Français,
A tous présents et à venir, salut ;

Sur le Rapport de notre Ministre secrétaire d'État au département de l'Instruction publique et des Cultes,

Avons décrété et décrétons ce qui suit :

Art. 4. — Dans la séance publique commune aux cinq Académies, un prix d'une valeur annuelle de *dix mille francs* sera, tous les trois ans, décerné en notre nom à l'Ouvrage ou à la découverte que les cinq Classes auront jugé le plus propre à honorer ou à servir le pays.

Ce prix sera décerné, pour la première fois, le 15 août 1856, entre tous les auteurs des travaux signalés dans les cinq dernières années.

Fait au palais des Tuileries, le 14 avril 1855.

NAPOLÉON.

Dans sa séance du 2 avril 1856, l'Institut, convoqué en séance générale extraordinaire, s'occupa des moyens de satisfaire au décret précité; la discussion fut continuée au 9 du même mois, et chacune des Académies choisit dans son sein trois commissaires qui furent chargés d'examiner les titres des candidats au prix.

L'Académie des Sciences, dans sa séance du 26 mai 1856, sur la proposition de sa Section de Physique, choisit pour son candidat M. Fizeau, auteur de deux expériences fondamentales sur la vitesse de la lumière. Ce choix fut ratifié par l'Institut tout entier, dans la séance générale du 9 juillet suivant.

M. Fizeau obtint donc le prix *triennal de trente mille francs*, le seul qui fut décerné, un décret en date du 11 août 1859 l'ayant rendu biennal.

Prix biennal.

Napoléon, par la grâce de Dieu et la volonté nationale, Empereur des Français,

À tous présents et à venir, salut ;

Sur le Rapport de notre Ministre secrétaire d'État au département de l'Instruction publique et des Cultes ;

Vu le décret du 14 avril 1855,

Avons décrété et décrétons ce qui suit :

Art. 1. — Un prix de la valeur de *vingt mille francs* sera, tous les deux ans, décerné en notre nom par l'Institut impérial de France, dans sa séance publique commune aux cinq Académies.

Ce prix sera attribué tour à tour, dans l'ordre des lettres, des sciences et des arts, à une œuvre ou à une découverte désignée par la majorité des suffrages des Académies réunies.

Il remplacera le prix triennal institué par le décret du 14 avril 1855 et sera décerné, pour la première fois, dans la séance du 15 août 1860, entre les auteurs des Ouvrages qui se seront produits dans l'ordre des lettres pendant les six dernières années.

Fait au palais de Saint-Cloud, le 11 août 1859.

NAPOLÉON.

Réuni en séance extraordinaire le 14 décembre 1859, l'Institut constata bientôt les inconvénients qui lui paraissaient pouvoir résulter particulièrement de la disposition qui réduirait trois des Académies à ne compter que pour une dans la distribution du prix. Il adressait à ce sujet à M. Walewski, Ministre d'État, une lettre explicative dont les termes avaient été arrêtés dans la séance du 28 décembre ; l'Empereur répondit à cette lettre par le décret suivant :

Napoléon, par la grâce de Dieu et la volonté nationale, Empereur des Français,

À tous présents et à venir, salut ;

Sur le Rapport de notre Ministre d'État ;

Vu les décrets du 14 avril 1855 et du 11 août 1859 ;

Prenant en considération le vœu qui nous a été exprimé par l'Institut impérial de France, relativement à l'application du décret du 11 août 1859,

Avons décrété et décrétons ce qui suit :

Art. 1. — Le prix biennal de *vingt mille francs*, institué par notre décret du 11 août 1859, sera attribué tour à tour, à partir de 1861, à l'œuvre ou à la découverte la plus propre à honorer ou à servir le pays, qui se sera produite pendant les dix dernières années dans l'ordre spécial des travaux que représente chacune des cinq

Académies de l'Institut impérial de France. Il sera décerné en notre nom par l'Institut, dans sa séance publique du 15 août, sur la désignation successive de l'Académie française, de l'Académie des Inscriptions et Belles-Lettres, de l'Académie des Sciences, de l'Académie des Beaux-Arts, de l'Académie des Sciences morales et politiques.

Cette désignation devra être sanctionnée par la majorité des suffrages des cinq Académies réunies.

Le prix ne pourra en aucun cas être partagé.

ART. 2. — Notre Ministre d'État est chargé de l'exécution du présent décret.

Fait au palais des Tuileries, le 21 décembre 1860.

NAPOLÉON.

LAURÉATS.

Le prix triennal a été décerné, sur la proposition de l'Académie des Sciences :

En 1856, à M. FIZEAU.   30000^{fr}

Le prix biennal a été décerné, sur la proposition de l'Académie française :

En 1861, à M. THIERS.   20000^{fr}
En 1871, à M. GUIZOT.   20000^{fr}

Sur la proposition de l'Académie des Inscriptions et Belles-Lettres :

En 1863, à M. OPPERT.   20000^{fr}
En 1873, à M. MARIETTE.   20000^{fr}

Sur la proposition de l'Académie des Sciences :

En 1865, à M. WURTZ.   20000^{fr}
En 1875, à M. BERT (Paul).   20000^{fr}

Sur la proposition de l'Académie des Beaux-Arts :

En 1867, à M. DAVID (Félicien).   20000^{fr}
En 1877, à M. CHAPU.   20000^{fr}

Sur la proposition de l'Académie des Sciences morales et politiques :

En 1869, à M. MARTIN (Henri).   20000^{fr}
En 1879, à M. DEMOLOMBE.   20000^{fr}

Prix fondé par M. Lallemand.

Un testament olographe fait à Paris, le 2 novembre 1852, par M. le Dr Lallemand, membre de l'Académie des Sciences, institue cette Académie légataire d'une somme de *cinquante mille francs*, pour la fondation d'un

138

« prix destiné à récompenser ou encourager des travaux relatifs au système nerveux dans la plus large acception des mots, entendant par là non seulement les recherches anatomiques faites dans toutes les familles des animaux, mais encore l'étude des rapports qui peuvent exister entre le fluide nerveux et l'électricité, sous quelque forme que cette agent se manifeste, y comprenant à plus forte raison tout ce qui concerne les fonctions des différentes parties de l'encéphale, de la moelle et du grand sympathique, ainsi que leurs relations avec les besoins, les instincts, les passions, les facultés intellectuelles, etc., des animaux en général et de l'espèce humaine en particulier ».

Par un codicille en date du 22 février 1854, le revenu de la somme léguée est affecté par M. Lallemand à une pension viagère au profit de l'un de ses meilleurs amis.

L'Académie vient d'entrer tout récemment en possession de ce legs, qu'elle a été autorisée à accepter par un décret du 25 avril 1855 ; le prix Lallemand figurera au prochain programme, qui sera publié au commencement de l'année 1881.

Prix de Chimie, fondé par M. Jecker.

Par un testament en date du 13 mars 1851, M. le Dr Jecker a fait à l'Académie des Sciences un legs de *deux cent mille francs*, destiné à « récompenser l'auteur de l'Ouvrage le plus utile sur la Chimie organique ».

A la suite d'une transaction consentie entre elle et les héritiers, le legs fut réduit de 50 000ᶠʳ et l'Académie obtint, par un décret du 4 août 1855, l'autorisation de l'accepter.

Le prix Jecker fut décerné pour la première fois dans la séance publique de l'année 1857.

A partir de cette époque, l'Académie résolut d'en fixer le montant à la somme de 5000ᶠʳ, et de tenir en réserve les reliquats de la fondation jusqu'au moment où elle pourrait rétablir la quotité du prix fondé primitivement par le testateur.

Ce résultat a été obtenu en 1877 ; en conséquence, le prix Jecker est actuellement de *dix mille francs*.

LAURÉATS.

			fr
1857.	GERHARDT (Charles)	Prix	6140
	LAURENT (Auguste)	"	6140
1859.	WURTZ (Adolphe)	"	3500
	CAHOURS (Auguste)	"	2500

			fr
1860.	Berthelot (Marcellin)	Prix	3500
	Dessaignes (Victor)	"	2000
1861.	Pasteur (Louis)		5000
1862.	Graham (Th.)		5000
1863.	Hofmann (A.-W.)		5000
1864.	Wurtz (Adolphe)	"	5000
1865.	Cloez (St.)		5000
	Friedel (Charles)		1000
	Luynes (de)		1000
1866.	Cahours (Auguste)		5000
1867.	Berthelot (Marcellin)		5000
1868.	Favre (P.-A.)		5000
	Gautier (A.)	"	2000
1869.	Friedel (Charles)	"	5000
1870.	Clermont (de)	Encouragement	1700
	Gal (H.)	"	1700
	Grimaux (Ed.)	"	1700
1871.	Schutzenberger	Prix	5000
1872.	Jungfleisch	"	5000
1873.	Girard (Aimé)	"	5000
1874.	Reboul (E.)	Prix partagé	5000
	Bouchardat (G.)		
1875.	Grimaux (Ed.)	Prix	5000
1876.	Cloez (St.)		5000
1877.	Cloez (St.)		5000
	Houzeau (A.)	"	5000
1878.	Reboul (E.)	"	10000
1879.	Riban (J.)	"	4000
	Bourgoin (Edme)	"	4000
	Crafts (J.-M.)	"	2000
1880.	Demarçay (Eugène)	"	10000

Prix fondé par M. de Trémont.

Le baron de Trémont, ancien préfet, a légué à l'Académie, par testament en date du 5 mai 1845, une somme annuelle de *onze cents francs*, « pour aider, dans ses travaux, tout savant, ingénieur, artiste ou mécanicien auquel une assistance sera nécessaire pour atteindre un but utile et glorieux pour la France.

» Toute latitude est laissée à l'Académie pour la durée de cette aide, et, comme de telles découvertes ont lieu rarement, lorsque la rente n'aura pas son emploi, elle sera capitalisée avec le fonds et deviendra ainsi plus digne de son but. S'il s'écoulait un nombre d'années que l'Académie fixerait, elle pourrait appliquer à son choix la somme disponible, soit à favoriser les explorations d'un savant voyageur, soit à des recherches, dans des archives, de documents propres à éclairer quelques points essentiels de la Science, soit enfin à doter un établissement scientifique d'un instrument qui lui manquerait. »

Cette fondation ayant été autorisée par un décret du 8 septembre 1856, l'Académie proposa, pour l'année 1857, d'accorder la somme provenant du legs Trémont, à titre d'encouragement, à tout « savant, ingénieur, artiste ou mécanicien » qui, se trouvant dans les conditions indiquées, aurait présenté, dans le courant de l'année, une découverte ou un perfectionnement paraissant répondre le mieux aux intentions du fondateur.

LAURÉATS.

		fr
1857. Ruhmkorff	Prix de cinq annuités de 1856 à 1860.	5500
1861. Niepce de Saint-Victor	Prix de trois annuités.	3300
1864. Poitevin (A.)	Prix de deux annuités.	2200
1865. Gaudin (Marc-Antoine)	Prix de trois annuités.	3300
1869. Le Roux (F.-P.)	»	3300
1872. Gaudin (Marc-Antoine)	Prix	1100
1873. Cazin (A.)	Prix de trois annuités.	3300
1876. André (Charles)	Prix	1100
1877. Sidot	"	1100
1878. Deprez (Marcel)	»	1100
1879. Thollon	"	1100
1880. Vinot (J.)	»	1100

Prix fondé par M. Barbier.

Le 21 décembre 1846, l'Académie recevait le testament de M. le baron J.-A. Barbier, ancien chirurgien en chef de l'hôpital militaire du Val-de-Grâce. Ce testament renfermait les dispositions suivantes :

Je prétends et je veux qu'une somme annuelle de neuf mille francs soit affectée pour fonder trois prix annuels, savoir :

Un de trois mille francs à celui qui découvrira des moyens complets de guérison pour des maladies reconnues jusqu'à présent le plus souvent incurables, comme la rage, le cancer, l'épilepsie, les scrofules, le typhus, le choléra-morbus, etc. ;

Une somme pareille de trois mille francs pour prix annuel en faveur de celui qui inventera une opération, des instruments, des bandages, des appareils et autres moyens mécaniques reconnus d'une utilité générale et supérieure à tout ce qui a été employé et imaginé précédemment ;

Pareille somme de trois mille francs pour prix annuel pour celui qui fera une découverte précieuse pour la science chirurgicale, médicale, pharmaceutique et dans la Botanique ayant rapport à l'art de guérir.

— 141 —

Ces trois prix seront jugés et distribués publiquement : le premier par l'Académie royale de Médecine, le deuxième par la Faculté de Médecine de Paris et le troisième par l'Institut.

À la suite d'observations qui lui furent adressées par les héritiers du D' Barbier, l'Académie des Sciences consentit un projet de transaction réduisant à *deux mille francs* le legs qui lui était fait.

Un décret du 2 mars 1859 a autorisé son acceptation.

Le prix Barbier fut décerné, pour la première fois, dans la séance publique de l'année 1862.

LAURÉATS.

		fr.
1862. CAP (P.-A.)	Prix	2000
1863. LÉPINE (Jules)	Prix partagé	2000
VIEILLARD		
1865. BAILLET et FILHOL	Prix partagé	3000
VÉE (Am.) et LEVEN (M.)		
GROSOURDY (René de)	Mention honorable.	
1866. LAILLER	Récompense	500
DEBEAUX	»	500
1867. HUGUIER	Prix	2000
1868. FRASER (Th.)	Prix partagé	2000
RABUTEAU		
1869. MIRAULT (G.)	Prix partagé	2000
STILLING (B.)		
1870. PERSONNE (J.)	Prix	2000
1871. DUQUESNEL	»	2000
1872. BYASSON (H.)	Encouragement	1000
CHATIN (Johannès)	»	500
COUTARET	»	500
1873. LEFRANC	»	1000
1874. RIGAUD	Prix	2000
ROBIN (A.)	Mention honorable.	
HARDY (E.)	»	
1876. PLANCHON	Prix	2000
GALLOIS et HARDY (E.)	Récompense	1000
LAMARRE	»	500
1877. GALIPPE (V.)	»	1000
LEPAGE et PATROUILLARD		500
MANOUVRIEZ (Ar.)	»	500
1878. TANRET (Ch.)	Prix	2000
CAUVET (D.)	Encouragement	500
HECKEL (E.)	»	500
1879. MANOUVRIEZ (Au.)	»	1000
1880. QUINQUAUD (E.)	Prix	2000

Prix fondé par M. E. Godard.

Le testament du Dr Ernest Godard, en date, à Jérusalem, du 4 septembre 1862, renferme les dispositions suivantes :

Je dois à l'Académie des Sciences une dette de reconnaissance pour les encouragements qu'elle m'a donnés deux fois. Aussi je lègue à l'Académie des Sciences physiques et naturelles le capital d'une rente de *mille francs* pour fonder un prix qui, chaque année, sera donné au meilleur Mémoire sur l'anatomie, la physiologie et la pathologie des organes génito-urinaires. Aucun sujet de prix ne sera proposé.

Dans le cas où, une année, le prix ne serait pas donné, il serait ajouté au prix de l'année suivante.

Un décret, en date du 6 mai 1863, a autorisé l'Académie à accepter ce legs.

Le prix fut proposé la première fois pour l'année 1865.

LAURÉATS.

			fr
1865.	Hélie	Prix	1000
	Brouardel (P.)	Mention honorable.	
1866.	Martin (Aimé) et Léger (Henri)	Prix	1000
1867.	Legros (Ch.)	»	1000
	Larcher (O.-E.-F.)	Mention honorable.	
1868.	Ercolani	Prix	1000
	Dieu	Mention honorable.	
1869.	Hyrtl	Prix	1000
1870.	Jolly (J.)	»	1000
	Puech (A.)	Mention honorable.	
1871.	Mauriac (C.)	Prix	1000
1872.	Pettigrew	»	1000
1873.	Herrgott (A.)	»	1000
1877.	Cadiat	Prix double	2000
1878.	Reliquet	Prix	1000
1879.	Guérin (Alphonse)	»	1000
	Ledouble	»	1000
1880.	Segond (Paul)	»	1000

Prix d'Astronomie, fondé par Mme la baronne de Damoiseau.

Le 16 mars 1863, Mme la baronne de Damoiseau transmettait à l'Académie un acte en date du 9 du même mois, par lequel elle lui faisait donation d'une somme de *vingt mille francs*.

Nous extrayons de cet acte les dispositions qui suivent :

1° Les frais, déboursés et honoraires des présentes, ainsi que ceux de l'acceptation par l'Académie, seront prélevés sur la somme de vingt mille francs ;

2° Le revenu de la somme restée disponible après ce prélèvement constituera à perpétuité un prix annuel qui recevra la dénomination de *prix Damoiseau*.

3° Ce prix sera décerné par l'Académie à l'auteur français ou étranger du Mémoire de théorie, suivi d'applications numériques, qui lui paraîtra le plus utile au progrès de l'Astronomie ; il pourra aussi être partagé entre plusieurs savants.

4° Lorsque l'Académie le jugera convenable, l'auteur d'un Mémoire couronné pourra recevoir le montant du prix plusieurs années consécutives.

5° S'il n'y avait pas lieu de décerner ce prix, l'Académie pourrait en employer la valeur en encouragements pour des travaux astronomiques du même genre.

6° Ce prix, quand l'Académie le jugera utile au progrès de la Science, pourra être converti en prix triennal.

7° S'il n'y avait pas lieu d'employer le revenu annuel, il pourrait être converti en rentes jusqu'à ce que le prix fondé s'élevât à mille francs.

Un décret en date du 16 mai 1863 a autorisé l'acceptation de cette donation.

Le prix Damoiseau est proposé depuis 1865. La question est restée la suivante :

Revoir la théorie des satellites de Jupiter.

L'Académie, voulant montrer l'importance qu'elle attache à l'étude de cette question, a élevé successivement le prix jusqu'à la somme de 10000^{fr}.

Sa valeur annuelle est de *sept cent soixante-dix francs.*

Prix Desmazières.

Par son testament en date du 14 avril 1855, M. Desmazières a légué à l'Académie des Sciences un capital de *trente-cinq mille francs*, devant être converti en rentes 3 pour 100 et servir à fonder un « prix annuel pour être décerné à l'auteur français ou étranger du meilleur ou plus utile écrit, publié dans le courant de l'année précédente, sur tout ou partie de la Cryptogamie ».

Un décret en date du 25 novembre 1863 a autorisé l'Académie à accepter ce legs.

Le prix Desmazières a été proposé la première fois pour l'année 1866.

Sa valeur est actuellement de *seize cents francs.*

LAURÉATS.

		fr
1866. Roze	Prix	1600
1867. Bary (A. de)	»	1600
Lortet	Mention très honorable.	
1868. Nylander	Prix	1600
1869. Rabenhorst (L.)	} Prix partagé	1600
Hoffmann (H.)		
Straasburger (Ed.)	Mention honorable.	
1870. Notaris (de)	Prix	1600
Roumeguère (C.)	Citation honorable.	
1871. Husnot	Encouragement	500
1872. Cornu (Maxime)	Prix	1600
Bornet (Ed.)	Encouragement	1000
1873. Sirodot	Prix	1600
Van Tieghem (Philippe) et Lemonnier (G.)	Encouragement	1000
1874. Seynes (J. de)	Prix	1600
1875. Bescherelle (E.) et Fournier (E.)	»	1600
1876. Bornet (Ed.)	»	1600
Muntz	Encouragement	500
1877. Quélet (L.)	Prix	1600
Bagnis (Charles)	Encouragement	600
1878. Bornet (Ed.)	Prix	1600
1879. Crié (Louis)	Encouragement	750
Leuduger-Fortmorel	»	750
1880. Lamy de la Chapelle (Ed.)	»	1000

Prix Savigny.

Un décret du 20 avril 1864 a autorisé l'Académie des Sciences à accepter le legs qui lui a été fait, par testament du 1er décembre 1856, par Mlle A.-O. Le Tellier de Savigny.

Voulant, dit la testatrice, perpétuer, autant qu'il est en mon pouvoir de le faire, le souvenir d'un martyr de la Science et de l'honneur, je lègue à l'Institut de France, Académie des Sciences, Section de Zoologie, *vingt mille francs*, au nom de Marie-Jules-César Le Lorgne de Savigny, ancien membre de l'Institut d'Égypte et de l'Institut de France, pour l'intérêt de cette somme de *vingt mille francs* être employé à aider les jeunes zoologistes voyageurs qui ne recevront pas de subvention du Gouvernement et qui s'occuperont plus spécialement des animaux sans vertébres de l'Égypte et de la Syrie.

L'Académie a proposé le prix Savigny pour la première fois dans la séance publique de l'année 1866. Il a été décerné seulement en 1870.

Sa valeur est de *neuf cent soixante-quinze francs*.

LAURÉATS.

			fr
1866.	VAILLANT (Léon)	Prix	975
1870.	MAC ANDREW (Robert)	"	975
	ISSEL (A.)	"	975
1880.	GRANDIDIER (Alfred)	"	975

Prix Thore.

Par un testament en date du 3 juin 1863, M. F.-H.-F. Thore, propriétaire à Dax, prenait la disposition suivante, qui fut approuvée par un décret du 6 août 1864 :

Je lègue à l'Académie des Sciences de Paris le capital nécessaire pour l'acquisition d'une rente annuelle de *deux cents francs* sur les fonds publics, cette rente destinée à la fondation d'un prix de pareille somme à décerner chaque année, au nom de Jean Thore, mon père, médecin et botaniste, à l'auteur du meilleur Mémoire sur les algues fluviatiles ou marines d'Europe, ou sur les mousses, ou sur les lichens, ou sur les champignons d'Europe, ou sur les mœurs ou l'anatomie d'une espèce des insectes d'Europe.

Pour se conformer au désir du testateur, l'Académie décida qu'elle décernerait le prix ainsi fondé, alternativement à des travaux sur les cryptogames cellulaires d'Europe et à des recherches sur les mœurs ou l'anatomie d'un insecte.

Le prix Thore a été proposé la première fois pour l'année 1866.

LAURÉATS.

			fr
1866.	FABRE (H.)	Prix	200
1868.	LESPÈS	"	200
1869.	BONNET	"	200
1870.	SCHIÖDTE (J.-C.)	"	200
1873.	MÉGNIN (J.-P.)	"	200
1874.	FOREL (Aug.)	"	200
1876.	OUSTALET (E.)	"	200
1877.	JOUSSET DE BELLESME	"	200
1878.	ARDISSONE (Fr.)	"	200
1879.	BRANDT (Édouard)	"	200
1880.	VAYSSIÈRE (A.)	"	200
	JOLY (Émile)	"	200

M. — *Prix.* 10

Prix Dalmont.

Par son testament en date du 5 novembre 1863, M. D.-V. Dalmont mettait à la charge de ses légataires la disposition dont l'énoncé suit :

XII. — Payer et servir, tous les trois ans, à l'Académie des Sciences, section de l'Institut, une somme de *trois mille francs* pour qu'elle décerne en mon nom, et tous les trois ans, un prix de trois mille francs à celui de MM. les ingénieurs du corps des Ponts et Chaussées, en activité de service, qui lui aura présenté à son choix le meilleur travail ressortissant à l'une des sections de cette Académie. Je lègue aux conditions ci-dessus une somme totale de trente mille francs pour ce prix triennal, qui, dans ma pensée, pourra exciter MM. les ingénieurs susdits à suivre l'exemple de leurs savants devanciers, MM. Fresnel, Navier, Coriolis, Cauchy, de Prony et Girard, et, comme eux, obtenir le fauteuil académique.

Un décret en date du 6 mai 1865 autorisa l'Académie à accepter le prix fondé par M. Dalmont. Elle le proposa la première fois pour l'année 1867.

LAURÉATS.

			fr
1867. Bazin	Prix		3000
1870. Lévy (Maurice)		»	3000
1873. Graeff		»	3000
1876. Ribaucour		»	3000
1879. Collignon		»	3000

Prix Plumey.

Du testament de M. J.-B.-M. Plumey, fait en la forme olographe, à Paris, le 10 juillet 1859, nous avons extrait ce qui suit :

Art. 2. — Je lègue en toute propriété à l'Académie des Sciences de Paris vingt-cinq actions de la Banque de France, à prendre parmi celles que je possède, pour les dividendes être employés chaque année (s'il y a lieu) en un prix à l'auteur du perfectionnement des machines à vapeur ou de toute autre invention qui (au jugement de l'Académie) aura le plus contribué aux progrès de la navigation à vapeur.

L'Académie ayant été autorisée à accepter ce legs, par décret du 13 juin 1866, proposa de décerner le prix Plumey, pour la première fois, dans sa séance publique de l'année 1870. Il ne fut décerné qu'en 1872.

Sa valeur est aujourd'hui de *deux mille cinq cents francs*.

LAURÉATS.

		fr
1872. TAURINES (Aug.) .... Prix	»	2 500
1873. BERTIN (E.)	»	2 500
1874. FARCOT (Joseph)	»	2 500
1875. MADAMET	»	2 500
1877. FRÉMINVILLE (DE)	»	2 500
1878. VALESSIE, capitaine de frégate	»	2 500

Prix de Botanique, fondé par M. Montagne.

Par un testament en date du 11 octobre 1862, M. Montagne, membre de l'Institut, instituait l'Académie sa légataire universelle, à charge par elle d'affecter le revenu annuel de sa succession à des prix dont la forme et la nature sont déterminées ainsi qu'il suit :

Dans l'intérêt de la Science et surtout de cette branche difficile de la Botanique que j'ai constamment cultivée, sinon avec succès, du moins avec tant de zèle et d'amour, j'entends que ce revenu serve à perpétuité à fonder un ou deux prix qui seront décernés chaque année dans sa séance publique par l'Académie des Sciences. Ces prix seront ou pourront être l'un de *mille francs* et l'autre de *cinq cents francs*, pour être adjugés, sur le rapport de la décision de la Section de Botanique, à l'auteur ou aux auteurs de découvertes ou de travaux importants sur les végétaux cellulaires et qui auront été adressés à l'Institut pendant l'année précédente ou dans le courant de l'année, mais en temps nécessaire pour être examinés, jugés et prendre conséquemment part au concours.

Constituée nue propriétaire par ce même testament, l'Académie n'est pas encore entrée en possession du legs Montagne, qu'elle a été autorisée à accepter par décret du 21 juillet 1866.

Prix fondés par M. Magnan.

Par testament du 15 janvier 1857, M. C.-L.-D. Magnan, de Carpentras, instituait pour son légataire universel l'Institut de France, à charge par lui de décerner annuellement un ou plusieurs prix.

Les principales choses à honorer d'un prix sont le meilleur Ouvrage littéraire ou scientifique, une invention nouvelle d'une grande utilité, une bonne conduite, une belle action.

On pourrait, ajoute le légataire, donner des prix plus honorifiques que lucratifs, des fleurs en riche métal, comme aux jeux floraux, etc.

Dans sa séance du 29 octobre 1866, l'Académie des Sciences a renoncé, pour ce qui la concerne, au legs Magnan.

Prix de La Fons Mélicocq.

Par un testament du 2 décembre 1864, M. de La Fons Mélicocq constituait l'Académie des Sciences légataire d'une somme de *trois cents francs* de rente 3 pour 100.

Cette rente, accumulée durant trois ans, dit le testateur, servira à la fondation d'un prix qui sera décerné tous les trois ans, par cet illustre corps savant, au meilleur Ouvrage de Botanique sur le nord de la France, c'est-à-dire sur les départements du Nord, du Pas-de-Calais, des Ardennes, de la Somme, de l'Oise et de l'Aisne.

L'acceptation de ce legs ayant été autorisée par un décret du 6 novembre 1867, l'Académie proposa de décerner pour la première fois le prix La Fons Mélicocq dans sa séance publique de 1871; il ne put être décerné qu'en 1874.

La valeur du prix La Fons Mélicocq est de *neuf cents francs*.

LAURÉATS.

		fr
1874. CALLEY.. Prix partagé à titre		
VICQ (Éloy DE) et BLONDIN DE BRUTELETTE............... d'encouragement.		900
1880. VICQ (Éloy DE)....................................... Prix...............		900

Prix Fourneyron.

M. Benoît Fourneyron, ingénieur civil, par un testament en date du 6 juin 1867, léguait à l'Académie des Sciences *cinq cents francs* de rente sur l'État français, pour être employés tous les deux ans à décerner un prix de Mécanique appliquée, laissant à l'Académie le soin d'en rédiger le programme.

L'Académie ayant obtenu, par un décret du 6 novembre 1867, l'autorisation d'accepter le legs Fourneyron, a proposé pour sujet d'un prix à décerner pour la première fois en 1871 « le perfectionnement le plus important apporté à la construction ou à la théorie d'une ou de plusieurs machines hydrauliques ».

La valeur du prix Fourneyron est de *mille francs*.

LAURÉATS.

1875. *Le prix sera décerné au perfectionnement le plus important apporté à la construction ou à la théorie d'une ou de plusieurs machines hydrauliques.*

SAGEBIEN.   Prix.... 1000ᶠ

1877. *Construction d'une machine motrice propre au service de la traction sur les tramways.*

MALLET (A.).   Prix.... 1000ᶠ

Prix offert par M. Guillon.

Par un acte notarié en date du 6 juin 1868, M. le docteur Guillon faisait donation à l'Académie d'une somme de *onze mille francs*, dont l'emploi était déterminé de la manière suivante :

M. Guillon désire que cette somme, reçue par lui pour les soins qu'il a donnés avec un plein succès à S. M. l'Empereur à Vichy et à Biarritz en 1866, soit immédiatement employée en l'acquisition d'une inscription de rente 3 pour 100 sur l'État français, dont les arrérages, accumulés pendant trois ans, seront donnés en prix pour récompenser le meilleur travail sur la guérison des maladies urinaires.

Par une décision du 29 juin, l'Académie a déclaré ne pas accepter cette donation.

Prix Serres.

M. Serres, professeur au Muséum d'Histoire naturelle, membre de l'Institut, a légué à l'Académie, par testament en date du 16 janvier 1868, une somme de 60 000ᶠ « pour instituer un prix triennal sur l'Embryologie générale, appliquée autant que possible à la Physiologie et à la Médecine ».

Un décret du 19 août 1868 a autorisé l'acceptation de ce legs.

Le prix Serres a été proposé, la première fois, pour l'année 1872.

Sa valeur est de *sept mille cinq cents francs*.

LAURÉATS.

		fr
1872. GERBE (Z.)	Prix	7500
1875. CAMPANA	Récompense	3000
POUCHET (Georges)	"	3000
1878. AGASSIZ (Alexandre)	Prix	7500

Prix Poncelet.

L'Académie des Sciences recevait, dans sa séance du 13 avril 1868, la lettre suivante :

> Monsieur le Président,
>
> Les sentiments de respect et d'affection dont le général Poncelet était animé pour l'Académie lui avaient inspiré le désir d'être toujours associé à ses travaux.
>
> Pendant sa vie, et ses confrères qu'il a tant aimés le savent bien, il n'avait pas cessé un seul instant d'être occupé de la marche des sciences; vers sa dernière heure, il formait le vœu d'être encore associé, après sa mort, à leur développement pendant un long avenir.
>
> Je remplis ses intentions en mettant à la disposition de l'Académie une somme annuelle de deux mille cinq cents francs, destinée à récompenser l'auteur français ou étranger du travail le plus important pour le progrès des Mathématiques pures ou appliquées, publié dans le cours des dix années qui auront précédé le jugement de l'Académie.
>
> Dès ce moment, le capital représentant cette rente annuelle est assuré après moi à l'Académie. Si je ne m'en dessaisis pas aujourd'hui en sa faveur, c'est que je trouverai quelque douceur et quelque consolation, tant que je vivrai, à prendre soin que la rente que j'institue soit déposée chaque année, au nom du général et en souvenir de sa chère mémoire, le jour anniversaire de sa mort, entre les mains de l'agent de l'Académie.
>
> J'ai l'honneur d'être, etc.
>
> Vᵛᵉ P. Poncelet.

L'Académie ayant accepté avec une vive reconnaissance cette fondation nouvelle, Mᵐᵉ Poncelet, par un acte notarié du 25 mai 1868, donnait suite au projet qu'elle avait formé et régularisait cette donation que l'Académie fut autorisée à accepter par un décret du 22 août suivant.

Le prix fut proposé la première fois pour l'année 1869.

Non contente d'avoir pu, par cette généreuse pensée, perpétuer son souvenir et celui du général, Mᵐᵉ Poncelet, par un nouvel acte du 12 juin 1876, offrait à l'Académie une nouvelle somme devant servir annuellement à l'achat d'un exemplaire des Œuvres du général Poncelet, pour être offert en même temps que le prix décerné.

Un nouveau décret du 2 décembre 1876 a également autorisé cette donation.

Le prix Poncelet est de *deux mille francs*. L'Académie, conformément au vœu de la fondatrice, y joint une médaille de bronze rappelant les traits du général et un exemplaire de ses Œuvres complètes.

LAURÉATS.

			fr
1869. Robert-Mayer (J.)	Prix		2000
1870. Jordan (C.)	»	2000
1871. Boussinesq (J.)	»	2000
1872. Mannheim (H.)	»	2000
1873. Thomson (William)	»	2000
1874. Bresse	»	2000
1875. Darboux (Gaston)	»	2000
1876. Kretz (Xavier)	»	2000
1877. Laguerre	»	2000
1878. Lévy (Maurice)	»	2000
1879. Moutard (Théodore)	»	2000
1880. Léauté	»	2000

Prix offert par Mme Delalande-Guérineau.

Le 20 mai 1869, Mme F. Guérineau, née Delalande, adressait au Président de l'Académie des Sciences une lettre dans laquelle elle exprimait le désir de fonder un prix de *trois cents francs* « à décerner tous les deux ans au voyageur français dans nos colonies ou dans d'autres contrées exotiques qui rendrait le plus de services à l'Histoire naturelle, particulièrement sous le rapport de l'alimentation de l'homme ».

Par une lettre du 19 mars 1870, Mme F. Guérineau offrait de porter ce prix à la somme de 500^{fr}.

Aucune décision ne fut prise au sujet de cette affaire, la donatrice ayant résolu de fonder le prix en question par testament.

Prix fondé par M. Chaussier.

Par un testament en date à Paris du 19 mai 1863, M. F.-B.-S. Chaussier laissait à la charge de son légataire la fondation suivante :

5° Je veux que mon légataire prenne une inscription de rente de *deux mille cinq cents francs* par an que l'on accumulera pendant quatre ans pour donner un prix sur le meilleur Livre ou Mémoire qui aura paru pendant ce temps et fait avancer la Médecine, soit sur la Médecine légale, soit sur la Médecine pratique. Ce prix de dix mille francs sera donné par l'Institut de France, et l'inscription de rente ne pourra être détournée ni aliénée du prix Chaussier.

L'Académie a été autorisée à accepter ce legs par un décret impérial du 7 juillet 1869.

Le prix Chaussier a été proposé la première fois pour l'année 1871. Sa valeur est de *dix mille francs*.

LAURÉATS.

		fr
1871. TARDIEU (Ambroise)............................. Prix		10000
1875. GUBLER (A.)...................................		5000
LEGRAND DU SAULLE .... Prix partagé........		2000
BERGERON (G.) et L'HÔTE (L.)...............		2000
1879. TARDIEU (Ambroise)............................. Prix		10000

Prix fondé par **M. Gegner**.

Dans le testament de M. J.-L. Gegner, ancien employé au Ministère des finances, fait à Paris le 12 mai 1868, se trouve la disposition suivante :

Je lègue et donne à l'Académie des Sciences un nombre d'obligations suffisant pour former le capital d'un revenu de *quatre mille francs,* destiné à soutenir un savant pauvre qui se sera signalé par des travaux sérieux et qui, dès lors, pourra continuer plus fructueusement ses recherches en faveur du progrès des sciences positives.

Cette fondation a été approuvée par décret impérial du 2 octobre 1869.

Le prix a été proposé la première fois pour l'année 1871.

LAURÉATS.

		fr
1871. DUCLAUX................................ Prix		4000
1872. GAUGAIN (J.-M.)...........................	"	4000
1873. RENAULT (Bernard)........................	"	4000
1874. GAUGAIN (J.-M.)...........................	"	4000
1875. GAUGAIN (J.-M.)...........................	"	4000
1876. GAUGAIN (J.-M.)...........................	"	4000
1877. GAUGAIN (J.-M.)...........................	"	4000
1878. GAUGAIN (J.-M.)...........................	"	4000
1879. GAUGAIN (J.-M.)...........................	"	4000
1880. JACQUELAIN (V.-A.).......................	"	4000

Prix de Physiologie, de Physique et de Chimie, fondés par M. L. Lacaze.

Par son testament en date du 24 juillet 1865 et ses codicilles des 25 août et 22 décembre 1866, M. Louis Lacaze, docteur médecin à Paris, a légué à l'Académie des Sciences trois rentes de *cinq mille francs* chacune, dont il a réglé l'emploi de la manière suivante :

Dans l'intime persuasion où je suis que la Médecine n'avancera réellement qu'autant qu'on saura la Physiologie, je laisse cinq mille francs de rente perpétuelle à l'Académie des Sciences, en priant ce corps savant de vouloir bien distribuer, de deux ans en deux ans, à dater de mon décès, un prix de dix mille francs à l'auteur de l'Ouvrage qui aura le plus contribué aux progrès de la Physiologie. Les étrangers pourront concourir....

Je confirme toutes les dispositions qui précèdent ; mais, outre la somme de cinq mille francs de rente perpétuelle que j'ai laissée à l'Académie des Sciences de Paris pour fonder un prix de Physiologie, que je maintiens ainsi qu'il est dit ci-dessus, je laisse encore à la même Académie des Sciences deux sommes de cinq mille francs de rente perpétuelle, libres de tous frais d'enregistrement ou autres, destinées à fonder deux autres prix, l'un pour le meilleur travail sur la Physique, l'autre pour le meilleur travail sur la Chimie. Ces deux prix seront, comme celui de Physiologie, distribués tous les deux ans, à perpétuité, à dater de mon décès, et seront aussi de dix mille francs chacun. Les étrangers pourront concourir. Ces sommes ne seront pas partageables et seront données en totalité aux auteurs qui en auront été jugés dignes. Je provoque ainsi, par la fondation assez importante de ces trois prix, en Europe et peut-être ailleurs, une série continue de recherches sur les sciences naturelles, qui sont la base la moins équivoque de tout savoir humain, et, en même temps, je pense que le jugement et la distribution de ces récompenses par l'Académie des Sciences de Paris seront un titre de plus, pour ce corps illustre, au respect et à l'estime dont il jouit dans le monde entier. Si ces prix ne sont pas obtenus par des Français, au moins ils seront distribués par des Français et par le premier corps savant de France.

Un décret en date du 27 décembre 1869 a autorisé l'Académie à accepter cette fondation.

Les trois prix Lacaze ont été proposés, la première fois, pour l'année 1873.

LAURÉATS.

Prix de Physiologie.

		Prix
1873. Marey (Étienne-Jules)	Prix	10000
1875. Chauveau (J.-B.-A.)		10000
1877. Dareste (Camille)		10000
1879. Davaine (C.)		10000

M. — *Prix.*

Prix de Physique.

1873. Lissajous (Jules-Antoine)	Prix		10000 fr
1875. Mascart (E.)		»	10000
1877. Cornu (Alfred)		»	10000
1879. Le Roux (F.-P.)		»	10000

Prix de Chimie.

1873. Friedel (Charles)	Prix		10000
1875. Favre (P.-A.)		»	10000
1877. Troost (L.)		»	10000
1879. Lecoq de Boisbaudran		»	10000

Prix Vaillant.

Nous extrayons ce qui suit du testament de M. le maréchal Vaillant, en date à Paris du 1ᵉʳ février 1872 :

Je donne quarante mille francs à l'Académie des Sciences ; elle emploiera cette somme à fonder un prix qui sera accordé par elle, soit annuellement, soit à de plus longs intervalles. Je n'indique aucun sujet pour le prix, ayant toujours pensé laisser une grande Société comme l'Académie des Sciences appréciatrice suprême de ce qu'il y avait de mieux à faire avec les fonds mis à sa disposition. L'Académie des Sciences fera donc tel emploi qui lui semblera le plus convenable de la somme que je mets à sa disposition et que je la prie d'accepter.

Un décret du 7 avril 1873 ayant autorisé l'acceptation de ce legs, l'Académie décida, dans sa séance du 30 novembre 1874, que le prix Vaillant serait biennal et qu'elle proposerait de décerner le premier prix, dans la séance publique de l'année 1877, « à l'auteur du meilleur travail sur l'étude des petites planètes, soit par la théorie mathématique de leurs perturbations, soit par la comparaison de cette théorie avec l'observation ».

La valeur du prix Vaillant est de *quatre mille francs.*

LAURÉATS.

1877. *Le prix sera décerné à l'auteur du meilleur travail sur l'étude des petites planètes, soit par la théorie mathématique de leurs perturbations, soit par la comparaison de cette théorie avec l'observation.*

 Schulhof.   Prix..... 4000ᶠ

1881. *Perfectionner en quelque point important la télégraphie phonétique.*

 Ader (Clément).   Récompense..... 3000ᶠ

Prix fondé par Mme Delalande-Guérineau.

Par son testament en date du 17 août 1872, Mme Delalande-Guérineau léguait à l'Académie une somme de *vingt mille francs*, dont les intérêts devaient être employés, tous les deux ans, à la « fondation d'un prix à décerner au voyageur français ou au savant qui, l'un ou l'autre, aurait rendu le plus de services à la France ou à la Science ».

La fondatrice ayant excédé, par suite de ses libéralités, la quotité dont elle pouvait disposer, le legs fait à l'Académie a été réduit, d'accord avec les héritiers, à *dix mille cinq francs*.

Un décret en date du 25 décembre 1873 ayant autorisé son acceptation, le prix Delalande-Guérineau a été décerné, pour la première fois, dans la séance publique de l'année 1876.

LAURÉATS.

		fr
1876. Filhol (Henri) .... Vélain (Charles)	Prix partagé	1000
1878. Savorgnan de Brazza	Prix	1000
1880. Dupuis (Jean)	»	1000

Prix d'Astronomie fondé par Mme Valz.

Par un acte en date du 17 juin 1874, Mme Vve Valz faisait donation à l'Académie des Sciences d'une somme de *dix mille francs*, destinée à fonder un prix qui prendrait la qualification de *prix Benjamin Valz* et qui serait « décerné à des travaux conformément au prix Lalande ».

Un décret du 29 janvier 1874 a autorisé l'Académie à accepter ce legs. Elle a proposé de le décerner pour la première fois, dans sa séance publique de l'année 1877, « aux meilleures Cartes destinées à faciliter les recherches des petites planètes ».

La valeur du prix Valz est de *quatre cent soixante francs*.

Depuis l'année 1877, l'Académie a renoncé à proposer des questions spéciales pour ce prix ; elle le décerne, « conformément au prix Lalande », aux travaux les plus importants ou aux plus grandes découvertes qui se sont produits dans l'année.

LAURÉATS.

			fr
1877. HENRY (Paul et Prosper)	Prix		460
1878. SCHMIDT (Jules)	»		460
1879. TROUVELOT	»		460
1880. TEMPEL	»		460

Prix fondé par M. Dusgate.

Par un testament en date du 11 janvier 1872, M. A.-R. Dusgate léguait à l'Académie des Sciences *cinq cents francs* de rente française 3 pour 100 sur l'État, pour, avec les arrérages annuels, fonder un « prix quinquennal de *deux mille cinq cents francs* à délivrer tous les cinq ans à l'auteur du meilleur Ouvrage sur les signes diagnostiques de la mort et sur les moyens de prévenir les inhumations précipitées. »

L'Académie fut autorisée à accepter ce legs par un décret en date du 27 novembre 1874.

Elle a proposé de décerner le prix Dusgate, pour la première fois, dans sa séance publique de l'année 1880.

LAURÉATS.

1880. ONIMUS	Encouragement		1000
PEYRAUD (H.	»		1000
LE BON (Gustave)	»		500

Prix de Géographie physique, fondé par M. Gay.

Du testament de M. Claude Gay, membre de l'Institut, fait à Paris le 3 novembre 1873, nous extrayons ce qui suit :

.... Ayant trouvé un bonheur pur et parfait dans mes occupations scientifiques, et n'ayant jamais connu ni l'ennui ni l'oisiveté, pour encourager les personnes qui auraient certaines aptitudes à ces sortes d'études, je lègue à l'Institut (Académie des Sciences) une autre rente perpétuelle de *deux mille cinq cents francs* pour un prix annuel de Géographie physique, conformément au programme donné par la Commission nommée à cet effet.

Un décret du 6 février 1875 a autorisé l'Académie à accepter ce legs;

elle a, en conséquence, proposé pour sujet du premier prix, qu'elle a décerné dans sa séance publique de l'année 1880, la question suivante :

Étudier les mouvements d'exhaussement et d'abaissement qui se sont produits sur le littoral océanique de la France, de Dunkerque à la Bidassoa, depuis l'époque romaine jusqu'à nos jours ;

Rattacher à ces mouvements les faits de même nature qui ont pu être constatés dans l'intérieur des terres ;

Grouper et discuter les renseignements historiques en les contrôlant par une étude faite sur les lieux ;

Rechercher entre autres, avec soin, tous les repères qui auraient pu être placés à diverses époques, de manière à contrôler les mouvements passés et servir à déterminer les mouvements de l'avenir.

LAURÉATS.

1880. *Étudier les mouvements d'exhaussement et d'abaissement qui se sont produits sur le littoral océanique de la France, de Dunkerque à la Bidassoa, depuis l'époque romaine jusqu'à nos jours, etc.*

CHÈVREMONT (Alexandre).   Encouragement..... 500^{fr}
DELAGE.   »   500^{fr}

Prix fondé par M. Herpin.

Par son testament en date du 17 janvier 1872, M. Herpin (de Metz), docteur en Médecine, léguait à l'Académie des Sciences un titre de *cinq cents francs* de rente nominale annuelle, laquelle rente devait être employée à la fondation d'un prix quatriennal « pour des études et des recherches physiques, physiologiques et thérapeutiques sur la nature, le mode de développement et d'action des germes organisés vivants, qui, répandus dans l'atmosphère et transportés par cette voie dans le corps de l'homme et des animaux, s'y développent, soit comme parasites végétaux ou animaux, ou, réagissant comme toxiques, donnent lieu à certaines maladies..... »

A la suite des observations qui lui ont été présentées par les légataires de M. Herpin, l'Académie a renoncé à ce legs dans sa séance du 8 février 1875.

Prix fondé par M. Ponti.

Le 20 juillet 1874, l'Académie recevait, par l'entremise du Ministre de l'Instruction publique, un testament fait à Milan par M. Jérôme Ponti, le 5 janvier 1856. De ce testament nous extrayons ce qui suit :

.... Je dispose de ce qui m'appartient en ce jour en faveur des trois Académies des Sciences de Londres (capitale de l'Angleterre), Paris (capitale de la France) et Vienne (capitale de l'Autriche), de sorte que mon patrimoine soit partagé entre les susdites Académies en trois parties égales....

.... Il sera obligatoire à chacune des trois Académies susnommées d'employer d'une manière parfaitement sûre et profitable le tiers de mon patrimoine qui lui écherra, et, de la rente, instituer deux concours annuels à perpétuité d'une somme égale.... Chacune des susdites Académies devra nommer une Commission destinée à juger de la distribution des prix annuels affectés aux deux concours, qui devront avoir lieu sur les branches suivantes : 1° Mécanique ; 2° Agriculture; 3° Physique ou Chimie ; 4° voyages par mer et par terre; 5° Littérature.

Cette affaire nécessita une étude extrêmement longue, à la suite de laquelle l'Académie déclara renoncer au legs Ponti.

Cette renonciation fut approuvée par lettre ministérielle du 15 mai 1875.

Prix fondé par une Anonyme.

Par une lettre en date à Paris du 24 janvier 1876, M. Albert Laval, substitut du procureur de la République près le Tribunal de la Seine, informait l'Académie que, par un testament dont il avait connaissance, une dame, qui a désiré rester inconnue, a constitué l'Académie des Sciences nue propriétaire, pour en jouir après le décès d'un usufruitier, au cas où ce dernier ne laisserait pas d'enfants, d'une somme de *trente mille francs*, dont le revenu devait être employé à fonder un prix annuel « pour l'élève des hôpitaux de Paris qui se serait montré le plus humain auprès des malades ».

Ce prix, fondé en souvenir de Jobert (de Lamballe), devait porter le nom du célèbre chirurgien.

Par une décision du 13 mars 1876, l'Académie a déclaré qu'il ne lui paraissait pas possible d'accepter ce legs.

Prix offert par M. Guillon.

Par une lettre en date du 31 janvier 1877, M. le Dr Guillon offrait de faire donation de la somme nécessaire pour fonder un « prix biennal de *deux mille francs*, qui serait décerné à l'auteur du perfectionnement que l'Académie des Sciences aurait jugé le meilleur dans le traitement des maladies des voies urinaires ».

L'Académie, par une décision du 26 février 1877, a déclaré renoncer à cette fondation.

Prix de Physiologie, fondé par **M. Pourat**.

M. M.-A. Pourat, par son testament en date du 20 juin 1876, a légué à l'Académie la nue propriété d'un titre de *deux mille francs* 5 pour 100 sur l'État français, dont les arrérages doivent être affectés, après extinction de l'usufruit, à la « fondation d'un prix annuel à décerner sur une question de Physiologie ».

Un décret du 29 octobre 1877 a autorisé l'acceptation de ce legs.

L'Académie n'est pas encore entrée en possession du legs Pourat.

Prix da Gama Machado.

Par un testament du 12 mai 1852, M. le commandeur J.-J. da Gama Machado léguait une somme de *vingt mille francs*, qui devait servir à faire une seconde édition de sa *Théorie des ressemblances* et à fonder un prix pour récompenser les meilleurs Mémoires écrits sur la coloration de la robe des animaux, inclusivement l'homme, et sur la semence dans le règne animal.

Les légataires de M. da Gama Machado ayant accepté de se charger de la réimpression de son œuvre, le legs fut réduit d'un commun accord à la somme de *dix mille francs* pour l'Académie.

Un décret en date du 19 juillet 1878 a autorisé cette fondation.

L'Académie a proposé de décerner le prix da Gama Machado à partir de l'année 1882 « aux meilleurs Mémoires sur les parties colorées du système tégumentaire des animaux ou sur la matière fécondante des êtres animés ».

Le prix, d'une valeur de *douze cents francs*, sera décerné tous les trois ans, s'il y a lieu.

Prix Boudet.

Par un acte notarié en date du 5 juillet 1878, Mme Vve Boudet et ses fils ont fait donation à l'Académie des Sciences d'une somme de *six mille francs*, dont l'emploi, conformément aux intentions exprimées par feu M. Félix Boudet, membre de l'Académie de Médecine, aura lieu de la manière suivante :

Les travaux de M. Pasteur, dit M. Boudet, ont ouvert à la Médecine des voies nouvelles. Un prix de *six mille francs* sera décerné en 1880, par l'Académie des Sciences, à celui qui aura fait de ces travaux l'application la plus utile à l'art de guérir.

Un décret en date du 7 janvier 1879 a autorisé l'Académie à accepter cette donation ; en conséquence, elle a proposé de décerner le prix Boudet, en 1880, au travail le plus important *sur l'influence pathogénique des organismes inférieurs*.

LAURÉAT.

1880. LISTER (J.) . . . . Prix 6000ᶠʳ

Prix fondé par M. Maujean.

Par un testament olographe du 13 février 1873, M. P.-C. Maujean constituait l'Institut de France nu propriétaire d'une rente de *mille francs* dont il désirait voir faire emploi de la manière suivante :

Je donne et lègue à l'Institut de France.... une rente perpétuelle et inaliénable de mille francs, qui devra être affectée à la fondation des prix suivants : 1° un prix biennal de *deux mille francs* au profit de l'auteur français de l'Ouvrage nouveau publié en France.... le prix sera décerné par l'Académie française ; 2° un prix biennal de *deux mille francs* au profit de l'auteur français de l'Ouvrage, de la découverte ou de l'invention scientifique qui aura également été jugé le plus utile au bien public par sa publication ou application en France, en contribuant à l'amélioration de l'hygiène populaire, à la préservation de la santé ou de l'existence des ouvriers dans les professions dangereuses, à la guérison des maladies épidémiques ou contagieuses, ou des affections considérées comme incurables, soit même au soulagement de ces dernières, enfin à l'avancement de la Science en général ; ce prix sera décerné par l'Académie des Sciences.

Les prix de chacune de ces deux fondations alterneront de manière que l'un des deux soit décerné tous les deux ans.

Un décret du 9 janvier 1879 a autorisé l'acceptation de cette fondation. L'Académie n'est pas encore entrée en possession du legs Maujean.

Prix fondé par Mᵐᵉ Jean Reynaud.

Mᵐᵉ veuve Jean Reynaud, « voulant honorer la mémoire de son mari et perpétuer son zèle pour tout ce qui touche aux gloires de la France », a, par acte en date du 23 décembre 1878, fait donation à l'Institut de France d'une rente sur l'État français, de la somme de *dix mille francs*, destinée à fonder un prix annuel qui sera successivement décerné par les cinq Académies « au travail le plus méritant, relevant de chaque classe de l'Institut, qui se sera produit pendant une période de cinq ans ».

Le prix J. Reynaud, dit la fondatrice, ira toujours à une œuvre originale, élevée et ayant un caractère d'invention et de nouveauté.

Les membres de l'Institut ne seront pas écartés du concours.

Le prix sera toujours décerné intégralement ; dans le cas où aucun Ouvrage ne semblerait digne de le mériter entièrement, sa valeur sera délivrée à quelque grande infortune scientifique, littéraire ou artistique.

Un décret en date du 25 mars 1879 ayant autorisé l'Institut à accepter cette généreuse donation, l'Académie des Sciences a proposé de décerner le prix Jean Reynaud pour la première fois, en ce qui la concerne, dans sa séance publique de l'année 1881.

Prix Jérôme Ponti.

M. le chevalier André Ponti, désirant perpétuer le souvenir de son frère Jérôme Ponti, a fait donation, par acte notarié du 11 janvier 1879, d'une somme de *soixante mille lires* italiennes, dont les intérêts devront être employés par l'Académie « selon qu'elle le jugera le plus à propos pour encourager les sciences et aider à leur progrès ».

Un décret en date du 15 avril 1879 ayant autorisé l'Académie des Sciences à accepter cette donation, elle a décidé qu'elle décernerait le prix Jérôme Ponti, tous les deux ans, à partir de l'année 1882.

Ce prix, de la valeur de *trois mille cinq cents francs*, devra être accordé « à l'auteur d'un travail scientifique dont la continuation ou le développement seront jugés importants pour la Science. »

Ainsi qu'on le voit, l'Académie des Sciences est riche : malgré la conversion du 5 pour 100 en $4\frac{1}{2}$, en 1852, malgré celle du $4\frac{1}{2}$ en 3 pour 100 en 1862, elle possède actuellement *cent seize mille soixante-deux francs* de rentes. C'est une grande fortune, sans doute, mais cette fortune n'est qu'un dépôt dont elle a la garde, dont elle est seule à ne pas pouvoir disposer et dont la gestion, très onéreuse par les publications de tout genre qu'elle entraîne, absorbe au contraire le plus clair de ses ressources.

Si l'on songe aux Académies étrangères, celles d'Angleterre et d'Amérique, par exemple, si généreusement dotées par l'initiative privée et mises ainsi en position de donner au monde savant tant d'importants Ouvrages dont l'admirable exécution ne laisse rien à désirer, on se prend à regretter que, parmi les fondateurs des prix que l'Académie est appelée à décerner, il ne s'en soit pas encore trouvé qui aient pensé à lui fournir les moyens de faire face, par des dotations spéciales, aux dépenses occasionnées soit par les publications qu'elle poursuit, soit par ses propres travaux.

Le budget alloué à l'Académie par le Gouvernement est déjà bien considérable, mais le Gouvernement ne peut pas tout faire, et ce budget, si élevé qu'il soit, reste insuffisant et de beaucoup inférieur à celui dont jouissent à l'étranger les Sociétés scientifiques du même ordre. Il paraît y avoir là une situation qui mériterait d'être examinée d'une manière approfondie et qui serait bien digne d'attirer les regards de quelques généreux esprits, amis des sciences et de ceux qui s'appliquent à l'étude des grands problèmes qu'elles soulèvent.

TABLE ALPHABÉTIQUE

DES NOMS CITÉS DANS CET OUVRAGE.

A

B

Bertrand (J.), 11, 125, 126.
Bertrand (Hector), 86.
Bertrand (C.-E.), 124, 124.
Bescherelle (E.), 144.
Bessel (F.-W.), 67, 67.
Beunie (J.-B. de), 36.
Bibra, 105.
Bicquilley, 22.
Bignon (abbé), 15.
Bigot de Morogues. *Voir* Morogues (baron Bigot de).
Billod (E.), 109, 118.
Biot, 70.
Birckel, 120.
Bischoff (Th.-L.-G.), 90.
Bishop (John), 62, 62, 62.
Blache, 111.
Blanchard (E.), 107.
Blanchet (A.), 86.
Blandet, 105.
Block (Maurice), 85, 86.
Blondel, 85.
Blondin de Brutelette, 148.
Blondlot, 90, 106, 111.
Bobierre, 85.
Bobœuf, 119.
Bochefontaine, 114.
Boeck (W.), 107.
Boguslawski, 67.
Boileau (P.-P.), 93.
Boinet, 106, 106, 108.
Bois de Loury, 105.
Bonaparte. *Voir* Napoléon Ier.
Bonaparte (Louis), 76.
Bonelli, 132.
Bonnafont, 112.
Bonnange (F.), 87.
Bonnefoy (M.-P.), 127.
Bonnet (Ossian), 59.
Bonnet, 105.
Bonnet, 145.
Bonnier (Gaston), 92.
Bontemps, 86.
Borda, 43, 44, 44, 44, 65.
Bordin (C.-L.), 121.
Borelly, 69.

Borius (Dr A.), 86, 87.
Bornet (Ed.), 144, 144, 144.
Bory, 44.
Bose, 82.
Boscovich (le P.), 30.
Bosc d'Antic, 24.
Bosio (baron), 101, 102.
Bossey (A.-A.), 126.
Bossut (abbé), 20, 21, 21, 36, 43, 44, 65.
Bottin, 84.
Bouchard, 111, 118.
Bouchardat (G.), 139.
Bouchut (E.), 107, 110, 127.
Boudet (Félix), 119, 159.
Boudin, 108.
Bouffé (A.), 119.
Bouguer, 17, 17, 18.
Bouillaud (J.), 103, 104.
Bouisson, 106.
Bouland (Pierre), 112.
Bouley (J.-J.), 135.
Bouquet (J.-P.), 107.
Bouquet de la Grye, 69.
Bour (Edm.), 59, 60, 126.
Bourdé de Villehuet, 21.
Bourdon (Is.), 89, 105.
Bourdon (Hip.), 110.
Bourgeois, 26.
Bourgery, 104, 106.
Bourgogne fils, 135.
Bourgoin (Edme), 139.
Bourgois, 121, 121.
Bourguignon, 105, 107, 108.
Bourrel, 112.
Bousquet, 103, 104, 117, 117.
Boussinesq (J.), 151.
Boutigny (d'Évreux), 119.
Boutiron (H.-J.-B.-X.), 127.
Boutmy, 130.
Boutron-Charlard, 85, 119.
Boutteville (de), 85.
Bouvard (A.), 56.
Bouvier, 117.
Boyer (L.), 105.
Boyer (Ph.), 105.

Brachet (de Lyon), 89, 102.
Bralle, 44.
Brandt (Édouard), 145.
Brayer (de Laon), 84.
Bréant (J.-R.), 133.
Brébant (de Reims), 134.
Bremicker, 67.
Brémond (E.), 112.
Brémond (L.), 112.
Breschet (G.), 89, 90.
Bresse, 151.
Breteuil (baron de), 47, 49.
Bretonneau, 102, 106.
Brewster (David), 57.
Brière de Boismont, 103, 105.
Bright, 104.
Briquet, 106, 107.
Brisset, 104.
Broca (Paul), 107, 108.
Brochard, 86, 113.

Brongniart (Adolphe), 89.
Bronn (H.-G.), 63.
Bronod, notaire, 38.
Brouardel (P.), 113, 142.
Brousseaud (colonel), 67.
Brown-Sequard, 91, 91, 91, 108.
Bruhns, 68.
Buache, 76.
Bucquoy, 111.
Budge, 91.
Budin (P.), 113.
Buffon, 24.
Bulffinger, 17.
Burckhardt (J.-C.), 56, 75.
Burdach, 90.
Burdel, 112.
Burel (A.), 93.
Burg, 56.
Burq (V.), 113.
Byasson (H.), 141.

C

Cabadé, 111.
Cadet (E.), 86.
Cadiat, 142.
Cagniard-Latour, 93.
Cahen, 110, 110.
Cahours (Auguste), 138, 139.
Caillau (J.-M.), 77.
Calley, 148.
Caligny (A. de), 93.
Calliburcès, 91.
Cambon, 7.
Campana, 149.
Camus, 66, 66.
Cauivet, 34.
Cap (P.-A.), 141.
Carbuccia (général J.-L.), 85.
Carlini (F.), 57, 67.
Carlotti, 62.
Carnot, 76.
Carrière, 106.
Carrington, 68.
Carte topographique de la Guyenne, 76.

Carus, 90.
Carville, 92.
Carville (C.), 93.
Carville, 112.
Caspari, 94.
Casper (de Berlin), 84.
Cassini (Jacques), 15.
Cassini de Thury, 29, 36.
Cassini (Jacques-Dominique), 76.
Castan (A.), 86.
Castera, 118, 118.
Castorani (R.), 108.
Cauchy (baron Augustin), 57, 146.
Cauvet (D.), 141.
Cavaillon (de), 119.
Cavalleri (Antoine), 19.
Cavé, 93.
Caventou, 102.
Cavoleau, 83, 84.
Cazeaux (P.), 107.
Cazelli, 132.
Cazenave, 105.

D

E

F

Franchot (C.-L.-F.), 93.
Franck (François), 92, 113, 113, 114.
Franklin, 69.
Fraser (Th.), 141.
Fréminville (de), 147.
Frerichs, 109.
Fresnel (Augustin), 57, 57, 146.
Freycinet (C. de), 120.

Friedel (Ch.), 139, 139, 154.
Frisch (pasteur), 30.
Frisi (le P.), 20, 20.
Froment, 132, 132.
Fuss, 22.
Fuster, 104.
Fusz (P.), 118.

G

Gairal, 114.
Gal (H.), 139.
Galibert (A.), 120, 120, 120.
Galippe (V.), 141.
Galitzin (princesse), 130.
Galle, 67, 67.
Gallois, 108, 110.
Gallois, 141.
Galond, 40.
Galtier, 108.
Galy-Cazalat, 93.
Gambart (J.-F.-A.), 67, 67, 67, 67.
Gambey, 67.
Gannal père, 103, 118, 118.
Garcin (Mlle C.), 130.
Gariel, 106.
Gaspard (B.), 89,
Gasparis (de), 68, 68, 68, 68, 68.
Gaudichaud, 90.
Gaudin (M.-A.), 140, 140.
Gaugain (J.-M.), 152, 152, 152, 152, 152, 152, 152.
Gauss (Fr.), 67.
Gauthier, 84.
Gauthier-Villars, 126.
Gautier, 21.
Gautier (A.), 139.
Gay (J.-B.), 126.
Gay (Claude), 156.
Gay-Lussac, 70, 70.
Gaymard (Émile), 85.
Gaymard, 103.
Gayon (U.), 113.
Gayot, 85.

Gegner (J.-L.), 152.
Gendrin, 102, 117.
Genreau (P.), 127.
Gensoul, 103.
Genty de Bussy, 84.
Gerando (baron de), 128.
Gérardin, 103.
Gérardin (Aug.), 120.
Gerbe (Z.), 91, 92, 149.
Gerhardt (Charles), 138.
Gerlach (Guillaume), 22.
Germain (Sophie), 57, 57.
Gervais (Paul), 63.
Géry père, 134.
Gheist, 105.
Giffard (H.), 93.
Gimbert, 110, 112.
Giraldès, 107, 107, 108.
Girard, 43.
Girard, 146.
Girard, 93.
Girard (Aimé), 139.
Girard de Cailleux, 86.
Giraudeau, notaire, 28.
Giraudet (Dr), 85.
Giraud-Teulon, 108.
Gluge, 106.
Gmelin, 61, 89.
Godard (Er.), 108, 108, 142.
Godron (D.-A.), 64.
Goldenberg (G.), 130.
Goldschmidt (Hermann), 68, 68, 68, 68, 68, 68, 68, 68.
Gondouin-Desluais, 43, 44.

Gosse (H.-A.), 42, 42.
Gosselet (J.), 124.
Gosselin (A.-L.), 106, 107, 107, 108.
Gossin (Jules), 85.
Goubaux (A.), 107, 108, 111.
Goujon, 26, 26.
Goujon (E.), 92, 92, 134.
Graeff, 146.
Graham, 68.
Graham (Th.), 139.
Gramme, 132.
Grandidier (Alfred), 145.
Grandjean de Fouchy. *Voir* Fouchy (Grandjean de).
Grandry, 111.
Grangé (J.-J.), 93.
Grangez (Ern.), 85.
Grar (Ed.), 85.
Gras (Scipion), 84.
Grasset (J.), 114.
Gratiolet (P.), 107.
Gréhant (N.), 111, 111, 114, 114.
Grimaud (de Caux), 110, 119, 134, 135.
Grimaux (Ed.), 139, 139.
Gris (A.), 64, 92.
Grisolle, 104.
Groignard, 20, 21.

Grosourdy (R. de), 141.
Groult, 44.
Grouvelle, 93.
Gruethuisen, 102.
Gubler (A.), 107, 152.
Guérard, 112.
Guéraud, 85.
Guérin, 85.
Guérin (N.), 86.
Guérin (Jules), 103, 106, 107, 117.
Guérin (Alphonse), 113, 142.
Guerry, 84, 85.
Guibal, 120.
Guibourt, 107.
Guibout (E.), 114.
Guide pittoresque du voyageur en France, 84.
Guigardet, 119, 119.
Guignet (Er.), 119.
Guillaume jeune, notaire, 48.
Guillon (F.-G.), 105, 105, 108, 149, 158.
Guinand, 28.
Guinand fils, 26, 67.
Guizot (Fr.), 137.
Guyétand, 84.
Guyot, 56.
Guyton de Morveau, 51, 66, 76.

H

Hahnemann, 130.
Hall (Asaph), 69.
Hallé, 66, 70, 75, 77.
Halphen (G.-H.), 60.
Hannover (Ad.), 107, 113.
Hansen (P.-A.), 59.
Hanstein (J.), 123.
Harding, 66.
Hardy, 112.
Hardy (E.), 141, 141.
Haro, 120.
Harting, 112.
Haspel, 109.
Hassenfratz (J.-H.), 8.
Hatin (Félix), 102, 103, 104.

Haüy (R.-J.), 10, 50, 70, 70, 75.
Hayem (G.), 111, 111, 114.
Heckel (E.), 141.
Hecquet d'Orval, 35.
Hélie, 142.
Hencke, 67, 67.
Henriot (L.-P.), 127.
Henry (Paul), 69, 156.
Henry (Prosper), 69, 156.
Henry (Ossian), 85, 102.
Hérard, 111.
Héraud, 69.
Herholdt, 60.
Herland, 119.
Hérissant, 29.

I–J

K

M

Mayençon, 112, 113.
Mayer, 62, 62.
Mayet, 113.
Mayor, 103.
Mazière, 17.
Méchain, 32.
Mège-Mouriès, 106.
Mégnié (*écrit par erreur* Magnier), 34, 39.
Mégnin (J.-P.), 113, 145.
Méhay, 92.
Méhu (C.), 112.
Melsens (Louis), 119, 120.
Mérat (F.-V.), 103, 103.
Mercier, 104.
Mercier (Aug.), 106.
Meslay (Rouillé de), 3, 4, 6, 13, 15, 16, 50.
Meslay fils (Rouillé de), 3, 14.
Mesnet, 134.
Mestre du Rivas (de), 50.
Meunier (St.), 69.
Meurgey (A.-E.-S.-P.), 136.
Meyen, 90.
Meyer, 93.
Meynet, 110.
Mialhe, 92.
Middeldorpf, 108.
Miersch (Carl), 131.
Mignot, 106, 109.
Mignot de Montigny, 4, 6, 40, 52.
Millet, 110.
Mirault (d'Angers), 104.
Mirault (G.), 141.
Mittdelsdorff, 132, 132.
Mohl (Hugo), 90.
Moll, 121, 121.
Molon (de), 129.

Moncocq, 112.
Monge, 43, 75.
Monneret, 106.
Monoyer, 112.
Montagne, 117.
Montault, 103, 117.
Montgolfier, 39, 75.
Montméja, 112.
Montyon (Auget, baron de), 3, 4, 6, 58, 41, 42, 52, 52, 52, 83, 88, 92, 95, 96, 97, 98, 99, 100, 101, 117.
Morache (G.), 113.
Morand père, 39.
Morat, 92.
Moreau (Ar.), 91.
Moreau (de Tours), 105.
Moreau de Jonnès (A.), 83, 85.
Morel, 107, 108.
Morel-Lavallée, 105, 105, 106, 107, 110.
Morelot, 84.
Moride, 85.
Morin (général), 58, 93.
Morogues (baron Bigot de), 84, 129.
Morton, 105.
Mouchez (E.), 69.
Moura, 92, 110.
Mourcou (A.), 120.
Moutard (Théodore), 151.
Mulhouse (Société industrielle de), 84.
Muller, 60.
Muller (A.), 90, 91.
Muller (J.), 129.
Mulot, 66.
Mulot, 118.
Muntz, 144.
Murchison (sir R.-J.), 129.

N

Namias (H.), 118.
Napoléon Ier, 55, 56, 69, 70, 71, 72, 73, 74, 76, 79.
Napoléon III, 76, 116, 131, 135, 136, 149.
Napoléon (Charles), 76.
Naudin (Ch.), 64.

Navier, 146.
Négrier (d'Angers), 90, 108.
Nepveu (G.), 114.
Netter (A.), 135.
Neveu-Derotrie (E.), 85.
Nicaise, 134.

Nicod (A.), 103.
Nicollet, 67, 67.
Niepce (B.), 106.

Niepce de Saint-Victor, 140.
Notaris (de), 144.
Nylander, 144.

O

Oberkampf, 76.
Œrstedt (C.), 57.
Olbers (H.-W.-M.), 66, 66.
Ollier (L.-X.-E.-L.), 91, 118.
Ollivier (d'Angers), 102.
Ollivier (A.), 110, 110, 110, 112, 113.
Oltmanns, 67.
Onimus, 118, 118, 132, 156.
Opermann (C.-A.), 126.

Oppermann (C.-A.), 127.
Oppert, 137.
Ordonez, 111.
Orfila (Louis), 106.
Oré, 108, 112, 113.
Ornano (Cuneo d'), 84.
Oudry, 132.
Oustalet (E.), 145.
Owen (Richard), 129.

P

Palisa, 69.
Pamard (A.), 87.
Panizza, 90.
Pappenheim, 62.
Paquelin (C.), 113, 130.
Parchappe, 85, 86, 90.
Paré, 8.
Parent du Châtelet, 103, 118, 118.
Parrot (J.), 113.
Pasquier, 42.
Pasteur (Louis), 88, 91, 139, 159.
Patria (les auteurs de), 85.
Patrouillard, 141.
Paul (Constantin), 109.
Paulet, 111.
Paulin (colonel) 118.
Pauly (Ch.), 113.
Payen, 90.
Péan, 112.
Peaucellier (colonel), 94.
Pecqueur, 93.
Pedrayes (don Aug. de), 64.
Pellarin (A.), 135.
Pellarin (Ch.), 135.
Pelletan, 75, 82.
Pelletier, 102.

Penaud (A.), 60.
Perdrau, 104.
Perdrigeon du Vernier, 107.
Pereyre, 20.
Péridier, notaire, 82.
Périer, 43, 44, 76.
Perrier (Edmond), 92.
Perrin (Maurice), 109.
Perrin, 113.
Perrelet, 67.
Perrot, 84.
Perrotin, 69.
Perroy, 121.
Personne (J.), 141.
Peter (M.), 110, 111, 112.
Peters (C.-H.-F.), 69.
Pétigny (de), 84.
Petit, 61.
Petrequin (J.-E.), 110.
Pettigrew, 142.
Peugeot (Jules), 119.
Peyraud (H.), 113, 156.
Philipeaux (J.-M.), 63, 91, 91, 91, 92, 107.
Philips (B.), 103.
Philippe d'Orléans, 4, 23.

Q

R

S

Steinbrenner, 117.
Stilling (B.), 91, 107, 141.
Stœber, 110.
Stone, 69.
Strasburger (Ed.), 144.
Strauss, 89.
Stromeyer, 104.

Studer (Bernard), 139.
Sturm (J.-F.-C.), 58, 58.
Suequet, 110, 119.
Sueur (H.), 86.
Surell (Al.), 84.
Susini, 111.
Swanberg, 66.

T

Tabarié, 106.
Talbot, 85.
Tanquerel des Planches, 104.
Tanret (Ch.), 141.
Tardieu (Amb.), 105, 107, 152, 152.
Taurines (Aug.), 147.
Tempel, 68, 156.
Tenon, 39.
Termier (P.-M.), 127.
Tessier, 76.
Testut (Léo), 114.
Teynard (Félix), 122.
Thénard (baron L.-J.), 70, 70, 82.
Thévenot (A.), 86.
Thibert (Félix), 104, 104.
Thiers (Ad.), 132, 137.
Thiersch (C.), 134.
Thilorier (A.), 93, 93, 93.
Thirria, 84.
Thollon, 140.
Tholozan (J.-D.), 135.
Thomas, 84.
Thomson (W.), 151.
Thore (F.-H.-F.), 145.
Thore (Jean), 145.
Thouin, 75.
Thouret, 77.
Thouvenel, 36.
Thibout (Nap.), 119.

Thuret (G.), 63.
Tiedemann (F.), 61, 61, 89.
Tillaux (P.), 109, 114.
Tillet, 40, 49.
Tisserand (F.), 69.
Topinard (P.), 113.
Toulongeon, 66.
Tourdes, 110.
Toussaint (H.), 92, 114, 135.
Trémeau de Rochebrune. *Voir* Rochebrune (Trémeau de).
Tremel, 56.
Trémont (baron de), 139.
Trésaguet, 18.
Tresca (H.-E.), 93.
Triger, 93.
Tripier (Léon), 92, 92.
Triquet (E.), 107.
Troost (L.), 154.
Trousseau (A.), 105, 106, 107.
Trouvé (baron), 83.
Trouvelot, 156.
Trudaine de Montigny, 26, 27.
Trumet de Fontarce (A.), 114.
Turgot, 36.
Turpin (Eugène), 120.
Tuefferd, 104.
Turk (Louis), 109.
Tustle, 68.

V-W

Vacher, 86.
Vaillant (maréchal), 116, 154.

Vaillant (Léon), 124, 145.
Valat, 118.

Y-Z

TABLE DES MATIÈRES.

I. — L'ancienne Académie des Sciences (1714-1793).

II. — La Première classe de l'Institut national (1795-1816).

III. — L'Académie des Sciences (1816-1880).

EXTRAIT DU CATALOGUE

DE LA

LIBRAIRIE GAUTHIER-VILLARS,

SUCCESSEUR DE MALLET-BACHELIER,

IMPRIMEUR-LIBRAIRE

Du Bureau des Longitudes; — des Observatoires de Paris, Montsouris, Bordeaux, Marseille, Nice et Toulouse; — du Bureau Central Météorologique; — de l'École Polytechnique; — de l'École Centrale des Arts et Manufactures; — du Dépôt des Fortifications; — de la Société Météorologique; — du Comité international des Poids et Mesures; etc.

ANDRÉ et RAYET, Astronomes adjoints de l'Observatoire de Paris, et **ANGOT**, Professeur de Physique au Lycée Fontanes. — **L'Astronomie pratique et les Observatoires en Europe et en Amérique**, depuis le milieu du XVIIe siècle jusqu'à nos jours. In-18 jésus, avec belles figures dans le texte et planches en couleur.

  Ire PARTIE : *Angleterre*; 1874 . . . . 4 fr. 50 c.
  IIe PARTIE : *Écosse, Irlande et Colonies anglaises*; 1874 . . . . 4 fr. 50 c.
  IIIe PARTIE : *Amérique du Nord*; 1877 . . . 4 fr. 50 c.
  IVe PARTIE : *Amérique du Sud* et Météorologie américaine . . . . 3 fr.
  Ve PARTIE : *Italie*; 1878 . . . . 4 fr. 50 c.

ANNALES SCIENTIFIQUES DE L'ÉCOLE NORMALE SUPÉRIEURE, publiées sous les auspices du Ministre de l'Instruction publique, par un *Comité de Rédaction composé de MM. les Maîtres de Conférences*.

1re Série, 7 volumes in-4, avec figures dans le texte et planches sur cuivre, années 1864 à 1870.   150 fr.

La **2e Série**, commencée en 1872, paraît, chaque mois, par numéro contenant 4 à 5 feuilles in-4, avec figures dans le texte et planches.

En outre, les *Annales* font paraître, depuis 1877, suivant les ressources dont dispose le Recueil, des numéros supplémentaires contenant soit des thèses d'un mérite exceptionnel, soit des travaux dont la publication présente un certain caractère d'urgence, et qui ne peuvent trouver place dans les numéros en cours d'impression. Les numéros supplémentaires ont une pagination spéciale et viennent se classer, dans le Volume, à la suite des douze numéros mensuels.

L'abonnement est annuel et part du 1er janvier.

  Prix de l'abonnement pour un an (12 numéros) :
Paris . . . . 30 fr.
Départements et Union postale . . . . 35 fr.
Autres pays . . . . 40 fr.

ANNALES DE L'OBSERVATOIRE DE PARIS, fondées par *Le Verrier*, et publiées par M. l'Amiral *Mouchez*, Directeur. **Partie théorique**, tomes I à XV. In-4, avec planches; 1855-1880.

Les Tomes I à X et les Tomes XII, XIII et XV se vendent séparément.   27 fr.

Le Tome XI (1876) et le Tome XIV (1877) comprennent deux *Parties* qui se vendent séparément.   20 fr.

In-4 carré; T.

ANNALES DE L'OBSERVATOIRE DE PARIS, fondées par *U.-J. Le Verrier*, et publiées par M. l'Amiral *Mouchez*, directeur. **Observations**. Tomes I à XXV, années 1800 à 1870; tomes XXIX à XXXIII; années 1874 à 1879. 30 volumes in-4 (en tableaux); 1858 à 1881.

Chaque Volume se vend séparément.   40 fr.

ANNALES DU BUREAU DES LONGITUDES ET DE L'OBSERVATOIRE ASTRONOMIQUE DE MONTSOURIS. Tome I. In-4, avec une planche sur acier donnant la vue de l'Observatoire; 1877.   30 fr.

Création de l'Observatoire astronomique de Montsouris, et publication de ses travaux pour l'année 1876; but de la publication actuelle; plan et position de l'Observatoire; par MM. *Mouchez* et *Lœwy*. — Observations; Réduction des observations de passages faites en 1876 à l'Observatoire de Montsouris. — Éphémérides pour 1878 des étoiles de culmination lunaire et de longitude. — Détermination des ascensions droites des étoiles de culmination lunaire et de longitude; par M. *Lœwy*. — Détermination de la latitude d'un lieu par l'observation d'une hauteur de l'étoile polaire; par M. *Lœwy*. — Tables générales de réduction des observations méridiennes; par M. *Lœwy*.

Le Tome II est *sous presse*.

ANNALES DE L'OBSERVATOIRE ASTRONOMIQUE, MAGNÉTIQUE ET MÉTÉOROLOGIQUE DE TOULOUSE. Tome I, renfermant les travaux exécutés de 1873 à la fin de 1878, sous la direction de M. *F. Tisserand*, ancien Directeur de l'Observatoire de Toulouse, Membre de l'Institut, etc.; publié par M. *Baillaud*, Directeur de l'Observatoire, Doyen de la Faculté des Sciences de Toulouse. In-4, avec planche; 1881. 30 fr.

ANNALES DU BUREAU CENTRAL MÉTÉOROLOGIQUE DE FRANCE, publiées par M. *Mascart*, Directeur.

  I. — **Études des orages en France et Mémoires divers.**
    ANNÉE 1878. Grand in-4, avec 37 pl.; 1879. 15 fr.
    ANNÉE 1879. Grand in-4, avec 20 pl.; 1880. 15 fr.

  II. — **Bulletin des Observations françaises et Revue climatologique.**
    ANNÉE 1878. Grand in-4, avec 40 pl.; 1880. 15 fr.
    ANNÉE 1879. Grand in-4, avec 41 pl. . . . . 15 fr.

III. — **Pluies en France.** Observations publiées avec la coopération du Ministère des Travaux publics et le concours de l'Association scientifique.

Année 1877. Grand in-4, avec 5 pl.: 1880. 15 fr.
Année 1878. Grand in-4, avec 5 pl.; 1880. 15 fr.
Année 1879. Grand in-4, avec 7 pl.; 1881. 15 fr.

IV. — **Météorologie générale.**

Année 1878. In-plano. avec 6 pl.; 1879. 15 fr.
Année 1879. In-4. avec 38 pl.; 1880. 15 fr.
Année 1880. In-pl., avec 15 pl.; 1881. (*Sous presse.*)

Voir Bureau central, p. 4.

ANNUAIRE DE L'OBSERVATOIRE MÉTÉOROLOGIQUE DE MONTSOURIS pour 1881; Météorologie, Agriculture, Hygiène (contenant le résumé des travaux de l'Observatoire durant l'année 1880). 10e année. In-18 de plus de 500 pages, avec des figures représentant les divers organismes microscopiques rencontrés dans l'air, le sol et leurs eaux.   2 fr.

La Météorologie est envisagée, à Montsouris, spécialement au double point de vue de l'Agriculture et de l'Hygiène.

Au point de vue de l'Agriculture, l'Annuaire contient une série de Tableaux à l'usage des agriculteurs ; le relevé des observations météorologiques anciennes faites à Paris depuis 1735, et permettant d'apprécier les variations annuelles du climat du nord de la France depuis cette époque ; des Notices comprenant l'examen des divers éléments climatériques qui influent sur la marche des cultures, l'époque des récoltes et leur rendement, et l'indication des instruments simples qu'il importe d'observer pour arriver à la prévision des dates et de la valeur de ces récoltes ; l'application à des cultures spéciales: les Tableaux résumés des observations météorologiques de 1880, comparés aux résultats économiques de l'année agricole écoulée ; enfin, le résultat des études continuées depuis plusieurs années dans le but de mesurer la somme des éléments de fertilité que l'atmosphère et ses pluies fournissent aux cultures, et le volume d'eau que ces dernières peuvent consommer utilement.

Au point de vue de l'Hygiène, l'Annuaire contient le résumé des résultats des recherches poursuivies à Montsouris, par la Chimie et par le microscope: sur les produits accidentels, gazeux, minéraux ou de nature organique que l'on rencontre habituellement dans l'air, dans le sol et dans les eaux qui découlent de l'un et de l'autre ; sur ceux que les agglomérations urbaines y développent; et, notamment, sur l'influence que les irrigations à l'eau d'égout exercent sur l'atmosphère, sur le sol et les eaux, comme sur les produits de la terre.

ANNUAIRE pour l'an 1880, publié par le Bureau des Longitudes ; contenant les Notices suivantes: *Deux Ascensions au Puy-de-Dôme à dix ans d'intervalle,* par M. Faye. — *Jonction géodésique et astronomique de l'Algérie avec l'Espagne,* par M. le C-F. Perrier (avec deux vues de la station géodésique de M'Sabiha). — *Discours prononcés à l'inauguration de la Statue d'Arago,* à Perpignan (avec une belle gravure sur bois de la statue d'Arago). In-18, de 748 pages, avec la Carte des courbes d'égale déclinaison magnétique en France, au 1er janvier 1879. 1 fr. 50 c.

ANNUAIRE pour l'an 1881, publié par le Bureau des Longitudes ; contenant les Notices suivantes : *Comparaison de la Lune et de la Terre au point de vue géologique,* avec belles figures ombrées dans le texte: par M. Faye, Membre de l'Institut. — *Notice sur les observatoires français vers la fin du siècle dernier ;* par M. Tisserand, Membre de l'Institut. In-18, de 790 pages, avec la Carte des courbes d'égale déclinaison magnétique en France.   1 fr. 50 c.

Pour recevoir l'Annuaire franco par la poste, dans tous les pays faisant partie de l'Union postale, ajouter 35 c.

AOUST (l'Abbé), Professeur à la Faculté des Sciences de Marseille. — **Analyse infinitésimale des courbes tracées sur une surface quelconque.** In-8; 1869. 7 fr.

AOUST (l'Abbé). — **Analyse infinitésimale des courbes planes,** contenant la résolution d'un grand nombre de problèmes choisis, à l'usage des candidats à la licence. In-8, avec 80 fig. dans le texte; 1873. 8 fr. 50 c.

AOUST. — **Analyse infinitésimale des courbes dans l'espace.** In-8, avec 40 fig. dans le texte; 1876. 11 fr.

ARAGO (F.). — **Œuvres complètes.** 17 volumes in-8, avec nombreuses figures.   127 fr. 50 c.

On vend séparément :

Astronomie populaire. 4 volumes, avec un portrait d'Arago et 362 figures, dont 80 gravées sur acier et 282 gravées sur bois.   30 fr.

Notices biographiques. 3 volumes, avec une Introduction aux *Œuvres d'Arago*, par A. de Humboldt.   22 fr. 50 c.

Notices scientifiques. 5 volumes, avec 35 figures sur bois.   37 fr. 50 c.

Voyages scientifiques. 1 volume.   7 fr. 50 c.

Mémoires scientifiques. 2 volumes, avec 53 figures sur bois.   15 fr.

Mélanges, 1 volume.   7 fr. 50 c.

Tables analytiques. 1 volume d'environ 900 pages, précédé du Discours prononcé aux funérailles d'Arago et d'une Notice chronologique sur ses Œuvres. 7 fr. 50 c.

ATLAS MÉTÉOROLOGIQUE DE L'OBSERVATOIRE DE PARIS, publié avec le concours de l'*Association scientifique de France*. Tome VIII, année 1876. Un volume in-folio oblong de texte, et un Atlas même format contenant 56 cartes ; 1877.   20 fr.

Pour les *Atlas* des années précédentes, *voir* le Catalogue général.

BABINET, Membre de l'Institut (Académie des Sciences). — **Études et Lectures sur les Sciences d'observation et leurs applications pratiques.** 8 vol. in-12.

Chaque Volume se vend séparément.   2 fr. 50 c.

BABINET, Membre de l'Institut, et **HOUSEL**, Professeur de Mathématiques. — **Calculs pratiques appliqués aux Sciences d'observation.** In-8, avec 75 figures dans le texte; 1857.   6 fr.

BACHET, sieur de MÉZIRIAC.— Problèmes plaisants et délectables qui se font par les nombres. 4e éd., revue, simplifiée et augmentée par *A. Labosne*. Petit in-8, caractères elzévirs, titre en deux couleurs; 1879.

Tirage sur papier vélin............ 6 fr.
Tirage sur papier vergé............ 8 fr.

BARRESWIL et DAVANNE. — Chimie photographique, contenant les Éléments de Chimie expliqués par des exemples empruntés à la Photographie; les procédés de Photographie sur glace (collodion humide, sec ou albuminé), sur papiers, sur plaques ; la manière de préparer soi-même, d'essayer, d'employer tous les réactifs, d'utiliser les résidus, etc. 4e édition, avec figures dans le texte. In-8; 1864. 8 fr. 50 c.

BELLANGER (C.-A.), Professeur d'Hydrographie. — **Petit Catéchisme de Machine à vapeur,** à l'usage des candidats aux grades de la marine de commerce. 3e édition. Petit in-8, avec Atlas de 6 planches. 3 fr.

BENOIT (P.-M.-N.). — **La Règle à Calcul expliquée,** ou Guide du Calculateur à l'aide de la Règle logarithmique à tiroir. Fort volume in-12 avec pl. 5 fr.

BENOIT (P.-M.-N.). — **Guide du Meunier et du Constructeur de Moulins.** 1re *Partie :* Construction des moulins. 2e *Partie :* Meunerie. 2 vol. in-8 de 916 pages, avec 22 planches contenant 638 figures; 1863. 12 fr.

BERRY (C.), Lieutenant de vaisseau.—**Théorie complète**

des occultations, à l'usage spécial des officiers de Marine et des astronomes. Publication approuvée par le Bureau des Longitudes, et autorisée par M. le Ministre de la Marine. In-4, avec figures; 1880. 6 fr.

BERTHELOT (M.), Membre de l'Institut, COULIER, Pharmacien principal de l'armée, et D'ALMEIDA, Professeur de Physique au Lycée Henri IV. — Vérification de l'aréomètre de Baumé. In-8; 1873. 2 fr.

BERTHELOT (M.). — Leçons sur les Méthodes générales de synthèse en Chimie organique. In-8; 1864. 8 fr.

BERTRAND (J.), Membre de l'Institut. — Traité de Calcul différentiel et de Calcul intégral.
CALCUL DIFFÉRENTIEL. In-4; 1864............ (Rare.)
CALCUL INTÉGRAL (Intégrales définies et indéfinies). In-4 de 720 p., avec 88 fig. dans le texte; 1870... 30 fr.
Le troisième et dernier Volume, CALCUL INTÉGRAL (Équations différentielles), est sous presse.

BIEHLER, Directeur des Études à l'École préparatoire du Collège Stanislas. — Sur la théorie des Équations. (Thèse d'Algèbre). In-4; 1879. 5 fr.

BIEHLER. — Sur les équations linéaires. In-8; 1880. 1 fr. 25 c.

BILLET, Professeur de Physique à la Faculté des Sciences de Dijon. — Traité d'Optique physique. 2 forts vol. in-8, avec 14 pl. composées de 337 fig.; 1858-1859. 15 fr.

BORDAS-DEMOULIN. — Le Cartésianisme, ou la véritable rénovation des Sciences, Ouvrage couronné par l'Institut; suivi de la Théorie de la substance et de celle de l'infini. 2e édition. In-8; 1874. 8 fr.

BOSET, Professeur de Mathématiques supérieures à l'Athénée royal de Namur. — Traité de Géométrie analytique, précédé des Éléments de la Trigonométrie rectiligne et sphérique. In-8°, avec 322 figures dans le texte; 1878. 12 fr.

BOSET. — Traité élémentaire d'Algèbre. In-8; 1880. 7 fr. 50 c.

BOUCHARLAT (J.-L.). — Théorie des courbes et des surfaces du second ordre, ou Traité complet d'application de l'Algèbre à la Géométrie. 3e édition, revue, corrigée et augmentée de Notes et des Principes de la Trigonométrie rectiligne. In-8, avec pl.; 1875. 8 fr.

BOUCHARLAT (J.-L.). — Éléments de Calcul différentiel et de Calcul intégral. 8e édition, revue et annotée par M. Laurent, Répétiteur à l'École Polytechnique. In-8, avec planches; 1881. 8 fr.

BOUCHARLAT (J.-L.). — Éléments de Mécanique. 4e édition. 1 volume in-8, avec 10 planches; 1861. 8 fr.

BOUR (Edm.), Ingénieur des Mines. — Cours de Mécanique et Machines, professé à l'École Polytechnique :
Cinématique. In-8, avec Atlas de 30 planches in-4 gravées sur cuivre; 1865. 10 fr.
Statique et travail des forces dans les machines à l'état de mouvement uniforme, publié par M. Phillips, Professeur de Mécanique à l'École Polytechnique, avec la collaboration de MM. Collignon et Kretz. In-8, avec Atlas de 8 planches contenant 106 fig.; 1868. 6 fr.
Dynamique et Hydraulique, avec 125 figures dans le texte; 1874. 7 fr. 50 c.

BOURDON, ancien Examinateur d'admission à l'École Polytechnique. — Éléments d'Arithmétique. 36e édit. In-8; 1878. (Adopté par l'Université.) 4 fr.

BOURDON. — Application de l'Algèbre à la Géométrie, comprenant la Géométrie analytique à deux et à trois dimensions. 9e édit., revue et annotée par M. Darboux. In-8, avec pl.; 1880. (Adopté par l'Université.) 9 fr.

BOURDON. Éléments d'Algèbre, avec Notes signées Prouhet. 15e éd. In-8; 1877. (Adopté par l'Univ.) 8 fr.

BOURDON. — Trigonométrie rectiligne et sphérique. 2e éd., revue et annotée par M. Brisse. In-8, avec fig. dans le texte; 1877. (Adopté par l'Université.) 3 fr.

BOUSSINGAULT, Membre de l'Institut. — Agronomie, Chimie agricole et Physiologie. 2e édition. 6 volumes in-8, avec planches sur cuivre et figures dans le texte; 1860-1861-1864-1868-1874-1878. 32 fr.
Chacun des tomes I à IV se vend séparément. 5 fr.
Les tomes V et VI se vendent séparément. 6 fr.

BOUSSINGAULT. — Études sur la transformation du fer en acier par la cémentation. In-8; 1875. 4 fr.

BOUTY, Professeur de Physique au Lycée Saint-Louis. — Théorie des Phénomènes électriques (Théorie du potentiel). In-8, avec figures dans le texte et une planche; 1878. 2 fr. 50 c.

BREITHOF (N.), Professeur à l'Université de Louvain, Membre des Académies royales de Madrid, de Lisbonne, etc. — Traité de Géométrie descriptive. Applications et Suppléments; publié en trois Parties comprenant 6 volumes.
Chaque Volume se vend séparément :
PREMIÈRE PARTIE — Traité de Géométrie descriptive. 2e édition, 2 volumes, 1880-1881.
Tome I. — Point, droite, plan. Grand in-8, avec Atlas de 31 planches. 8 fr. 50 c.
Tome II. — Surfaces courbes. Grand in-8, avec Atlas. (Sous presse.)
DEUXIÈME PARTIE. — Applications de Géométrie descriptive. Perspective axonométrique et perspective cavalière. Grand in-4 lithographié, avec 73 figures dans le texte; 1879. 5 fr.
TROISIÈME PARTIE. — Suppléments au Traité de Géométrie descriptive. 3 volumes; 1877-1878-1879.
Tome I. — Les projections axonométriques. Grand in-4 lithographié, avec 91 figures dans le texte. 3 fr. 50 c.
Tome II. — Les projections obliques. Grand in-4 lithographié, avec 121 figures dans le texte. 3 fr. 50 c.
Tome III. — Les projections centrales. Grand in-4 lithographié, avec 130 figures dans le texte. 3 fr. 50 c.
Les 3 volumes composant cette IIIe Partie se vendent ensemble. 9 fr.

BREITHOF (N.), Professeur à l'Université de Louvain, Membres des Académies royales des Sciences de Madrid, de Lisbonne, etc. — Traité de perspective cavalière Méthode conventionnelle de dessin présentant les avantages de la perspective linéaire et ceux de la méthode des projections orthogonales, à l'usage des Officiers du génie, des Ingénieurs, Architectes, Conducteurs de travaux, Chefs d'atelier, Appareilleurs, Tailleurs de pierre, etc.; des Académies et Écoles de dessin, Écoles industrielles, Écoles des Arts et Métiers, etc. Grand in-8, avec Atlas de 8 planches in-4; 1881. 3 fr. 75 c.

BRESSE, Membre de l'Institut, Professeur de Mécanique à l'École des Ponts et Chaussées. — Cours de Mécanique appliquée professé à l'École des Ponts et Chaussées.
PREMIÈRE PARTIE : Résistance des matériaux et stabilité des constructions. In-8, avec fig. dans le texte. 3e édition, revue et beaucoup augmentée; 1880. 14 fr.
DEUXIÈME PARTIE : Hydraulique. In-8, avec fig. dans le texte et une planche; 3e édition; 1879. 10 fr.
TROISIÈME PARTIE : Calcul des moments de flexion dans une poutre à plusieurs travées solidaires. In-8, avec figures dans le texte et Atlas in-folio de 24 planches sur cuivre; 1865. 16 fr.
Chaque Partie se vend séparément.

BREWER (D^r). — **La Clef de la Science,** ou *Explication vraie des faits et des phénomènes des sciences physiques.* 6e édition, revue, transformée et considérablement augmentée, par M. l'*Abbé Moigno.* In-18 jésus, viii-704 p.; 1881. 　　　　　4 fr. 50 c.

BRIOT (Ch.), Professeur à la Faculté des Sciences de Paris. — **Théorie des fonctions abéliennes.** Un beau volume in-4; 1879. 　　　　　15 fr.

BRIOT (Ch.). — **Essais sur la Théorie mathématique de la Lumière.** In-8, avec fig. dans le texte; 1864. 4 fr.

BRIOT (Ch.) et **BOUQUET.** — **Théorie des fonctions elliptiques.** 2e édition. In-4, avec figures; 1875. 30 fr.

BROCH (Dr O.-J.), Professeur de Mathématiques à l'Université royale de Christiania. — **Traité élémentaire des fonctions elliptiques.** In-8; 1867. 　　　　　6 fr.

BROWN (Henry-T.). — **Cinq cent et sept mouvements mécaniques.** Traduit de l'anglais par Henri Stevart, ingénieur. Petit in-4°, cartonné percaline; 1880. 　3 fr.

BRUNNOW (F.), Directeur de l'Observatoire de Dublin. — **Traité d'Astronomie sphérique et d'Astronomie pratique.** Édition française publiée par MM. *André* et *Lucas,* Astronomes adjoints à l'Observatoire de Paris.

Première Partie : *Astronomie sphérique.* In-8, avec figures dans le texte; 1869. 　　　　　(*Rare.*)

Deuxième Partie : *Astronomie pratique,* augmentée de Tables astronomiques, de nombreux développements sur la construction et l'emploi des instruments, sur les méthodes adoptées à l'Observatoire de Paris, sur l'équation personnelle, sur la parallaxe du Soleil, etc. In-8, avec figures dans le texte; 1872. 　　10 fr.

BULLETIN DES SCIENCES MATHÉMATIQUES ET ASTRONOMIQUES, rédigé par MM. *Darboux, Hoüel* et *Tannery,* avec la collaboration de MM. *André, Battaglini, Beltrami, Bougaïef, Brocard, Laisant, Lampe, Lespiault, Potocki, Radau, Rayet, Weyr,* etc., sous la direction de la Commission des Hautes Études. (Président de la Commission : M. *Chasles* ; Membres : MM. *J. Bertrand, Puiseux, J.-A. Serret.*). IIe Série. Tome IV (en deux Parties); 1880.

Ce Bulletin mensuel, fondé en 1870, a formé par an, jusqu'en 1872, un volume de 25 à 26 feuilles grand in-8 (Tomes I, II, III). — A partir de cette époque, un accroissement considérable lui a été donné, sans augmentation de prix, et ce Journal a formé, depuis janvier 1873 jusqu'en décembre 1876, 2 volumes par an (1 volume par semestre, avec Tables), comprenant en tout 42 à 43 feuilles grand in-8. Les Tomes I à XI, 1870 à 1876, composent la Ire Série.

La IIe Série, qui a commencé en janvier 1877, forme chaque année un Ouvrage de 48 feuilles environ, qui comprend deux Parties ayant une pagination spéciale et pouvant se relier séparément. La première Partie contient : 1° *Comptes rendus de Livres et Analyses de Mémoires;* 2° *Traductions de Mémoires importants et peu répandus, Réimpression d'Ouvrages rares et Mélanges scientifiques.* La deuxième Partie contient : *Revue des Publications périodiques et académiques.*

Les abonnements sont annuels et partent de janvier

Prix pour un an (12 *numéros*) :

Paris......................... 18 fr.
Départements et Union postale...... 20 fr.
Autres pays................... 24 fr.

La 1re Série, Tomes I à XI, 1870 à 1876, *se vend* 90 fr.
Chaque année de cette 1re Série se vend séparément. 15 fr.

BUREAU CENTRAL MÉTÉOROLOGIQUE DE FRANCE. — **Instructions météorologiques,** suivies de *Tables diverses pour la réduction des observations.* 2e édition. In-8, avec belles figures dans le texte; 1881. 2 fr. 50 c.
Voir Annales du Bureau central. p. 1.

BUREAU INTERNATIONAL DES POIDS ET MESURES :
Procès-verbaux des Séances :

Années 1875-1876. In-8; 1876. 　　2 fr.
Année 1877. In-8; 1877. 　　　5 fr.
Année 1878. In-8; 1879. 　　　5 fr.
Année 1879. In-8; 1880. 　　　5 fr.
Année 1880. In-8; 1881. 　　　5 fr.

Travaux et Mémoires du Bureau international des Poids et Mesures, publiés par le Directeur du Bureau. Tome I. Grand in-4, avec figures dans le texte et 2 planches; 1881. 　　　30 fr.

CABANIÉ, Charpentier, Professeur du Trait de Charpente, de Mathématiques, etc. — **Charpente générale théorique et pratique.** 2 volumes in-folio avec planches. 2e édition. (*Port non compris.*) 　　50 fr.
On vend séparément : le tome Ier, **Bois droit.** 25 fr.
le tome II, **Bois croche.** 25 fr.

CAHOURS (Auguste), Professeur à l'École Polytechnique. — **Traité de Chimie générale élémentaire.** Leçons professées à l'École Centrale des Arts et Manufactures et à l'École Polytechnique. (*Autorisé par décision ministérielle.*)
Chimie inorganique. 4e édition. 3 volumes in-18 jésus avec plus de 200 figures et 8 planches; 1878. 15 fr.
Chaque Volume se vend séparément. 　　6 fr.
Chimie organique. 3e édition, 3 volumes in-18 jésus avec figures; 1874-1875. 　　　15 fr.
Chaque Volume se vend séparément. 　　6 fr.

CALLON (Ch.). — **Cours de construction de machines** professé à l'École Centrale des Arts et Manufactures. Album cartonné, contenant 118 planches in-folio de dessins avec cotes et légendes (*Matériel agricole. Hydraulique*); 1875. 　　　　30 fr.

CAMPOU (de), Professeur au Collège Rollin. — **Théorie des quantités négatives.** In-8, avec figures; 1879. 　　　　　1 fr. 50 c.

CARNOT (Sadi), ancien Élève de l'École Polytechnique. — **Réflexions sur la puissance motrice du feu et sur les machines propres à développer cette puissance.** In-4, suivi d'une *Notice biographique sur Sadi Carnot,* par H. Carnot, Sénateur, et de *Notes inédites de Sadi Carnot sur les Mathématiques, la Physique et autres sujets.* 2e édition, contenant un beau portrait de Sadi Carnot et un fac-simile; 1878. 　　6 fr.

CARNOY, Professeur à l'Université de Louvain. — **Cours de Géométrie analytique.** 2 volumes grand in-8, avec figures dans le texte. 　　　　21 fr.

On vend séparément :
Géométrie plane; 3e édition, 1880. 　　10 fr.
Géométrie de l'espace; 3e édition, 1881. 11 fr.

CATALAN (E.), ancien Élève de l'École Polytechnique. — **Manuel des Candidats à l'École Polytechnique.**
Tome I : **Algèbre, Trigonométrie, Géométrie analytique à deux dimensions.** In-18, avec 167 figures; 1857. 　　　　　5 fr.
Tome II : **Géométrie analytique à trois dimensions. Mécanique.** In-18 avec 139 fig. dans le texte; 1858. 4 fr.
Chaque Volume se vend séparément.

CATALAN (E.). — **Traité élémentaire des Séries.** Grand in-8, avec figures; 1860. 　　　5 fr.

CATALAN (E.). — **Cours d'Analyse** de l'Université de Liège. *Algèbre, Calcul différentiel, Ire Partie du Calcul intégral.* 2e édition, revue et augmentée. In-8, avec figures dans le texte; 1879. 　　12 fr.

CAUCHY (le Baron Aug.), Membre de l'Académie des Sciences. — **Sa Vie et ses Travaux,** par M. *Valson,* Professeur à la Faculté des Sciences de Grenoble, avec une Préface de M. *Hermite,* Membre de l'Académie des Sciences. 2 vol. in-8; 1868. 　　8 fr.

CAZIN, Docteur ès Sciences, ancien Professeur au Lycée Fontanes, et **ANGOT**, Agrégé de l'Université, Docteur ès Sciences. — **Traité théorique et pratique des piles électriques.** *Mesure des constantes des piles. Unités électriques. Description et usage des différentes espèces de piles.* In-8, avec 105 belles figures dans le texte; 1881. 7 fr. 50 c.

CHARLON (H.). — **Théorie mathématique des Opérations financières.** 2ᵉ édition. Grand in-8, avec Tables numériques relatives aux emprunts par obligations. Tables numériques relatives aux calculs d'intérêts composés et d'annuités, et Tables logarithmiques de Fedor Thoman relatives aux calculs d'intérêts composés et d'annuités; 1878. 12 fr. 50 c.

CHARLON (H.). — **Théorie élémentaire des Opérations financières.** Grand in-8, avec Tables; 1880. 6 fr. 50 c.

CHASLES. — **Traité des Sections coniques,** faisant suite au **Traité de Géométrie supérieure.** *Première Partie.* In-8, avec 5 planches gravées sur cuivre, et contenant 133 figures; 1865. 9 fr.

CHASLES. — **Aperçu historique sur l'origine et le développement des méthodes en Géométrie, particulièrement de celles qui se rapportent à la Géométrie moderne,** suivi d'un *Mémoire de Géométrie sur deux principes généraux de la Science, la Dualité et l'Homographie.* Seconde édition, conforme à la première. Un beau volume in-4 de 850 pages; 1875. 35 fr.

CHASLES. — **Traité de Géométrie supérieure.** Deuxième édition. Un beau volume grand in-8, avec 12 planches; 1880. 24 fr.

CHATIN (Joannès). — **Contributions expérimentales à l'étude de la chromatopsie chez les Batraciens, les Crustacés et les Insectes.** Grand in-8; 1881. 2 fr.

CHÉFIK-BEY (Mansour), du Caire. — **Application des Mathématiques à la jurisprudence.** In-8; 1880. 1 fr. 25 c.

CHEVALLIER et MUNTZ. — **Problèmes de Mathématiques,** avec leurs solutions développées, à l'usage des Candidats au Baccalauréat ès Sciences et aux Écoles du Gouvernement. In-8, lithographié; 1872. 4 fr.

CHEVALLIER et MUNTZ. — **Problèmes de Physique,** avec leurs solutions développées, à l'usage des Candidats au Baccalauréat ès Sciences et aux Écoles du Gouvernement. In-8, lithographié; 1872. 2 fr. 75 c.

CHEVILLARD, Professeur à l'École des Beaux-Arts. — **Leçons nouvelles de Perspective.** 2ᵉ édit. In-8, avec Atlas in-4 de 32 planches gravées sur acier; 1878. 12 fr.

CHEVREUL (E.-E.), Membre de l'Institut. — **De la Baguette divinatoire, du Pendule dit** *explorateur* **et des Tables tournantes.** In-8; 1854. 3 fr.

CHOQUET, Docteur ès Sciences. — **Traité d'Algèbre.** (Autorisé.) In-8; 1856. 7 fr. 50 c.

CHORON (L.), Ingénieur des Ponts et Chaussées. **Étude sur le régime général des chemins de fer.** Grand in-8; 1881. 4 fr.

CLAUSIUS (R.), Professeur à l'Université de Bonn, Correspondant de l'Institut de France. — **De la fonction potentielle et du potentiel;** traduit de l'allemand, sur la 2ᵉ édition, par F. Folie. In-8; 1870. 4 fr.

CLEBSCH (Alfred). — **Leçons sur la Géométrie,** recueillies et complétées par *Ferdinand Lindemann,* Professeur à l'Université de Fribourg en Brisgau, et traduites par *Adolphe Benoist,* Docteur en droit. 3 vol. grand in-8°, avec figures dans le texte; 1879-1880.

TOME 1ᵉʳ. — Traité des sections coniques et Introduction à la théorie des formes algébriques. 12 fr.

TOME II. — Courbes algébriques en général et courbes du troisième ordre. 14 fr.

TOME III. — Intégrales abéliennes et connexes. (*Sous presse.*)

COMBEROUSSE (Charles de), Ingénieur, Professeur de Mécanique et Examinateur d'admission à l'École Centrale des Arts et Manufactures, Professeur de Mathématiques spéciales au collège Chaptal. — **Cours de Mathématiques,** à l'usage des Candidats à l'École Polytechnique, à l'École Normale supérieure et à l'École centrale des Arts et Manufactures. 5 vol. in-8, avec fig. dans le texte et planches.

Chaque Volume se vend séparément :

Le TOME 1ᵉʳ, *Arithmétique et Algèbre élémentaire* (avec 38 figures dans le texte). 2ᵉ édition; 1876. 10 fr.

On vend à part : Arithmétique. 4 fr.
Algèbre élémentaire. 6 fr.

TOME II. — *Géométrie élémentaire, plane et dans l'espace, Trigonométrie rectiligne et sphérique.* 2ᵉ édition. (*Sous presse.*)

TOME III. — *Algèbre supérieure.* 2ᵉ édition. (*Sous presse.*)

TOME IV. — *Géométrie analytique, plane et dans l'espace, Éléments de Géométrie descriptive.* 2ᵉ édit. (*Sous presse.*)

TOME V. — *Éléments de Géométrie supérieure. Notions sur la résolution des problèmes.* 2ᵉ édition. (*En préparation.*)

COMBEROUSSE (Ch. de), Ingénieur civil, Professeur de Mécanique à l'École Centrale, Ancien Élève et Membre du Conseil de l'École. — **Histoire de l'École Centrale des Arts et Manufactures, depuis sa fondation jusqu'à ce jour.** Un beau volume grand in-8, orné de 4 planches à l'eau-forte, tirées sur chine; 1879. 12 fr. (*Voir* ÉCOLE CENTRALE. — *Cinquantième anniversaire.*)

COMOY, Inspecteur général des Ponts et Chaussées en retraite, Commandeur de la Légion d'honneur. — **Étude pratique sur les marées fluviales, et notamment sur le mascaret;** *Application aux travaux de la partie maritime des fleuves.* Vol. grand in-8, avec figures dans le texte et Atlas de 10 planches; 1881. 15 fr.

COMPAGNON (P.-F.), ancien Professeur de l'Université. — **Éléments de Géométrie.** Cet Ouvrage est surtout destiné aux jeunes gens qui se préparent aux Écoles du Gouvernement. 2ᵉ édit. In-8, avec fig.; 1876.

Broché.......... 7 fr.
Cartonné........ 7 fr. 75 c.

COMPAGNON (P.-F.). — **Abrégé des Éléments de Géométrie.** Cet Ouvrage s'adresse particulièrement aux Élèves des différentes classes de Lettres et aux candidats au Baccalauréat ès Lettres et ès Sciences, ou aux Élèves de l'Enseignement secondaire spécial. 2ᵉ édition. In-8, avec figures; 1876. (*Autorisé par le Conseil supérieur de l'Enseignement secondaire spécial.*)

Broché.......... 4 fr. 50 c.
Cartonné........ 5 fr. 25 c.

COMPAGNON (P.-F.) — **Questions proposées sur les Éléments de Géométrie,** divisées en Livres, Chapitres et paragraphes, et contenant quelques indications *Sur la manière de résoudre certaines questions.* In-8, avec figures dans le texte; 1877. 5 fr.

CONNAISSANCE DES TEMPS ou des mouvements célestes à l'usage des Astronomes et des Navigateurs, publiée par le Bureau des Longitudes pour l'an 1882. Grand in-8 de plus de 800 pages, avec cartes.

Prix : Broché............... 4 fr. »
Cartonné............... 4 fr. 75 c.

Pour recevoir l'Ouvrage franco dans les pays de l'Union postale, ajouter 1 fr.

Depuis le Volume pour l'an 1879, la *Connaissance des Temps* ne contient plus d'*Additions,* et son prix a été abaissé à 4 fr. Les Mémoires qui composaient autrefois les *Additions* sont publiés dans les **Annales du Bureau** des Longitudes et de l'Observatoire astronomique de Montsouris. (*Voir* p. 1.)

CONSOLIN (B.), Professeur du Cours de Voilerie à Brest. — **Manuel du Voilier**, revu et publié par ordre du Ministre de la Marine. Grand in-8 sur jésus, de 528 pages et 11 planches ; 1859.   12 fr.

CONSOLIN (B.). — **Méthode pratique de la Coupe des voiles des navires et embarcations**, suivie de Tables graphiques. In-12, avec 3 planches ; 1863.   3 fr.

CONSOLIN (B.). — **L'Art de voiler les embarcations**, suivi d'un Aide-Mémoire de Voilerie. In-12, avec une grande planche ; 1866.   2 fr.

CONTAMIN, Professeur à l'École Centrale. — **Cours de Résistance appliquée**. Grand in-8°, avec 236 figures dans le texte ; 1878.   16 fr.

CORNU (H.), Membre de l'Institut, Professeur à l'École Polytechnique. — **Sur le spectre normal du Soleil, partie ultra violette**. In-4, avec 2 pl. ; 1881.   5 fr.

CREMONA (L.), Directeur de l'École d'application des Ingénieurs à Rome. — **Éléments de Géométrie projective** (*Géométrie supérieure*), traduits par *Ed. Dewulf*, Chef de Bataillon du Génie. Un beau volume in-8, avec 216 fig. sur cuivre, en relief, dans le texte , 1875.   6 fr.

CRESSON. — **Principes de Dessin** pour préparation à tous les genres. **40 grands modèles gradués**, format demi-jésus, lithogr., avec un texte explicatif ; 1865.   8 fr.

DARBOUX, Maître de conférences à l'École Normale supérieure. — **Mémoire sur l'équilibre astatique et sur l'effet que peuvent produire des forces de grandeurs et de directions constantes appliquées en des points déterminés d'un corps solide quand ce corps change de position dans l'espace**. Grand in-8 ; 1877.   3 fr.

DARBOUX. — **Étude géométrique sur les percussions et le choc des corps**. Grand in-8 ; 1880.   1 fr. 50 c.

DARCY. — **Recherches expérimentales relatives au mouvement des eaux dans les tuyaux**. In-4, avec 12 planches ; 1857.   15 fr.

DAVANNE. — **Les Progrès de la Photographie**. Résumé comprenant les perfectionnements apportés aux divers procédés photographiques pour les épreuves négatives et les épreuves positives, les nouveaux modes de tirage des épreuves positives par les impressions aux poudres colorées et par les impressions aux encres grasses. In-8° ; 1877.   6 fr. 50 c.

DECHARME. — **Formes vibratoires des bulles de liquide glycérique**. In-8, avec figures dans le texte ; 1880.   1 fr. 50 c.

DELAISTRE (L.), Professeur de Dessin général. — **Cours complet de Dessin linéaire, gradué et progressif**, contenant la Géométrie pratique, élémentaire et descriptive ; l'Arpentage, le Levé des Plans et le Nivellement ; le Tracé des Cartes géographiques, des Notions sur l'architecture ; le Dessin industriel ; la Perspective linéaire et aérienne ; le Tracé des ombres et l'étude du Lavis.

Atlas cartonné, in-4 oblong, contenant 60 planches et 70 pages de texte. 3e édit., revue et corrigée ; 1880. 15 fr.

Ouvrage donné en prix, par la Société d'Encouragement pour l'Industrie nationale, aux CONTRE-MAITRES des Établissements industriels, et choisi par le Ministre de l'Instruction publique pour les Bibliothèques scolaires.

DELAMBRE, Membre de l'Institut. — **Traité complet d'Astronomie théorique et pratique**. 3 vol. in-4, avec planches ; 1814.   40 fr.

DELAMBRE. — **Histoire de l'Astronomie ancienne**. 2 vol. in-4, avec planches ; 1817.   25 fr.

DELAMBRE. — **Histoire de l'Astronomie du moyen âge**. 1 vol. in-4, avec planches ; 1819.   20 fr.

DELAMBRE. — **Histoire de l'Astronomie moderne**. 2 vol. in-4, avec planches ; 1821.   30 fr.

DELAMBRE. — **Histoire de l'Astronomie au XVIIIe siècle**; publiée par M. *Mathieu*, Membre de l'Académie des Sciences. In-4, avec planches; 1827.   20 fr.

DELISLE (A.), Examinateur pour l'admission à l'École Navale, Professeur émérite et officier de l'Université, et **GERONO**, Professeur de Mathématiques. — **Géométrie analytique**. In-8, avec planches ; 1854.   5 fr.

DELISLE et GERONO. — **Éléments de Trigonométrie rectiligne et sphérique**. 7e édition. In-8, avec planches ; 1876.   3 fr. 50 c.

DENFER, chef des travaux graphiques de l'École Centrale des Arts et Manufactures. — **Album de Serrurerie**, conforme au Cours de Constructions civiles professé à l'École Centrale par E. Muller, et contenant *l'emploi du fer dans la maçonnerie et dans la charpente en bois, la charpente en fer, les ferrements des menuiseries en bois, la menuiserie en fer, les grosses fontes et articles divers de quincaillerie*. Gr. in-4, contenant 100 belles planches lith. ; 1872.   13 fr.

DE SELLE, Professeur à l'École Centrale. — **Cours de Minéralogie et de Géologie**. 2 forts volumes grand in-8°.

Tome Ier. — Phénomènes actuels, Minéralogie. Grand in-8° (avec Atlas de 147 planches) ; 1878.   25 fr.

Tome II. — Géologie.   (*Sous presse.*)

D'ÉTROYAT (Ad.). — **De la carène du navire et de l'Échelle de solidité**. In-4, avec 5 planches ; 1865. 4 fr.

DIEN et FLAMMARION. — **Atlas céleste**, comprenant toutes les Cartes de l'ancien Atlas de **Ch. Dien**, rectifié, augmenté et enrichi de 5 Cartes nouvelles relatives aux principaux objets d'études astronomiques, par **C. Flammarion**, avec une *Instruction* détaillée pour les diverses Cartes de l'Atlas. In-folio, cartonné avec luxe, de 31 planches gravées sur cuivre, dont 5 doubles. 3e édition ; 1877.

Prix { En feuilles, dans une couverture imprimée..   40 fr.
Prix { Cartonné avec luxe, toile pleine............   48 fr.

Les Cartes composant cet Atlas sont les suivantes :

A. Constellations de l'hémisphère céleste boréal (*Carte double*).
B. Constellations de l'hémisphère céleste austral (*Carte double*).
1. Petite Ourse, Dragon, Céphée, Cassiopée, Persée.
2. Andromède, Cassiopée, Persée, Triangle.
3. Girafe, Cocher, Lynx, Télescope.
4. Grande Ourse, Petit Lion.
5. Chevelure de Bérénice, Léverrs, Bouvier, Couronne boréale.
6. Dragon, Carré d'Hercule, Lyre, Cercle mural.
7. Hercule, Ophiuchus, Serpent, Taureau de Poniatowski, Écu de Sobieski.
8. Cygne, Lézard, Céphée.
9. Aigle et Antinoüs, Dauphin, Petit Cheval, Renard, Oie, Flèche, Pégase.
10. Bélier, Taureau (Pléiades, Hyades, Mouche).
11. Gémeaux, Cancer, Petit Chien.
12. Lion, Sextant, Tête de l'Hydre.
13. Vierge.
14. Balance, Serpent, Hydre.
15. Scorpion, Ophiuchus, Serpent, Loup.
16. Sagittaire, Couronne australe.
17. Capricorne, Verseau, Poisson austral.
18. Poissons, Carré de Pégase.
19. Baleine, Atelier du Sculpteur.
20. Éridan, Lièvre, Colombe, Harpe, Sceptre, Laboratoire.
21. Orion, Licorne.
22. Grand Chien, Navire, Boussole.
23. Hydre, Coupe, Corbeau, Sextant, Chat.
24. Constellations voisines du pôle austral (*Carte double*).
25. Mouvements propres séculaires des étoiles (*Carte double*).
26. Carte générale des étoiles multiples, montrant leur distribution dans le Ciel (*Carte double*).
27. Étoiles multiples en mouvement relatif certain.
28. Orbites d'étoiles doubles et groupes d'étoiles les plus curieux du Ciel.
29. Les plus belles nébuleuses du Ciel (*).

(*) Tout recevra franco par poste, dans tous les pays de l'Union

On vend séparément un Fascicule contenant :

Les 5 *Cartes nouvelles*, nos 25 à 29 de l'Atlas céleste, par **C. Flammarion**. Ces Cartes sont renfermées dans une couverture imprimée, avec *l'Instruction* composée pour la nouvelle édition de l'Atlas. 15 fr.

DISLERE. — La Guerre d'escadre et la Guerre de côtes. (*Les nouveaux navires de combat.*) Un beau volume grand in-8, avec nombreuses figures, gravées sur bois, dans le texte ; 1876. 7 fr.

DORMOY (Émile). **— Théorie mathématique des assurances sur la vie.** Deux volumes grand in-8 ; 1878. 20 fr.
Chaque volume se vend séparément. 10 fr.

DORMOY (Émile). **— Traité du jeu de la bouillotte**, avec une Préface par *Francisque Sarcey*. Grand in-8 ; 1880. 1 fr. 75 c.

DOSTOR (G.), Docteur ès Sciences, Professeur à la Faculté des Sciences de l'Université catholique de Paris. **— Éléments de la théorie des déterminants**, avec application à l'Algèbre, à la Trigonométrie et à la Géométrie analytique dans le plan et dans l'espace, à l'usage des classes de Mathématiques spéciales. In-8 ; 1877. 8 fr.

DOSTOR (G.). **— Théorie générale des Polygones étoilés.** In-4 ; 1881. 2 fr.

DUBOIS, Examinateur hydrographe de la Marine. **— Les passages de Vénus sur le disque solaire**, considérés au point de vue de la détermination de la distance du Soleil à la Terre. *Passage de 1874 ; Notion historiques sur les passages de 1761 et 1769.* In-18 jésus, avec figures ; 1874. 3 fr. 50

DUBRUNFAUT. — Le Sucre dans ses rapports avec la Science, l'Agriculture, l'Industrie, le Commerce, l'Économie publique et administrative, ou *Études faites depuis 1836 sur la question des Sucres.* Deux vol. in-8. 20 fr.
On vend séparément :
Tome I ; 1873. . . . . 10 fr.
Tome II ; 1878. . . . . 10 fr.

DUCOM. — Cours complet d'observations nautiques, avec les notions nécessaires au Pilotage et au Cabotage, augmenté de la puissance des effets des ouragans, typhons, tornados des régions tropicales. 3e édit. ; 1858. 1 vol. in-8. 12 fr.

DUHAMEL, Membre de l'Institut. **— Éléments de Calcul infinitésimal.** 3e édit., revue et annotée par M. *J. Bertrand*, Membre de l'Institut. 2 vol. in-8, avec planches ; 1874-1876. 15 fr.

DUHAMEL. — Des Méthodes dans les sciences de raisonnement. 5 vol. in-8. 27 fr. 50 c.
Première Partie. *Des Méthodes communes à toutes les sciences de raisonnement.* 2e édition. In-8 ; 1875. 2 fr. 50 c.
Deuxième Partie. *Application des Méthodes à la science des nombres et à la science de l'étendue.* 2e édition. In-8 ; 1877. 7 fr. 50 c.
Troisième Partie. *Application de la science des nombres à la science de l'étendue.* In-8, avec fig. ; 1868. 7 fr. 50 c.
Quatrième Partie. *Application des Méthodes générales à la science des forces.* In-8, avec fig. ; 1870. 7 fr. 50 c.
Cinquième Partie. *Essai d'une application des Méthodes à la science de l'homme moral.* 2e éd. In-8 ; 1873. 2 fr. 50 c.

DULOS (Pascal), Professeur de Mécanique à l'École d'Arts et Métiers et à l'École des Sciences d'Angers. **— Cours de Mécanique**, à l'usage des École d'Arts et Métiers et

___

postale, l'Atlas *en feuilles*, soigneusement enroulé et enveloppé, ajouter 2 fr.
Les dimensions (0m,90 sur 0m,65) de l'Atlas *cartonné* ne permettant pas de l'expédier par la poste, cet Atlas *cartonné*, dont le poids est de 2 kg,0, sera envoyé aux frais du destinataire, soit par messageries grande vitesse, soit par tout autre mode indiqué.

---

de l'enseignement spécial des Lycées. 4 vol. in-8, avec belles figures gravées sur bois dans le texte ; 1875-1876-1877-1879. (*Ouvrage honoré d'une souscription des Ministères de l'Instruction publique, de l'Agriculture et des Travaux publics.*)
On vend séparément :
Tome I : *Composition des forces. — Équilibre des corps solides. — Centre de gravité. — Machines simples. — Ponts suspendus. — Travail des forces. — Principe des forces vives. — Moments d'inertie. — Force centrifuge. — Pendule simple et composé. — Centre de percussion. — Régulateur à force centrifuge. — Pendule balistique.* 7 fr. 50.
Tome II : *Résistances nuisibles ou passives. — Frottement. — Application aux machines. — Roideur des cordes. — Application du théorème des forces vives à l'établissement des machines. — Théorie du volant. — Résistance des matériaux.* 7 fr. 50 c.
Tome III : *Hydraulique. — Écoulement des fluides. — Jaugeage des cours d'eau. — Établissement des canaux à régime constant. — Récepteurs hydrauliques. — Travail des pompes. — Bélier hydraulique. — Vis d'Archimède. — Moulins à vent.* 7 fr. 50 c.
Tome IV : *Thermodynamique. — Machines à vapeur. — Principaux types de machines à vapeur. — Chaudières à vapeur. — Machines à air chaud et à gaz. — Calcul des volants. — Appareils dynamométriques.* 9 fr. 50 c.

DUMAS, Secrétaire perpétuel de l'Académie des Sciences. **— Études sur le Phylloxera et sur les Sulfocarbonates.** In-8, avec planche ; 1876. 3 fr.

DUMAS, Secrétaire perpétuel de l'Académie des Sciences. **— Leçons sur la Philosophie chimique** professées au Collège de France en 1836, recueillies par M. *Bineau*. 2e édition. In-8 ; 1878. 7 fr.

DU MONCEL (Th.), Ingénieur électricien de l'Administration des Lignes télégraphiques. **— Traité théorique et pratique de Télégraphie électrique**, à l'usage des employés télégraphistes, des ingénieurs, des constructeurs et des inventeurs. Vol. in-8 de 644 pages, avec 156 figures dans le texte et 3 planches sur cuivre ; imprimé sur carré fin satiné ; 1864. 10 fr.

DU MONCEL (Th.). **— Exposé des Applications de l'Électricité.** *Technologie électrique.* 3e édition, entièrement refondue ; 5 volumes grand in-8 cartonnés, avec nombreuses figures et planches ; 1872-1878. 72 fr.
On vend séparément :
Tome V : 672 pages, 3 pl. et 169 fig. Cartonné. 16 fr.
Broché. . . 14 fr.

DUPLAIS (aîné). **— Traité de la fabrication des liqueurs et de la distillation des alcools**, suivi du *Traité de la fabrication des eaux et boissons gazeuses.* 4e édition, revue et augmentée par *Duplais jeune.* 2 vol. in-8, avec 15 planches ; 1877. 16 fr.

DUPRÉ (Ath.), Doyen de la Faculté des Sciences de Rennes. **— Théorie mécanique de la Chaleur.** In-8, avec figures dans le texte ; 1869. 8 fr.

DUPUY DE LOME, Membre de l'Institut. **— L'Aérostat à hélice.** Note sur l'aérostat construit pour le compte de l'État. In-4, avec 9 grandes planches gravées sur acier ; 1872. 6 fr. 50 c.

DURUTTE (le Comte C.), Compositeur, ancien Élève de l'École Polytechnique. **— Esthétique musicale.** Résumé élémentaire de la Technie harmonique et Complément de cette Technie, suivi de *l'Exposé de la loi de l'enchaînement dans la mélodie, dans l'harmonie et dans leur concours*, et précédé d'une *Lettre de M. Ch. Gounod*, Membre de l'Institut. Un beau volume in-8 ; 1876. 10 fr.

EBELMEN. — Chimie, Céramique, Géologie, Métallurgie. Ouvrage revu et corrigé par M. *Salvétat.* 3 forts vol. in-8, avec fig. dans le texte 1er tirage ; 1861. 15 fr.

ÉCOLE CENTRALE. — Cinquantième Anniversaire de la fondation de l'École Centrale des Arts et Manufactures. *Compte rendu de la fête des 20 et 21 juin 1879*; Grand in-8; 1879.   3 fr.

ENDRÈS (E.), Inspecteur général honoraire des Ponts et Chaussées. — **Manuel du Conducteur des Ponts et Chaussées**, d'après le dernier *Programme officiel des examens*. Ouvrage indispensable aux Conducteurs et Employés secondaires des Ponts et Chaussées et des Compagnies de Chemins de fer, aux Gardes-Mines, aux Gardes et Sous-Officiers de l'Artillerie et du Génie, aux Agents voyers et à tous les Candidats à ces emplois. 6ᵉ édition, *conforme au Programme du 7 septembre* 1880. 3 volumes in-8.   27 fr.

On vend séparément :

TOME 1ᵉʳ, PARTIE THÉORIQUE, avec 386 figures dans le texte ; et TOME II, PARTIE PRATIQUE, avec 301 figures dans le texte et 4 planches d'instruments dessinés et gravés d'après les meilleurs modèles. 2 vol. in-8 ; 1880.   18 fr.

TOME III, APPLICATIONS. Ce dernier volume est consacré à l'exposition des doctrines spéciales qui se rattachent à l'*Art de l'ingénieur* en général et au service des Ponts et Chaussées en particulier. In-8, avec 236 figures dans le texte ; 1881.   9 fr.

FAA DE BRUNO (le Chevalier Fr.), Docteur ès Sciences, Professeur de Mathématiques à l'Université de Turin. — **Théorie des formes binaires**. Un fort volume in-8; 1876.   16 fr.

FAA DE BRUNO (le chevalier Fr.). — **Traité élémentaire du Calcul des Erreurs**, avec des Tables stéréotypées. Ouvrage utile à ceux qui cultivent les Sciences d'observation. In-8 ; 1869.   4 fr.

FAA DE BRUNO (le Chevalier Fr.). — **Théorie générale de l'élimination**. Grand in-8 ; 1859.   3 fr. 50 c.

FABRE (C.) — **Aide-Mémoire de Photographie pour 1881**, 6ᵉ année. In-8, avec spécimens.
  Prix : Broché.   1 fr. 75 c.
  Cartonné.   2 fr. 25 c.
Les volumes des années précédentes de l'*Aide-Mémoire*, sauf 1879 et 1880, se vendent aux mêmes prix.

FATON (Le P.). — **Traité d'Arithmétique théorique et pratique**, en rapport avec les nouveaux *Programmes* d'enseignement, terminé par une petite Table de Logarithmes. Chaque théorie est suivie d'un choix d'Exercices gradués de calcul et d'un grand nombre de Problèmes. 9ᵉ édition, revue et corrigée. In-12 ; 1879. (*Autorisé par décision ministérielle.*) Broché.   2 fr. 75 c.
  Cartonné.   3 fr. 20 c.

FATON (Le P.). — **Premiers éléments d'Arithmétique**. 7ᵉ édition. In-12 ; 1881. Broché.   1 fr. 50 c.
  Cartonné.   1 fr. 90 c.

FAURE (H.), Chef d'escadron d'Artillerie. — **Théorie des indices**. In-8 ; 1878.   5 fr.

FAVARO (Antonio), Professeur à l'Université royale de Padoue. — **Leçons de Statique graphique**, traduites de l'italien par PAUL TERRIER, Ingénieur des Arts et Manufactures. 3 beaux volumes grand in-8, se vendant séparément :
  Iʳᵉ PARTIE : *Géométrie de position* ; 1879.   7 fr.
  IIᵉ PARTIE : *Calcul graphique*   (*Sous presse.*)
  IIIᵉ PARTIE : *Statique graphique*, Théorie et applications.   (*Sous presse.*)

FAYE (H.), Membre de l'Institut et du Bureau des Longitudes. — **Cours d'Astronomie nautique**. In-8, avec figures dans le texte ; 1880.   10 fr.

FINANCE (Ch.), Professeur au collège de Saint-Dié. — **Arithmétique**, à l'usage des Élèves des Écoles normales primaires, des Collèges, des Lycées et des Pensions, comprenant les matières exigées *pour le brevet d'instituteur et pour l'admission aux Écoles des Arts et Métiers*. Nouvelle édition. In-12, 1874.   2 fr. 50 c.

FINANCE (Ch.). — **Arithmétique** à l'usage des écoles primaires, des classes élémentaires des collèges, des lycées et des pensions. Nouvelle éd. In-18 cartonné ; 1875. 1 fr.

FLAMMARION (Camille), Astronome. — **Catalogue des Étoiles doubles et multiples en mouvement relatif certain**, comprenant *toutes les observations* faites sur chaque couple depuis sa découverte et les *résultats conclus* de l'étude des mouvements. Grand in-8 ; 1878. 8 fr.

FLAMMARION (Camille). — **Études et Lectures sur l'Astronomie**. In-12 avec fig. et cartes; tomes I à IX; 1867 à 1880.
  Chaque volume se vend séparément.   2 fr. 50 c.

FLYE SAINTE-MARIE, Capitaine d'Artillerie. — **Étude analytique sur la théorie des parallèles**. In-8, avec 8 planches ; 1871.   5 fr.

FONVIELLE (W. de). — **La Prévision du temps**. In-18 jésus ; 1878.   1 fr. 50 c.

FOUCAULT (Léon), Membre de l'Institut. — **Recueil des travaux scientifiques de Léon Foucault**, publié par Mᵐᵉ Vᵉ FOUCAULT, sa mère, mis en ordre par M. GARIEL, Ingénieur des Ponts et Chaussées, Professeur agrégé de Physique à la Faculté de Médecine de Paris, et précédé d'une Notice sur les Œuvres de L. Foucault, par M. J. BERTRAND, Secrétaire perpétuel de l'Académie des Sciences. Un beau volume in-4, avec un Atlas de même format contenant 19 planches sur cuivre ; 1878. 30 fr

FRANCŒUR (L.-B.). — **Uranographie ou Traité élémentaire d'Astronomie**, à l'usage des personnes peu versées dans les Mathématiques, des Géographes, des Marins, des Ingénieurs, accompagné de planisphères. 6ᵉ édit. 1 vol. in-8, avec pl. ; 1853.   10 fr.

FRANCŒUR (L.-B.). — **Traité de Géodésie**, comprenant la Topographie, l'Arpentage, le Nivellement, la Géomorphie terrestre et astronomique, la Construction des Cartes, la Navigation ; augmenté de **Notes sur la mesure des bases**, par M. *Hossard*, et d'une **Note sur la méthode et les instruments d'observation employés dans les grandes opérations géodésiques ayant pour but la mesure des arcs de méridien et de parallèle terrestres**, par M. le Colonel *Perrier*, Membre de l'Institut et du Bureau des Longitudes. 6ᵉ édition. In-8, avec figures dans le texte et 11 planches ; 1879.   12 fr.

FRENET (F.). — **Recueil d'Exercices sur le Calcul infinitésimal**. Ouvrage destiné aux Candidats à l'École Polytechnique et à l'École Normale, aux Élèves de ces Écoles et aux personnes qui se préparent à la licence ès Sciences mathématiques. 3ᵉ édit. Nouveau tirage. In-8, avec figures dans le texte ; 1881.   7 fr. 50 c.

FREYCINET (Charles de), Sénateur, Ingénieur en chef des Mines. — **De l'Analyse infinitésimale. Étude sur la métaphysique du haut calcul**. 2ᵉ édition, revue et corrigée par l'Auteur. In-8, avec fig.; 1881.   6 fr.

FREYCINET (Charles de), Chef de l'exploitation des chemins de fer du Midi. — **Des Pentes économiques en Chemins de Fer. Recherches sur les dépenses des rampes**. In-8; 1861.   6 fr.

GALEZOWSKI (Joseph). — **Tables des annuités**, calculées d'après la méthode logarithmique de *Fédor Thoman* et précédées d'une instruction sur l'emploi de cette méthode. In-8; 1880.   2 fr.

GÉRARDIN (H.), Ingénieur en chef des Ponts et Chaussées. — **Théorie des moteurs hydrauliques. Application et travaux exécutés pour l'alimentation du canal de l'Aisne à la Marne par les machines**. In-8, avec Atlas in-folio raisin de 25 planches ; 1872.   20 fr.

GERMAIN (Mlle Sophie). — Mémoire sur l'emploi de l'épaisseur dans la théorie des surfaces élastiques. Mémoire posthume. In-4; 1880. 3 fr.

GILBERT (Ph.), professeur à l'Université catholique de Louvain. — Cours de Mécanique analytique. *Partie élémentaire.* Grand in-8, avec figures dans le texte; 1877. 9 fr. 50 c.

GILBERT (Ph.). — Cours d'Analyse infinitésimale. Partie élémentaire. 2e édition. Grand in-8; 1878. 9 fr. 50 c.

GINOT-DESROIS (Mlle). — Planisphère mobile, au moyen duquel on peut apprendre l'Astronomie seul et sans le secours des Mathématiques. 7e éd , 1847; sur carton. 4 fr.

GINOT-DESROIS (Mlle). — Planisphère astronomique ou Calendrier astronomique perpétuel, donnant le quantième des mois, les jours de la semaine, les phases de la Lune, la place du Soleil dans l'écliptique pour un jour donné, le lever, le passage au méridien, le coucher de ces astres et des étoiles, ainsi que les principales éclipses de Soleil visibles à Paris depuis 1858 jusqu'en 1874, dans l'ordre de leur grandeur et dimension. 2e éd., 1861; sur carton, avec une brochure in-8 donnant la description et les usages du Calendrier perpétuel. 5 fr.

GIRARD (L.-D.), Ingénieur civil. — Hydraulique. Utilisation de la force vive de l'eau appliquée à l'industrie. — Critique de la théorie connue et exposé d'une théorie nouvelle. In-4, avec Atlas de 13 planches; 1863. 8 fr.

GIRARD (L.-D.). — Chemin de fer glissant, nouveau système de locomotion à propulsion hydraulique. In-4, avec Atlas de 6 planches in-plano; 1864. 8 fr.

GIRARD (L.-D.). — Élévation d'eau pour l'alimentation des villes et distribution de force à domicile.

N° 1. Grand in-4, avec 2 planches et figures dans le texte; 1868. 3 fr.

N° 2. Grand in-4, avec 2 planches; 1869. 3 fr.

Le prospectus détaillé des Ouvrages de L.-D. Girard est envoyé aux personnes qui en font la demande par lettre affranchie. (La librairie Gauthier-Villars vient d'acquérir la propriété de tous les ouvrages de M. L.-D. Girard, et en a diminué les prix de vente.)

GRAINDORGE, Répétiteur à l'École des Mines de Liège. — Mémoire sur l'intégration des équations de la Mécanique. In-8; Bruxelles. 4 fr.

GRANDEAU (L.) et TROOST (L.). — Traité pratique d'analyse chimique, par F. WŒHLER, Associé étranger de l'Institut de France. Édition française, publiée avec le concours de l'Auteur. 1 volume in-18 jésus, avec 76 figures dans le texte et une planche; 1866. 4 fr. 50 c.

HABICH, Directeur de l'École des Constructions civiles et des Mines, à Lima. — Études cinématiques. In-8, avec figures dans le texte; 1879. 4 fr.

HALLAUER (O.). — Expériences sur les moteurs à vapeur, dirigées par M. G.-A. Hirn et exécutées en 1873 et 1875 par MM. Dwelshauvers-Dery, W. Grosseteste et O. Hallauer. Grand in-8, avec 3 planches; 1877. 2 fr. 50 c.

HALLAUER (O.). — Expériences sur le rendement des moteurs à vapeur, faites sur les machines Woolf verticales à balancier, sur les machines Woolf horizontales et sur les machines verticales Compound de la Marine française. Grand in-8, avec 4 planches; 1878. 3 fr.

HALLAUER (O.). — Étude expérimentale comparée sur les moteurs à un et à deux cylindres. *Influence de la détente.* Grand in-8; 1879. 2 fr. 50 c.

HALLAUER (O.). — Analyses expérimentales comparées sur les machines fixes et les machines marines. Grand in-8; 1880. 2 fr. 50 c.

HALPHEN, Répétiteur à l'École Polytechnique. — Sur les invariants différentiels. In-4; 1878. 3 fr.

HATON DE LA GOUPILLIÈRE (J.-N.). — Traité des Mécanismes, renfermant la théorie géométrique des organes et celle des résistances passives. In-8, avec 16 pl. gravées sur cuivre; 1864. 10 fr.

HERMITE (Ch.), Membre de l'Institut. — Cours d'Analyse de l'École Polytechnique. Première Partie, contenant le *Calcul différentiel* et les *Premiers principes du Calcul intégral.* In-8, avec fig. dans le texte; 1873. 14 fr. *La Seconde Partie contiendra la fin du Calcul intégral.*

HIRN (G.-A.), Correspondant de l'Institut. — Théorie mécanique de la Chaleur. Première Partie et seconde Partie.

Première Partie. — Exposition analytique et expérimentale de la Théorie mécanique de la Chaleur. 3e édition, entièrement refondue. In-8, grand raisin, avec figures dans le texte. Tome I; 1875. 12 fr. Tome II; 1876. 12 fr.

Seconde Partie (formant Ouvrage séparé). — Conséquences philosophiques et métaphysiques de la Thermodynamique. Analyse élémentaire de l'Univers. In-8, grand raisin; 1868. 10 fr.

HIRN (G.-A.). — Mémoire sur la Thermodynamique. In-8, avec 2 planches; 1867. 5 fr.

HIRN (G.-A.). — Note sur les variations de la capacité calorifique de l'eau, vers le maximum de densité. In-4; 1870. 1 fr.

HIRN (G.-A.). — Mémoire sur les conditions d'équilibre et sur la nature probable des anneaux de Saturne. In-4, avec planches; 1872. 4 fr.

HIRN (G.-A.). — Le Monde de Saturne, ses conditions d'existence et de durée, suivi d'une *Note* relative à l'expérience du pendule de Foucault. Lecture faite à la Société d'Histoire naturelle de Colmar. In-8, avec planch.; 1872. 1 fr. 50 c.

HIRN (G.-A.). — Mémoire sur les propriétés optiques de la flamme des corps en combustion et sur la température du Soleil. In-8; 1873. 1 fr. 25 c.

HIRN (G.-A.). — Théorie analytique élémentaire du Planimètre Amsler. Grand in-8, avec planches; 1875. 2 fr. 50 c.

HIRN (G.-A.). — La Musique et l'Acoustique. *Aperçu général sur leur rapport et sur leurs dissemblances* (Extrait de la *Revue d'Alsace*). Grand in-8; 1878. 2 fr. 50 c.

HIRN (G.-A.). — Étude sur une classe particulière de tourbillons, qui se manifestent, sous de certaines conditions spéciales, *dans les liquides.* Analogie entre le mécanisme de ces tourbillons et celui des trombes. In-8, avec 3 planches; 1878. 2 fr. 50 c.

HIRN (G.-A.). — Réflexions critiques sur les expériences concernant la chaleur humaine. In-4; 1879. 75 c.

HIRN (G.-A.). — Notice sur la mesure des quantités d'électricité. In-4; 1879. 60 c.

HIRN (G.-A.). — Explication d'un paradoxe d'Hydrodynamique. Grand in-8; 1881. 1 fr.

HOMMEY, Capitaine de frégate en retraite. — Tables d'angles horaires. 2 volumes grand in-8 en tableaux. 15 fr.

HOÜEL (J.), Professeur de Mathématiques à la Faculté des Sciences de Bordeaux. — Cours de Calcul infinitésimal. Quatre beaux volumes grand in-8, avec figures dans le texte; 1878-1879-1880-1881.

On vend séparément :

Tome I. . . . . 15 fr.

Tome II.......... .... 15 fr.
Tome III .... 10 fr.
Tome IV .... 10 fr.

HOÜEL (J.). —Tables de Logarithmes à cinq décimales, pour les nombres et les lignes trigonométriques, suivies des Logarithmes d'addition et de soustraction ou Logarithmes de Gauss et de diverses Tables usuelles. Nouvelle édition, revue et augmentée. Grand in-8; 1880. (*Autorisé par décision ministérielle.*)   2 fr.

HOÜEL (J.). — Recueil de formules et de Tables numériques. 2e édit., grand in-8; 1868.   4 fr. 50 c.

HOÜEL (J.). — Essai critique sur les principes fondamentaux de la Géométrie élémentaire ou Commentaire sur les XXXII premières propositions des Éléments d'Euclide. In-8, avec figures; 1867.   2 fr. 50 c.

HOÜEL (J.). — Théorie élémentaire des quantités complexes. Grand in-8, avec figures dans le texte.

Ire Partie : *Algèbre des quantités complexes* ; 1867.
(*Rare.*)

IIe Partie : *Théorie des fonctions uniformes* ; 1868.
(*Rare.*

IIIe Partie : *Théorie des fonctions multiformes* ; 1871.
3 fr.

IVe Partie : *Théorie des Quaternions* ; 1874.   8 fr.

La IIe Partie se trouve encore dans le tome VI (prix : 11 fr.) des *Mémoires de la Société des Sciences physiques et naturelles de Bordeaux.* (*Voir* le Catalogue général.)

HOÜEL (J.). — Sur le développement de la fonction perturbatrice, suivant la forme adoptée par Hansen dans la théorie des petites planètes. In-8; 1875.   3 fr.

IMBARD. — De la Mesure du Temps, et Description de la Méridienne verticale portative du Temps vrai et du Temps moyen pour régler les pendules et les montres, etc. 2e édition. In-18, avec pl.; 1857.   1 fr.

INSTITUT DE FRANCE. — Comptes rendus hebdomadaires des Séances de l'Académie des Sciences.
Ces Comptes rendus paraissent régulièrement tous les dimanches, en un cahier de 32 à 40 pages, quelquefois de 80 à 120. L'abonnement est annuel, et part du 1er janvier.
Prix de *l'abonnement pour un an* :
Pour Paris.   20 fr. ‖ Pour les départements. 30.
Pour l'Union postale.   34 fr.
La collection complète, de 1835 à 1880, forme 91 volumes in-4.   685 fr. 50
Chaque année, sauf 1844, 1847, 1870, 1873, 1874, 1875, 1878 et 1879, se vend séparément.   15 fr.

— Table générale des Comptes rendus des Séances de l'Académie des Sciences, par ordre de matières et par ordre alphabétique de noms d'auteurs.
Tables des tomes I à XXXI (1835-1850). In-4, 1853.
15 fr.
Tables des tomes XXXII à LXI (1851-1865). In-4, 1870.
15 fr.

— Supplément aux Comptes rendus des Séances de l'Académie des Sciences.
Tomes I et II, 1856 et 1861, séparément.   15 fr.

INSTITUT DE FRANCE. — Mémoires présentés par divers savants à l'Académie des Sciences, et imprimés par son ordre, 2e série. In-4; tomes I à XXVI, 1827-1879. *Chaque volume se vend séparément.*   15 fr.

— Mémoires de l'Académie des Sciences. In-4; tomes I à XLI; 1816 à 1879.
Chaque Volume, à l'exception des Tomes ci-après indiqués, se vend séparément.   15 fr.
Le Tome XXXVIII, avec Atlas, se vend séparément. 25 fr.
Les Tomes II et XVI ne se vendent pas séparément.
La librairie Gauthier-Villars, qui depuis le 1er janvier 1877 a seule le dépôt des *Mémoires* publiés par l'Académie des Sciences, envoie franco sur demande la Table générale des matières contenues dans ces *Mémoires*.

INSTITUT DE FRANCE. — Recueil de Mémoires, Rapports et Documents relatifs à l'observation du passage de Vénus sur le Soleil.

Tome I. — 1re Partie. *Procès-verbaux des séances tenues par la Commission.* In-4; 1877.   12 fr. 50 c.
— 2e Partie, avec Supplément. *Mémoires divers.* In-4, avec 7 planches, dont 3 en chromolithographie; 1876.
12 fr. 50 c.

Tome II. — 1re Partie. *Mission de Pékin.* Rapport de M. *Fleuriais.* — *Mission de Saint-Paul* (Astronomie.) Rapport de M. *Mouchez.* In-4, avec 26 planches, dont 13 chromolith. et 2 photoglypties; 1878.   25 fr.
— 2e Partie. *Mission de Saint-Paul* (Météorologie, Géologie, etc.). Rapports de M. le Dr *Rochefort* et de M. *Ch. Velain.* — *Mission du Japon.* Rapports de MM. *Tisserand* et *Picard.* — *Mission de Saïgon.* Rapport de M. *Héraud.* — *Mission de Nouméa.* Rapport de M. *André.* In-4, avec figures dans le texte, et 34 planches, dont 5 chromolith. et 8 photoglypties; 1880.   25 fr.

Tome III. — 1re Partie. *Mission de l'île Campbell.* Rapports de M. *Bouquet de la Grye* et de M. *H. Filhol.* In-4.   (*Sous presse.*)
— 2e Partie. *Mesures des plaques photographiques,* publiées sous la direction de M. *Fizeau,* par MM. *Cornu, Baille, Mercadier, Gariel* et *Angot.*   (*Sous presse.*)

INSTITUT DE FRANCE. — Mémoires relatifs à la nouvelle maladie de la vigne, présentés par divers savants à l'Académie des Sciences. (*Voir*, pour le détail de ces *Mémoires*, le Catalogue général, ou le Prospectus spécial qui est envoyé sur demande.)

INSTRUCTION sur les paratonnerres. *Voir* Pouillet et Gay-Lussac.

JAMIN (J.), Membre de l'Institut, Professeur de Physique à l'École Polytechnique, et **BOUTY,** professeur au Lycée Saint-Louis. — Cours de Physique de l'École Polytechnique. 3e édition, augmentée et entièrement refondue. 4 forts vol. in-8, avec plus de 1200 fig. dans le texte et 12 planches sur acier, dont 2 en couleur; 1878-1881. (*Autorisé par décision ministérielle.*)

On vend séparément :

Tome I.

1er fascicule. — *Instruments de mesure. Hydrostatique* (Cours de Mathématiques spéciales); avec 148 fig. dans le texte et 1 planche.   5 fr.
2e fascicule. — *Actions moléculaires.*   (*Sous presse.*)
3e fascicule. — *Électricité statique.*   (*Sous presse.*)

Tome II. — Chaleur.

1er fascicule. — *Thermométrie. Dilatations* (Cours de Mathématiques spéciales); avec 84 figures dans le texte.   5 fr.
2e fascicule. — *Calorimétrie. Théorie mécanique de la chaleur. Conductibilité* ; avec 89 fig. dans le texte et 2 planches.   7 fr.

Tome III. — Acoustique; Optique.

1er fascicule. — *Acoustique* ; avec 122 figures dans le texte.   4 fr.
2e fascicule. — *Optique géométrique* (Cours de Mathématiques spéciales); avec 139 figures dans le texte et 5 planches.   4 fr.
3e fascicule. — *Étude des radiations lumineuses, chimiques et calorifiques. Optique physique* ; avec 226 fig. dans le texte et 5 planches, dont 2 planches de spectres en couleur.   12 fr.

Tome IV. — Électricité dynamique; Magnétisme.

1er fascicule. — *Électricité dynamique.*   (*Sous presse.*)
2e fascicule. — *Magnétisme.*   (*Sous presse.*)

Le 1er fascicule du Tome I, le 1er fascicule du Tome II et le 2e fascicule du Tome III comprennent les Matières exigées pour l'admission à l'École Polytechnique. Les élèves de Mathématiques spéciales, qui posséderont ces trois fascicules, auront ainsi entre les mains le commencement d'un grand Traité qu'ils pourront compléter ultérieurement, si, poursuivant l'étude de la Physique, ils se préparent à la Licence ou entrent dans une des grandes Écoles du Gouvernement.

JAMIN. — Appendice au Cours de Physique de l'École

Polytechnique : *Thermométrie, Dilatation, Optique géométrique, Problèmes et Solutions* ; rédigé conformément au nouveau programme d'admission à l'École Polytechnique. In-8 de viii-214 pages, avec 132 belles figures dans le texte ; 1879. 5 fr. 50 c.

JAMIN (J.). — **Petit Traité de Physique**, à l'usage des Établissements d'Instruction, des aspirants aux Baccalauréats et des candidats aux Écoles du Gouvernement. In-8, avec 686 figures dans le texte ; 1870. 8 fr.

Ce Livre élémentaire est conçu dans un esprit nouveau. Dès les premiers mots, l'Auteur démontre que la chaleur est un mouvement moléculaire, et cette idée guide ensuite le lecteur dans toutes les expériences et les explique. La Terre et les aimants n'étant que des solénoïdes, on fait dépendre le magnétisme de l'électricité. L'Acoustique montre dans leurs détails les vibrations longitudinales, transversales, circulaires et elliptiques, elle prépare à l'Optique. Cette dernière Partie enfin est l'étude des vibrations de toute sorte qui se produisent dans l'éther ; les interférences et la polarisation sont expliquées de la manière la plus élémentaire, et la Théorie vibratoire est rendue accessible à tous. L'auteur espère que les modifications qu'il propose dans l'enseignement de la Physique seront approuvées par ses collègues, et qu'elles seront profitables aux élèves en les délivrant de ce que les savants ont abandonné, en élevant leur esprit jusqu'à de plus hautes conceptions, en leur montrant l'ensemble philosophique d'une science déjà très avancée, et qui semble toucher à son terme.

JONQUIÈRES (E. de), Lieutenant de vaisseau. — **Mélanges de Géométrie pure.** In-8, avec planches ; 1856. 5 fr.

JORDAN (Camille), Ingénieur des Mines. — **Traité des Substitutions et des Équations algébriques.** In-4 ; 1870. 30 fr.

JOUBERT (le P.), Professeur à l'École Sainte-Geneviève. — **Sur les équations qui se rencontrent dans la théorie de la transformation des fonctions elliptiques.** In-4 ; 1876. 5 fr.

JOUBERT (J.), Professeur de Physique au Collège Rollin. — **Étude sur les machines magnéto-électriques.** In-4 ; 1881. 2 fr. 50 c.

JOURNAL DE L'ÉCOLE POLYTECHNIQUE, publié par le Conseil d'instruction de cet Établissement. 49 Cahiers in-4, avec figures et planches. 740 fr.

Le XLIXe Cahier, qui a paru récemment, se vend 12 fr.
Le 1er Cahier paraîtra en décembre 1881.

JOURNAL DE MATHÉMATIQUES PURES ET APPLIQUÉES, ou Recueil mensuel de Mémoires sur les diverses parties des Mathématiques, fondé en 1836 et publié jusqu'en 1874 par M. *J. Liouville*. — A partir de 1875, le *Journal de Mathématiques* est publié par M. *H. Resal*, Membre de l'Institut, avec la collaboration de plusieurs savants.

La 3e Série, commencée en 1875, continue de paraître chaque mois par cahier de 36 à 48 pages. L'abonnement est annuel, et part du 1er janvier.

1re Série, 20 volumes in-4, années 1836 à 1855 (au lieu de 600 francs). 400 fr.
Chaque volume pris séparément, au lieu de 30 fr., 25 fr.

2e Série, 19 volumes in-4, année 1856 à 1874 (au lieu de 570 fr.) 380 fr.
Chaque volume pris séparément, au lieu de 30 fr., 25 fr.

Prix de l'abonnement pour un an :

Paris.............................. 30 fr.
Départements et Union postale............. 35 fr.
Autres pays............................ 40 fr.

— Table générale des 20 volumes composant la 1re Série. In-4. 3 fr. 50 c.
— Table générale des 19 volumes composant la 2e Série. In-4. 3 fr. 50 c.

JULIEN (Stanislas), Membre de l'Institut. — **Histoire et Fabrication de la Porcelaine chinoise.** Ouvrage traduit du chinois, accompagné de Notes et Additions par M. *Salvétat*, et augmenté d'un **Mémoire sur la Porcelaine du Japon.** Grand in-8, avec 14 pl., figures gravées sur bois, et une carte de la Chine ; 1856. 6 fr.

JULLIEN (A.), Licencié ès Sciences mathématiques et

physiques. — **Méthode nouvelle pour l'enseignement de la Géométrie descriptive (Perspective et Reliefs).** La Méthode se compose d'un Cours élémentaire et d'une Collection de Reliefs, qui se vendent séparément, savoir :

Cours élémentaire de Géométrie descriptive, conforme au programme du Baccalauréat ès Sciences. In-18 jésus avec figures et 143 planches intercalées dans le texte ; 1878. Cartonné. 3 fr. 50 c.

Collection de Reliefs à pièces mobiles se rapportant aux questions principales du Cours élémentaire :
Petite boîte, comprenant 30 reliefs, avec 118 pièces métalliques pour monter les reliefs. *(Port non compris.)* 10 fr.
Grande boîte, comprenant les mêmes reliefs tout montés. *Port non compris.)* 15 fr.

KIAËS, Chef des travaux graphiques à l'École Polytechnique et ancien Élève de cette École. — **Arithmétique élémentaire,** approuvée par le Ministre de la Guerre pour l'enseignement des caporaux et sapeurs dans les Écoles régim. du Génie. In-18 cart. 2e édition, 1874. 1 fr. 50 c.

KIAËS. — **Traité d'Arithmétique,** approuvé par le Ministre de la Guerre pour l'enseignement des sous-officiers dans les Écoles régim. du Génie. In-12 ; 1867. 2 fr. 75 c. Cartonné. 3 fr. 20 c.

LABOSNE. — **Instruction sur la Règle à calcul,** contenant les applications de cet instrument au calcul des expressions numériques, à la résolution des équations du deuxième et du troisième degré, et aux principales questions de Trigonométrie. In-8 ; 1872. 2 fr.

LACOMBE. — **Nouveau manuel de l'escompteur, du banquier, du capitaliste et du financier,** ou **Nouvelles Tables de calculs d'intérêts simples, avec le calendrier de l'escompteur.** Nouvelle édition, précédée d'une *Instruction sur les Calculs d'intérêts et l'usage des Tables*, par M. *Laas d'Aguen*, éditeur des Tables de Violeine, et terminée par un Exposé des lois sur les intérêts, les rentes, les effets de commerce, les chèques, etc., par M. B., Docteur en Droit. Un fort vol. in-18 jésus ; 1877. 6 fr.

LACROIX. — **Traité élémentaire d'Arithmétique,** 20e édition. In-8 ; 1878. 2 fr.

LACROIX. — **Éléments de Géométrie,** suivis de *Notions sur les courbes usuelles.* 20e édition, revue par M. *Prouhet.* In-8, avec 220 figures dans le texte ; 1880. (*Autorisé par décision ministérielle.*) 4 fr.

LACROIX. — **Éléments d'Algèbre.** 24e édit., revue par M. *Prouhet.* In-8 ; 1879. 6 fr.

LACROIX. — **Complément des Éléments d'Algèbre.** 7e édition. In-8 ; 1863. 4 fr.

LACROIX. — **Traité élémentaire de Trigonométrie rectiligne et sphérique, et d'Application de l'Algèbre à la Géométrie.** In-8, avec planches ; 1863. 11e édition, revue et corrigée. 4 fr.

LACROIX. — **Introduction à la connaissance de la sphère.** 4e édition. In-18, avec planches ; 1872. *Ouvrage choisi par S. Exc. le Ministre de l'Instruction publique pour les Bibliothèques scolaires.* 1 fr. 25 c.

LACROIX. — **Traité élémentaire de Calcul différentiel et de Calcul intégral.** 8e édition revue et augmentée de Notes par MM. *Hermite* et *J.-A. Serret*, Membres de l'Institut. 2 vol. in-8 avec pl. ; 1874. 15 fr.

LACROIX. — **Traité élémentaire du Calcul des Probabilités.** 4e édition. In-8, avec planches ; 1864. 5 fr.

LACROIX. — **Introduction à la Géographie mathématique et critique et à la Géographie physique.** In-8, avec planches ; 1874. 7 fr.

LA GOURNERIE (de), Membre de l'Institut. — **Traité**

de Géométrie descriptive. In-4, publié en trois *Parties* avec Atlas; 1873-1880-1864.   30 fr.
   Chaque Partie se vend séparément.   10 fr.
   La Ire Partie (2e édition) contient tout ce qui est exigé pour l'admission à l'École Polytechnique. Elle est suivie d'un *Supplément contenant la solution de deux problèmes et des figures cavalières pour l'explication des constructions les plus difficiles.*
   La IIe Partie (2e édition) et la IIIe Partie sont le développement du *Cours de Géométrie descriptive* professé à *l'École Polytechnique.*

LA GOURNERIE (de). — Traité de Perspective linéaire. In-4, avec Atlas de 45 planches in-folio dont 8 doubles; 1859.   40 fr.

LA GOURNERIE (de). — Recherches sur les surfaces réglées tétraédrales symétriques, avec des Notes par *Arthur Cayley.* In-8; 1867.   6 fr.

LA GOURNERIE (de). · Études économiques sur l'exploitation des chemins de fer. Grand in-8; 1880.   4 fr. 50 c.

Dans cet Ouvrage, l'auteur passe en revue presque toutes les questions de principe qui, pour l'exploitation des chemins de fer, préoccupent l'opinion publique. Pour faire apprécier l'intérêt et l'importance de ce travail, fruit de longues études, nous dirons que l'on y trouve la solution des principales difficultés soulevées par la grande question des transports.

LAGRANGE. — Mécanique analytique. 3e édition, revue, corrigée et annotée par M. *J. Bertrand.* 2 vol. in-4; 1853.   50 fr.

LAGRANGE. — Œuvres publiées par les soins de M. *Serret,* Membre de l'Institut, sous les auspices du Ministre de l'Instruction publique. In-4, avec un beau portrait de Lagrange, gravé sur cuivre par M. Ach. Martinet.
   La Ire Série comprend tous les *Mémoires* imprimés dans les *Recueils des Académies de Turin, de Berlin et de Paris,* ainsi que les *Pièces diverses* publiées séparément. Cette Série forme 7 volumes (Tomes I à VII; 1867-1877), qui se vendent séparément.   30 fr.
   La IIe Série, qui est en cours de publication, se compose de 6 volumes, qui renferment les Ouvrages didactiques, la Correspondance et les Mémoires inédits; savoir :
Tome VIII : *Résolution des équations numériques.* In-4; 1879.   18 fr.
Tome IX : *Théorie des fonctions analytiques.* In-4; 1881.   18 fr.
Tome X : *Leçons sur le calcul des fonctions.* (Sous pr.)
Tome XI : *Mécanique analytique* (1re Partie).   (id.)
Tome XII : *Mécanique analytique* (2e Partie).   (id.)
Tome XIII : *Correspondance avec d'Alembert.* In-4; 1881.   15 fr.
Tome XIV : *Correspondance avec divers Savants, et Mémoires inédits.* In-4.   (Sous pr.)

LAGUERRE. — Notes sur la résolution des équations numériques. In-8; 1880.   2 fr.

LAISANT (C.-A.), Député, Docteur ès Sciences, ancien Élève de l'École Polytechnique. — Introduction à la méthode des quaternions. In-8, avec fig.; 1881. 6 fr.

LAISANT (C.-A.). — Applications mécaniques du Calcul des quaternions. — Sur un nouveau mode de transformation des courbes et des surfaces (Thèses). In-4; 1877.   5 fr.

LALANDE. — Tables de Logarithmes pour les Nombres et les Sinus à CINQ DÉCIMALES ; revues par le baron *Reynaud.* Nouvelle édition, augmentée de *Formules pour la Résolution des Triangles,* par M. *Bailleul,* typographe. In-18; 1880. (*Autorisé par décision du Ministre de l'Instruction publique.*)   2 fr.
   Cartonné.   2 fr. 40 c.

LALANDE. — Tables de Logarithmes, étendues à **SEPT DÉCIMALES,** par *F.-C.-M. Marie,* précédées d'une Instruction par le baron *Reynaud.* Nouvelle édition, augmentée de *Formules pour la Résolution des Triangles,* par M. *Bailleul,* typographe. In-12; 1880.   3 fr. 50 c.
   Cartonné.   3 fr. 90 c.

LAMÉ (G.), Membre de l'Institut. — Leçons sur les fonctions inverses des transcendantes et les Surfaces isothermes. In-8, avec figures dans le texte; 1857. 5 fr.

LAMÉ (G.). — Leçons sur les Coordonnées curvilignes et leurs diverses applications. In-8, avec figures dans le texte; 1859.   5 fr.

LAMÉ (G.) — Leçons sur la Théorie mathématique de l'élasticité des corps solides. 2e édition. In-8, avec pl.; 1866.   6 fr. 50 c.

LAPLACE. — Œuvres complètes de Laplace, publiées sous les auspices de l'Académie des Sciences par MM. les *Secrétaires perpétuels,* avec le concours de M. *Puiseux,* Membre de l'Institut, et de M. *J. Hoüel,* professeur à la Faculté des Sciences de Bordeaux. Nouvelle édition, avec un beau portrait de Laplace, gravé sur cuivre par *Tony Goutière.* In-4; 1878-188 .

Extrait de l'Avertissement.

« L'Académie, sur le Rapport de la Section d'Astronomie et de la Commission administrative, après avoir pris connaissance des conditions dans lesquelles devait s'accomplir le travail et des soins dont il était entouré, a décidé, dans sa séance du 16 juillet 1877, que la nouvelle édition serait publiée sous ses auspices et sous sa responsabilité. »

Les éditions précédentes, qui sont devenues très rares, ne contenaient que 7 volumes, savoir : *Traité de Mécanique céleste* (5 volumes), *Exposition du système du Monde* et *Théorie analytique des probabilités.* La nouvelle édition comprendra de plus 6 volumes renfermant tous les autres Mémoires de Laplace, dont la dissémination dans de nombreux Recueils académiques et périodiques rendait jusqu'à ce jour l'étude si difficile.

SOUSCRIPTION AUX 5 VOLUMES DE LA *Mécanique céleste.*
(Envoi franco dans toute l'Union postale.)

Le tirage est fait sur trois papiers différents : 1° sur papier vergé semblable à celui des Œuvres de Fresnel, de Lavoisier et de Lagrange; 2° sur papier vergé fort, au chiffre de Laplace; 3° sur papier de Hollande, au chiffre de Laplace (à petit nombre).

Le prix pour les souscripteurs aux 5 volumes du TRAITÉ DE MÉCANIQUE CÉLESTE *est fixé ainsi qu'il suit :* (prix à solder en souscrivant).
  1° Tirage sur papier vergé; 5 volumes in-4.   80 fr.
  2° Tirage sur papier vergé fort, au chiffre de Laplace; 5 vol. in-4.   90 fr.
  3° Tirage sur papier de Hollande, au chiffre de Laplace (à petit nombre); 5 vol. in-4.   120 fr.
Le prix de chaque volume du TRAITÉ DE MÉCANIQUE CÉLESTE, *acheté séparément, est fixé ainsi qu'il suit :*
  1° Tirage sur papier vergé ; chaque volume in-4. 20 fr.
  2° Tirage sur papier vergé fort, aux armes de Laplace; chaque volume in-4.   21 fr. 50 c.
Les volumes tirés sur papier de Hollande ne se vendent pas séparément.

Les Tomes I, II, III et IV sont en distribution; le Tome V est sous presse.

LAPLACE. — Essai philosophique sur les Probabilités. 6e édition. In-8; 1840.   5 fr.

LAPLACE. — Précis de l'Histoire de l'Astronomie. 2e édition. In-8; 1863.   3 fr.

LAQUIÈRE, ancien Élève de l'École Polytechnique. — Géométrie de l'Échiquier : Solution régulière du problème d'Euler sur la marche du cavalier : Considérations numériques sur une série de solutions semi-régulières. Grand in-8; 1880.   2 fr.

LAUGEL (Aug.), ancien Élève de l'École Polytechnique.
— Science et Philosophie. In-18 jésus ; 1863. 3 fr. 50 c.

LAURENT (A.), Correspondant de l'Institut. — **Méthode de Chimie**, précédée d'un *Avis au Lecteur*, par *Biot*. In-8, avec figures ; 1854. 8 fr.

LAURENT (H.), Répétiteur à l'École Polytechnique. — **Traité d'Algèbre**, à l'usage des Candidats aux Écoles du Gouvernement. 3e édition, revue et mise en harmonie avec les derniers Programmes. 3 vol. in-8,
Ire Partie : ALGÈBRE ÉLÉMENTAIRE, à l'usage des *Classes de Mathématiques élémentaires*. In-8 ; 1879. 4 fr.
IIe Partie : ANALYSE ALGÉBRIQUE, à l'usage des *Classes de Mathématiques spéciales*. In-8 ; 1881. 4 fr.
IIIe Partie : THÉORIE DES ÉQUATIONS, à l'usage des *Classes de Mathématiques spéciales*. In-8 ; 1881. 4 fr.

LAURENT (H.). — **Théorie élémentaire des Fonctions elliptiques**. In-8, avec fig. dans le texte ; 1880. 3 fr. 50 c.

LAURENT (H.). — **Traité de Mécanique rationnelle** à l'usage des Candidats à l'Agrégation et à la Licence. 2e édit. 2 vol. in-8 avec figures ; 1878. 12 fr.

LAURENT (H.). — **Traité du Calcul des Probabilités**. In-8 ; 1873. 7 fr. 50 c.

LAURENT (H.). — **Théorie des résidus**. In-8 ; 1866. 4 fr.

LE COINTE (I.-L.-A.). — **Solutions développées de 300 Problèmes** qui ont été proposés dans les compositions mathématiques pour l'admission au grade de Bachelier ès Sciences dans diverses Facultés de France. In-8, avec figures dans le texte ; 1865. 6 fr.

LECOQ DE BOISBAUDRAN. — **Spectres lumineux, Spectres prismatiques et en longueurs d'onde**, destinés aux recherches de Chimie minérale. Grand in-8, avec atlas contenant 29 belles planches sur acier ; 1874. 20 fr.

LEFÉBURE DE FOURCY, Examinateur pour l'admission à l'École Polytechnique. — **Leçons d'Algèbre**. 9e édition. In-8 ; 1880. 7 fr. 50 c.

LEFÉBURE DE FOURCY. — **Leçons d'Algèbre à l'usage des classes de Mathématiques élémentaires** ; 1870. 4 fr. 55 c.

LEFÉBURE DE FOURCY. — **Éléments de Trigonométrie**, contenant la Trigonométrie rectiligne, la Trigonométrie sphérique et quelques applications à l'Algèbre. 10e édition. In-8, avec planche ; 1879. 3 fr.

LEFÉBURE DE FOURCY. — **Leçons de Géométrie analytique**, comprenant la Trigonométrie rectiligne et sphérique, les lignes et les surfaces des deux premiers ordres. 9e édition. In-8, avec planches ; 1870. 7 fr. 50 c.

LEFÉBURE DE FOURCY. — **Traité de Géométrie descriptive**, précédé d'une Introduction qui renferme la Théorie du plan et de la ligne droite considérée dans l'espace. 8e édition. 2 vol. in-8, dont un composé de 32 planches ; 1881. 10 fr.

LEFÈVRE. — **Abrégé du nouveau traité de l'Arpentage, ou Guide pratique et mémoratif de l'Arpenteur**, particulièrement destiné aux personnes qui n'ont point étudié la Géométrie. Gros volume in-12, avec 18 pl., dont une coloriée. 7 fr.

LEFORT (F.), Inspecteur général des Ponts et Chaussées. — **Sur les bases des calculs de stabilité des ponts à tabliers métalliques**. Ouvrage approuvé par l'Académie des Sciences et honoré d'une souscription du Ministre des Travaux publics. In-4, avec 4 grandes planches ; 1876. 4 fr.

LEFORT (F.). — **Tables des surfaces de déblai et de remblai, des largeurs d'emprise et des longueurs des talus**, relatives à un chemin de fer à deux voies ou à une *Route de 10 mètres* de largeur entre fossés, pour des cotes sur l'axe de 0m à 15m et pour des déclivités sur le profil transversal de 0m à 0m,25. Gr. In-8 surjés. ; 1861. 3 fr.

MÊMES TABLES relatives à une *Route de 8 mètres*. Grand in-8 sur jésus ; 1863. 3 fr.

MÊMES TABLES relatives à un chemin de fer à une voie ou à une *Route de 6 mètres*, etc. Grand In-8 sur jésus ; 1862. 3 fr.

LEHAGRE, Chef de bataillon du Génie. — **Opérations trigonométriques ; Lever de la triangulation ; Nivellement**. Cours professé à l'École d'application de l'Artillerie et du Génie. Grand in-8 jésus, avec 12 modèles de carnets pour l'enregistrement des observations, 8 types des divers calculs qui peuvent se présenter dans une triangulation et 12 grandes planches ; 1880. 12 fr.

LEMONNIER, Docteur ès sciences, Prof. au Lycée Henri IV. — **Mémoire sur l'élimination**. In-4 ; 1879. 6 fr.

LEONELLI. — **Supplément logarithmique**, précédé d'une NOTICE SUR L'AUTEUR, par M. *J. Hoüel*. Professeur de Mathématiques pures à la Faculté des Sciences de Bordeaux. 2e édition. In-8 ; 1876. 4 fr.

LEPRIEUR, Trésorier de l'École Polytechnique. — **Répertoire de l'École Polytechnique de 1855 à 1865**, faisant suite au *Répertoire* publié par M. *Marielle*. In-8 ; 1867. 3 fr.

LEROY (C.-F.-A.), ancien Professeur à l'École Polytechnique et à l'École Normale supérieure. — **Traité de Géométrie descriptive**, suivi de la *Méthode des plans cotes* et de la *Théorie des engrenages cylindriques et coniques*. 11e édition, revue et annotée par M. *Martelet*. In-4, avec Atlas de 71 pl. ; 1881. 16 fr.

LEROY (C.-F.-A.). — **Traité de Stéréotomie**, comprenant les Applications de la Géométrie descriptive à la Théorie des Ombres, la Perspective linéaire, la Gnomonique, la Coupe des Pierres et la Charpente. 8e édition, revue et annotée par M. *E. Martelet*, ancien élève de l'École Polytechnique, professeur de Géométrie descriptive à l'École centrale des Arts et Manufactures. In-4, avec Atlas de 74 pl. in-folio ; 1881. 26 fr.

LE TELLIER (le Dr). — **Nouveau système de Sténographie**. In-8 raisin, avec 37 pl. ; 1869. 2 fr. 50 c.

LEVY (Maurice), Ingénieur des Ponts et Chaussées, Docteur ès Sciences. — **La Statique graphique et ses Applications aux Constructions**. Un beau volume grand in-8, avec un Atlas même format, comprenant 24 planches doubles ; 1874. 16 fr. 50 c.

LIAGRE (J.-B.-J.), Lieutenant-Général, Secrétaire perpétuel de l'Académie Royale de Belgique. — **Calcul des probabilités et Théorie des erreurs**, avec des applications aux Sciences d'observation en général et à la Géodésie en particulier. Deuxième édition, revue par le capitaine *C. Peny*, professeur à l'École militaire. In-8 ; 1879. 10 fr.

LIONNET (E.), Agrégé de l'Université, examinateur suppléant d'admission à l'École Navale. — **Éléments d'Arithmétique**. 3e édition. In-8 ; 1857. (*Autorisé par l'Université*.) 4 fr.

LIONNET (E.). — **Algèbre élémentaire**. 3e édition. In-8 ; 1868. 4 fr.

LONCHAMPT (A.). — **Recueil des principaux Problèmes** posés dans les examens pour l'*École Polytechnique* et pour l'*École Centrale des Arts et Manufactures*, ainsi que dans les conférences des *Écoles préparatoires* les plus importantes de Paris. **Énoncés et Solutions**. 1 volume lithographié, grand in-8 jésus ; 1865. 8 fr.

LONCHAMPT (A.), Préparateur aux baccalauréats ès Lettres et ès Sciences, et aux Écoles du Gouvernement.

— **Recueil de Problèmes** tirés des *compositions données à la Sorbonne*, de 1853 à 1875-1876, pour les *Baccalauréats ès Sciences*, suivis des compositions de Mathématiques élémentaires, de Physique, de Chimie et de Sciences naturelles, données aux *Concours généraux* de 1846 à 1875-1876, et de *types d'examens* du baccalauréat ès Lettres et des baccalauréats ès Sciences. 2ᵉ édition. In-18 jésus, avec figures dans le texte et planches; 1876-1877 :

Iʳᵉ Partie : **Arithmétique. — Algèbre. — Trigonométrie..** .... *Questions.*   1 fr.   »
     Solutions.   1 fr. 80 c.

IIᵉ Partie : **Géométrie......**   *Questions.*   1 fr.   »
     Atlas.....   60 c.
     Solutions.   2 fr. 80 c.

IIIᵉ Partie : **Approximations numériques** (THÉORIE ET APPLICATIONS). — **Maxima et minima** (THÉORIE ET QUESTIONS). — **Courbes usuelles, Géométrie descriptive, Cosmographie, Mécanique.**
     Théorie et *Questions.*   1 fr. 50 c.
     Solutions.   1 fr. 50 c.

IVᵉ Partie : **Physique. — Chimie.** (Les *Solutions* sont précédées d'un *Précis sur la résolution des Problèmes de Physique*, par M. H. Bertot, ancien Élève de l'École Polytechnique)............ *Questions.*   1 fr.   »
     Solutions.   2 fr. 50 c.

LOOMIS (Elias), Professeur de Philosophie naturelle à l'*Yale College* (États-Unis). — **Mémoires de Météorologie dynamique** : exposé des résultats de la discussion des Cartes du temps des États-Unis ainsi que d'autres documents. Traduit de l'anglais par M. *H. Brocard*, ancien élève de l'École Polytechnique, Capitaine du génie. Grand in-8, avec figures et 18 planches; 1880.   3 fr.

LOYAU (Achille), Ingénieur des Arts et Manufactures. — **Album de charpentes en bois**, renfermant différents types de *planchers, pans de bois, combles, échafaudages, ponts provisoires*, etc. Grand in-4, contenant 120 planches de dessins cotés; 1873.   25 fr.

MAHISTRE, Professeur à la Faculté de Lille. — **L'art de tracer les Cadrans solaires**, à l'usage des Instituteurs et des personnes qui savent manier la règle et le compas. (*Approuvé par le Conseil de l'Instruction publique.*) 3ᵉ édit. In-18, avec fig. dans le texte; 1880.   1 fr. 25 c.

MAHISTRE. — **Cours de Mécanique appliquée.** In-8, avec 211 figures intercalées dans le texte; 1858.   8 fr.

MANNHEIM (A.), Chef d'escadron d'Artillerie, Professeur à l'École Polytechnique. — **Cours de Géométrie descriptive de l'École Polytechnique**, comprenant les Éléments de la Géométrie cinématique. Grand in-8, illustré de 249 figures dans le texte; 1880.   17 fr.

MANSION (Paul), Professeur à l'Université de Gand. — **Théorie des équations aux dérivées partielles du premier ordre.** In-8 ; 1875.   6 fr.

MANSION (Paul). — **Éléments de la théorie des déterminants**, *avec de nombreux exercices.* 3ᵉ édition. In-8; 1880.   2 fr.

MARIE, Professeur de Topographie. — **Principes du dessin et du Lavis de la Carte topographique**, accompagnés de 9 modèles, dont 8 sont coloriés avec soin. 1 vol. in-4 oblong; 1825.   15 fr.

MARIE. — **Géométrie stéréographique**, ou *Relief des polyèdres, pour faciliter l'étude des corps.* avec 25 planches gravées et découpées de manière à reconstituer les polyèdres. In-8.   5 fr.

MARIE (Maximilien), Répétiteur à l'École Polytechnique. — **Théorie des fonctions des variables imaginaires.** 3 volumes grand in-8, de 280 à 300 pages; 1874-1875-1876.   20 fr.
     Chaque volume se vend séparément   8 fr.

MARIELLE. — **Répertoire de l'École Polytechnique depuis l'époque de sa création en 1794 jusqu'en 1855 inclusivement.** (*Voir* LEPRIEUR, page 13, pour la suite du Répertoire.) In-8; 1855.   5 fr.

MARINE A L'EXPOSITION UNIVERSELLE DE 1878 (La). — Ouvrage publié par ordre de M. le Ministre de la Marine et des Colonies. 2 beaux volumes grand in-8, avec 102 figures dans le texte, et 2 Atlas in-plano contenant 161 planches; 1879.   80 fr.

MARTIN (Adolphe), Docteur ès Sciences. — **Sur une méthode d'autocollimation directe des objectifs astronomiques** et son application à la mesure des indices de réfraction des verres qui les composent; Remarques sur l'emploi du sphéromètre. In-4; 1880.   1 fr. 25 c.

MASCART. — *Voir* MOUREAUX.

MASTAING (de), Professeur à l'École Centrale des Arts et Manufactures. — **Cours de Mécanique appliquée à la résistance des matériaux.** Leçons professées à l'École Centrale de 1862 à 1872 par M. de Mastaing et rédigées par M. *Courtès-Lapeyrat*, Ingénieur des Arts et Manufactures, répétiteur du Cours. Grand in-8, avec nombreuses figures dans le texte et planche; 1874.   15 fr.

MATHÉSIS, *Recueil mathématique à l'usage des Écoles spéciales et des Établissements d'instruction moyenne*, publié par *P. Mansion* et *J. Neuberg.* Grand in-8, mensuel. T. I; 1881.
     Paris, France et Étranger : 9 fr.

MATHIEU (Émile), Professeur à la Faculté des Sciences de Besançon. — **Cours de Physique mathématique.** In-4; 1873.   15 fr.

MATHIEU (Émile). — **Dynamique analytique.** In-4; 1878.   15 fr.

MEISSAS (N.). — **Tables pour servir aux Études et à l'exécution des chemins de fer, ainsi que dans tous les travaux où l'on fait usage du cercle et de la mesure des angles.** 2ᵉ édition; 1867.   8 fr.
     Cartonné..   9 fr.

MÉMORIAL DE L'ARTILLERIE, rédigé par les soins du Comité de l'Artillerie. Volume in-8, avec Atlas cartonné de 24 planches (nᵒ VIII); 1867.   12 fr.

Ce volume contient l'historique des modifications successives introduites dans l'organisation du personnel et dans le matériel de l'Artillerie, par suite de l'adoption des *bouches à feu rayées.*

MÉMORIAL DE L'OFFICIER DU GÉNIE, ou Recueil de Mémoires, Expériences, Observations et Procédés propres à perfectionner la Fortification et les Constructions militaires; rédigé par les soins du Comité des Fortifications, avec l'approbation du Ministre de la Guerre. In-8, avec planches et nombreuses figures dans le texte. Chaque volume, à partir du Nᵒ 21, se vend séparément.   7 fr. 50 c.

Les Nᵒˢ **21** (1873), **22** (1874), **23** (1874), **24** (1875), **25** (1876), sont en vente. Le Nᵒ **26** est sous presse.
Pour recevoir *franco*, ajouter 70 c. par volume.

MILNE EDWARDS, Membre de l'Institut, doyen de la Faculté des Sciences, Président de l'Association scientifique de France. — **Nouvelles Causeries scientifiques**, ou *Notes adressées aux Membres de l'Association à l'occasion de l'Exposition internationale de 1878.* In-8; 1880. (Se vend au profit de l'Association.)   6 fr.

MOIGNO (l'Abbé). — **Leçons de Mécanique analytique**, rédigées principalement d'après les méthodes d'*Augustin Cauchy* et étendues aux travaux les plus récents. **Statique.** In-8, avec planches; 1868.   12 fr.

MOIGNO (l'abbé). — **Calcul des Variations.** In-8; 1861.   6 fr.

MOIGNO (l'Abbé). — Actualités scientifiques. Volumes in-18 jésus, ou petit in-8 se vendant séparement :

PREMIÈRE SÉRIE.

1° **Analyse spectrale des Corps célestes** ; par *Huggins*. (*Sous presse.*)

2° **Calorescence. — Influence des couleurs** ; par *Tyndall*. 1 fr. 50 c.

3° **La Matière et la Force** ; par *Tyndall*. 1 fr. 50 c.

4° **Les Éclairages modernes** ; par l'Abbé *Moigno*. (*Épuisé.*)

5° **Sept Leçons de Physique générale** ; par *A. Cauchy*. (*Sous presse.*)

6° **Physique moléculaire** ; par l'Abbé *Moigno*. 2 fr. 50 c.

7° **Chaleur et Froid** ; par *Tyndall*. (*Sous presse.*)

8° **Sur la radiation** ; par *Tyndall*. 1 fr. 25 c.

9° **Sur la force de combinaison des atomes** ; par *Hofmann*. 1 fr. 25 c.

10° **Faraday inventeur** ; par *Tyndall*. 2 fr.

11° **Saccharimétrie optique, chimique et mélassimétrique** ; par l'Abbé *Moigno*. 3 fr. 50 c.

12° **La Science anglaise, son bilan en 1868** (réunion à Norwich) ; par l'Abbé *Moigno*. 2 fr. 50 c.

13° **Mélanges de Physique et de Chimie pures et appliquées** ; par *Frankland, Graham, Macquorn-Rankine, Perkin, Sainte-Claire Deville, Tyndall*. 3 fr. 50 c.

14° **Les Aliments** ; par *Letheby*. 3 fr.

15° **Constitution de la Matière** ; par le P. *Leray*. (*Épuisé.*)

16° **Esquisse historique de la Théorie dynamique de la Chaleur** ; par *Tait*. 3 fr. 50 c.

17° **Théorie du Vélocipède. — Sur les lois de l'écoulement de la vapeur** ; par *Macquorn-Rankine*. 1 fr. 25 c.

18° **Les Métamorphoses chimiques du Carbone** ; par *Odling*. 2 fr.

19° **Programme d'un cours en sept leçons sur les phénomènes et les théories électriques** ; par *Tyndall*. 1 fr. 50 c.

20° **Géologie des Alpes et du tunnel des Alpes** ; par *Élie de Beaumont* et *Sismonda*. 2 fr.

21° **La Science anglaise, son bilan en 1869** (réunion à Exeter). 3 fr. 50 c.

22° **La Lumière** ; par *Tyndall*. 2 fr.

23° **Les agents explosifs modernes et leurs applications** ; par l'Abbé *Moigno*. 2 fr.

24° **Religion et Patrie**, vengées de la fausse science et de l'envie haineuse ; par l'Abbé *Moigno*. 1 fr. 50 c.

25° **Éléments de Thermodynamique** ; par *J. Moutier*. (*Épuisé.*)

26° **Sur la force de la Poudre et des matières explosibles** ; par *M. Berthelot*. 3 fr. 50 c.

27° **Sursaturation des solutions gazeuses** ; par *Tomlinson*. 2 fr.

28° **Optique moléculaire. Effets de précipitation, de décomposition, d'illumination produits par la lumière** ; par l'Abbé *Moigno*. 2 fr. 50 c.

29° **L'Architecture du monde des atomes**, avec 100 fig. dans le texte ; par *Gaudin*. 5 fr.

30° **Étude sur les éclairs** ; par *P. Perrin*. 2 fr. 50 c.

31° **Manuel pratique militaire des chemins de fer**, avec nomb. fig. ; par le capitaine *Issaléne*. 2 fr. 50 c.

32° **Instruction sur les Paratonnerres** ; par *Pouillet* et *Gay-Lussac*, avec 58 fig. et planche. 2 fr. 50 c.

33° **Tables barométriques et hypsométriques pour le calcul des hauteurs**, précédées d'une *Instruction* ; par *R. Radau*. (Nouveau tirage.) 1 fr. 25 c.

34° **Les passages de Vénus sur le disque solaire**, avec figures ; par *Edm. Dubois*. 3 fr. 50 c.

35° **Manuel élémentaire de Photographie au collodion humide**, avec figures ; par *Dumoulin*. 1 fr. 50

36° **Problèmes plaisants et délectables qui se font par les nombres** ; par *Bachet, sieur de Méziriac*. 4e éd., revue par *Labosne*. Un joli vol., petit in-8 elzévir, titre en deux couleurs. 6 fr.

37° **La Chaleur considérée comme un mode de mouvement** ; par *Tyndall*. 2e édition française, avec nombreuses figures ; 1881. 2e tirage. 8 fr.

38° **L'Astronomie pratique et les Observatoires en Europe et en Amérique**, depuis le milieu du XVIIe siècle jusqu'à nos jours ; par *André* et *Rayet*, astronomes, et *Angot*, professeur de Physique au Lycée Fontanes : avec belles figures dans le texte et planches en couleur.

    Ire PARTIE : *Angleterre*. 4 fr. 50 c.

    IIe PARTIE : *Écosse, Irlande et Colonies anglaises*. 4 fr. 50 c.

    IIIe PARTIE : *Amérique du Nord*. 4 fr. 50 c.

    IVe PARTIE : *Amérique du Sud*, et Météorologie américaine. 3 fr.

    Ve PARTIE : *Italie*. 4 fr. 50 c.

39° **Méthodes chimiques pour la recherche des falsifications, l'essai, l'analyse des matières fertilisantes** ; par *Ferdinand Jean*. (*Épuisé.*)

40° **Premières Leçons de Photographie**, avec figures ; par *Perrot de Chaumeux*. 1 fr. 50 c.

41° **Les Mines dans la guerre de campagne. — Exposé des divers procédés d'inflammation des mines et des pétards de rupture. — Emploi de préparations pyrotechniques et emploi de l'électricité**, avec 51 fig. dans le texte ; par le capit. *Picardat*. 2 fr. 50 c.

42° **Essai sur une manière de représenter les quantités imaginaires dans les constructions géométriques**, par *R. Argand*. 2e édition, précédée d'une préface par M. *J. Hoüel*. 5 fr.

43° **Essai sur les piles**, par *A. Callaud*. 2e édition, avec 2 planches. (Ouvrage couronné par la Société des Sciences de Lille.) 2 fr. 50 c.

44° **Matière et Éther** ; indication d'une méthode pour établir les propriétés de l'Éther, par *Kretz*, Ingénieur en chef des Manufactures de l'État. 1 fr. 50 c.

45° **L'Unité dynamique des forces et des phénomènes de la nature, ou l'Atome tourbillon** ; par *F. Marco*, Professeur au Lycée Cavour, à Turin. 2 fr. 50 c.

46° **Physique et Physique du Globe. Divers Mémoires** de MM. *Tyndall, Carpenter, Ramsay, Raphaël de Rossi, Félix Plateau*. Traduit par l'Abbé *Moigno*. 2 fr. 50 c.

47° **La grande pyramide, pharaonique de nom, humanitaire de fait** ; ses merveilles, ses mystères et ses enseignements ; par M. *Piazzi Smyth*, Astronome royal d'Écosse. Traduit de l'anglais par l'Abbé *Moigno*. (*Épuisé.*)

48° **La Foi et la Science** ; par l'Abbé Moigno. (*Épuisé.*)

49° **Les insuccès en Photographie** ; causes et remèdes, suivis de la retouche des clichés et du gélatinage des épreuves ; par *Corher*. 3e édit. 1 fr. 75 c.

50° **La Photolithographie, son origine, ses procédés, ses applications** ; par *C. Fortier*. Petit in-8, orné de planches, fleurons, culs-de-lampe, etc., obtenus au moyen de la Photolithographie. 3 fr. 50 c.

51° **Procédé au Collodion sec** ; par *F. Boivin*, 2e édit., augmentée des formulaires de Th. Sutton, des tirages aux poudres inertes (procédé au charbon), ainsi que de notions pratiques sur la Photolithographie, l'électrogravure et l'impression à l'encre grasse. 1 fr. 50 c.

52° **Les Pandynamomètres de torsion et de flexion**, *Théorie et application* ; avec 2 grandes planches ; par M. *G.-A. Hirn*. 2 fr.

53° **Notice sur les Aréomètres employés dans l'industrie, le commerce et les sciences**, avec figures dans le texte ; par *Baserga*, constructeur d'instruments. 1 fr. 50 c.

54° **Manuel du Magnanier**, application des théories de M. PASTEUR à l'éducation des vers à soie ; par *L. Roman*. Un beau volume, avec nombreuses figures ombrées dans le texte et 6 planches en couleur. 4 fr. 50 c.

55° **Les Couleurs reproduites en Photographie** ; Historique, théorie et pratique ; par *Eug. Dumoulin*. 1 fr. 50 c.

56° **Progrès récents de l'Astronomie stellaire** ; par *R. Radau*. 1 fr. 50 c.

57° **Les Observatoires de montagne** (avec figures dans le texte) ; par *R. Radau*. 1 fr. 50 c.

58° **Les poussières de l'air**, avec figures dans le texte et 4 planches ; par *Gaston Tissandier*. 2 fr. 25 c.

59° **Traité pratique de Photographie au charbon**, complété par la description de divers *Procédés d'impressions inaltérables* (*Photochromie et tirages photomécaniques* ; par *Léon Vidal*. 3e éd., avec une pl. spécimen de Photochromie et 2 pl. spécimens d'impressions à l'encre grasse. 4 fr. 50 c.

60° **Le procédé au gélatino-bromure**, suivi d'une *Note* de M. MILSOM *Sur les clichés portatifs* et de la traduction des *Notices* de R. KENNETT et Rév. H.-G. PALMER, avec fig. ; par *H. Odagir*. 1 fr. 50 c.

61° **La Science des nombres d'après la tradition des siècles** ; Explication de la table de Pythagore, par l'*Abbé Marchand*. 3 fr.

62° **La Lumière et les climats** ; par *R. Radau*. 1 fr. 75 c.

63° **Les Radiations chimiques du Soleil** ; par *R. Radau*. 1 fr. 50 c.

64° **L'Actinométrie** ; par *R. Radau*. 1 fr.

65° **Traité pratique complet d'impressions photographiques aux encres grasses, de phototypographie et de photogravure** ; par *Moock*. 2e éd. 3 fr.

66° **La Spectroscopie**, avec nombreuses gravures dans le texte ; par *Cazin*. 2 fr. 75 c.

67° **Formulaire pratique de la Photographie aux sels d'argent** ; par *Huberson*. 1 fr. 50 c.

68° **Leçons sur l'Électricité**, par *Tyndall* ; traduit de l'anglais par *Francisque Michel*. 2 fr. 75 c.

69° **Traité élémentaire et pratique de Photographie au charbon** ; par *Aubert*. 1 fr. 50 c.

70° **La prévision du temps** ; par *W. de Fonvielle* ; 1 fr. 50 c.

71° **La Photographie et ses applications scientifiques** ; par *R. Radau*. 1 fr. 75 c.

72° **L'Ozone** ; ce qu'il est, ses propriétés physiques et chimiques, son existence et son rôle dans la nature ; par l'*Abbé Moigno*. 3 fr. 50 c.

73° **Les Microbes organisés** ; leur rôle dans la fermentation, la putréfaction et la contagion ; Mémoires de MM. Tyndall et Pasteur ; par l'*Abbé Moigno*. 3 fr. 50 c.

74° **Le R. P. Secchi** ; sa Vie, son Observatoire, ses Travaux, ses Écrits ; ses titres à la gloire, ses grands Ouvrages ; par l'*Abbé Moigno* ; avec portrait et 3 planches. 3 fr. 50 c.

75° **Cartes du temps et Avertissements de tempêtes**, par *Robert H. Scott*. Traduit de l'anglais par MM. Zurcher et Margollé. Petit in-8, avec 2 planches et nombreuses figures. 4 fr. 50 c.

76° **La Photographie appliquée à l'Archéologie** ; Reproduction des *Monuments, Œuvres d'art, Mobilier, Inscriptions, Manuscrits* ; par E. Trutat ; avec cinq photolithographies. 3 fr.

77° **La Photographie des peintres, des voyageurs et des touristes**. *Nouveau procédé sur papier huilé*, simplifiant le bagage et facilitant toutes les opérations, avec indication de la manière de construire soi-même la plupart des instruments nécessaires, par *Pélegry* ; avec un spécimen. 1 fr. 75 c.

78° **Comment on observe les nuages pour prévoir le temps** ; par *André Poëy*. Petit in-8, avec 17 planches chromolithographiques. 4 fr. 50 c.

79° **Traité pratique de Phototypie ou Impression à l'encre grasse sur couche de gélatine** ; par *Léon Vidal* ; avec belles figures dans le texte et spécimens. 8 fr.

80° **Observations météorologiques en ballon** ; Résumé de vingt-cinq ascensions aérostatiques ; par *Gaston Tissandier* ; avec fig. 1 fr. 50 c.

81° **Précis de Microphotographie**, par *G. Huberson* ; avec figures dans le texte et une planche en photogravure. 2 fr.

82° **Constitution intérieure de la Terre** ; par *R. Radau*. 1 fr. 50 c.

83° **Le rôle des vents dans les climats chauds ; la pression barométrique et les climats des hautes régions** ; par *R. Radau*. 1 fr. 50 c.

84° **La Photographie sur plaque sèche. — Emulsion au coton-poudre avec bain d'argent** ; par *Fabre*. 1 fr. 75 c.

85° **La machine de Gramme. — Sa théorie et ses applications** (avec figures) ; par *Antoine Bréguet*. 2 fr.

86° **Traité d'analyse chimique complète des potasses brutes et des potasses raffinées** ; par *Berth*. 1 fr. 50 c.

87° **La Météorologie appliquée à la prévision du temps**. Leçon faite à l'École supérieure de Télégraphie, par M. E. Mascart ; recueillie par M. Moureaux, météorologiste au Bureau central ; avec 16 planches en couleur. 3 fr.

88° **Traité pratique de la retouche des clichés photographiques**, suivi d'une méthode très détaillée *d'emaillage* et de *formules et procédés divers* ; par *Piquepé* ; avec 2 photoglypties. 1 fr. 50 c.

89° **Notions élémentaires d'analyse chimique qualitative** ; par *Th. Swarts* ; avec fig. 1 fr. 50 c.

DEUXIÈME SÉRIE.

La Science illustrée. — L'enseignement de tous.

1° **L'Art des projections**, avec 103 figures ; par l'*Abbé Moigno*. 2 fr. 50 c.

2° **Photomicrographie en 100 tableaux pour projections** ; par *Girard*. 1 fr. 50 c.

3° **Les Accidents, secours en l'absence de l'homme de l'art** ; par *Smée*. 1 fr. 25 c.

4° **L'Anatomie et l'Histologie, enseignées par les projections lumineuses** ; par le Dr *Le Bon*. 1 fr.

5° **Manuel de Mnémotechnie**, *Application à l'histoire* ; par l'*Abbé Moigno*. 3 fr.

MOLLET (J.). — Gnomonique graphique, ou Méthode facile pour tracer les cadrans solaires sur toutes sortes de Plans, en ne faisant usage que de la règle e. du compas. 6e édit. In-8, avec pl. ; 1865. 3 fr. 50 et

MOLTENI (A.). — Instructions pratiques sur l'emploi des appareils de projection, lanternes magiques, fantasmagories, polyoramas, appareils pour l'enseignement. 2e édit. In-18 jésus, avec figures dans le texte. 2 fr. 50 c.

MONCKHOVEN (Dr V.). — Traité général de Photographie, suivi d'un chapitre spécial sur le *gélatino-bromure d'argent*. Septième édition. Grand in-8, avec planches et figures intercalées dans le texte ; 1880. 16 fr.

MOUCHOT. — La chaleur solaire et ses applications industrielles. — Deuxième édition, revue et considérablement augmentée. In-8, avec figures ; 1879. 6 fr.

MOUREAUX (Th.), Météorologiste au Bureau central. — La Météorologie appliquée à la prévision du temps. Leçon faite à l'École supérieure de Télégraphie par

M. *E. Mascart*, Directeur du Bureau central météorologique de France, recueillie par M. *Th. Moureaux*. In-18 avec 16 planches en couleur; 1881. 3 fr.

NAUDIER, Docteur en droit, conseiller de préfecture de l'Aube. — **Traité théorique et pratique de la Législation et de la Jurisprudence des Mines, des Miniéres et des Carriéres.** In-8; 1877. 10 fr.

NOURY. — **Tarifs d'aprés le Systéme métrique décimal pour cuber les bois carrés en grume ou ronds, et tous les corps solides quelconques, ainsi que les colis ou ballots, caisses,** etc. 3ᵉ édit. In-8; 1877. (*Approuvé par les Ministres de l'Intérieur et de la Marine.*) 4 fr.

NOUVELLES ANNALES DE MATHÉMATIQUES. Journal des Candidats aux Écoles Polytechnique et Normale, rédigé par MM. *Gerono* et *Brisse*. (Publication fondée en 1842 par MM. *Gerono* et *Terquem*, et continuée par MM. *Gerono, Prouhet et Bourget*.)

1ʳᵉ Série, 20 vol. in-8, années 1842 à 1861. 300 fr.
Les tomes I à VII, X et XVI à XX (1842-1848, 1851 et 1857 à 1861) ne se vendent pas séparément. Les autres tomes de la 1ʳᵉ série se vendent séparément. 12 fr.
La **2ᵉ Série,** commencée en 1862, continue de paraitre chaque mois par cahier de 48 pages.
Les tomes I à VIII (1862 à 1869) de la **2ᵉ Série** ne se vendent pas séparément. Les tomes suivants se vendent séparément. 15 fr.
Les abonnements sont annuels et partent de janvier.
Prix pour un an (12 numéros) :
Paris...................... 15 fr.
Départements et Union postale......... 17 fr.
Autres pays.................... 20 fr.

OGER (F.), Professeur d'Histoire et de Géographie, Maître de Conférences au Collège Sainte-Barbe. — **Géographie de la France et Géographie générale, physique, militaire, historique, politique, administrative et statistique,** *rédigée conformément au Programme officiel*, à l'usage des Candidats aux Écoles du Gouvernement et aux Aspirants aux Baccalauréats ès Lettres et ès Sciences. 7ᵉ édition. In-8; 1880. 3 fr.
Cet Ouvrage correspond à l'Atlas de Géographie générale du même Auteur.

OGER (F.). — **Atlas de Géographie.**
Atlas de Géographie générale à l'usage des Lycées, des Collèges, des Institutions préparatoires aux Écoles du gouvernement et de tous les établissements d'Instruction publique. 10ᵉ édition. In-plano, cartonné, contenant 33 Cartes coloriées; 1879. 14 fr.
Atlas géographique et historique à l'usage de la classe de Quatrième. 2ᵉ édition. In-plano, cartonné, contenant 16 cartes coloriées; 1878. 8 fr. 50 c.
Atlas géographique et historique à l'usage de la classe de Cinquième. In-plano cartonné, contenant 18 cartes coloriées; 1875. 8 fr. 50 c.
Atlas géographique et historique à l'usage de la classe de Sixième. In-plano cartonné, contenant 10 cartes coloriées; 1875. 6 fr.
Atlas géographique et historique à l'usage des Classes élémentaires (7ᵉ, 8ᵉ et 9ᵉ), contenant 13 cartes coloriées, 1875. 6 fr.

OGER (F.). — **Cours d'Histoire générale à l'usage des Lycées, des établissements d'instruction publique, des candidats aux Écoles du Gouvernement et aux baccalauréats,** rédigé conformément aux programmes officiels.
I. *Histoire de l'Europe depuis l'invasion des Barbares jusqu'au* xvɪᵉ *siècle.* 2ᵉ édition. In-8; 1875. 3 fr. 50 c.
II. *Histoire de l'Europe depuis le* xɪvᵉ *jusqu'au milieu du* xvɪɪᵉ *siècle.* 2ᵉ édition. In-8; 1875. 3 fr. 50 c.
III. *Histoire de l'Europe de 1610 à 1848.* 3ᵉ édition; 1875. 6 fr. 50 c.

IV. *Histoire de l'Europe de 1610 à 1815.* (*Cours de Rhétorique*). 2ᵉ édition. In-8; 1875. 7 fr. 50 c.

OLTRAMARE, Professeur à l'Université de Genève. — **Leçons d'Arithmétique; Guide à l'usage des Professeurs.**
Iʳᵉ Partie. — *Calcul numérique, avec de nombreux problèmes.* 2ᵉ édition. In-8; 1878. 3 fr. 50 c.

ORTOLAN (J.-A.), mécanicien en chef de la marine. — **Mémorial du mécanicien d'usine et de navigation.** Calculs d'application; Tables et tableaux de résultats pour la construction, les essais et la conduite des machines à vapeur. In-18 de 500 pages, avec plus de 200 figures dans le texte; 1878. Broché. 4 fr. 50 c.
Cartonné. 5 fr. 50 c.

PASTEUR, Membre de l'Institut. — **Études sur le Vinaigre, sa fabrication, ses maladies, moyens de les prévenir; nouvelles observations sur la conservation des Vins par la chaleur.** Grand in-8, avec figures; 1868. 4 fr.

PASTEUR (L.). — **Études sur la maladie des Vers à soie;** *moyen pratique assuré de la combattre et d'en prévenir le retour.* Deux beaux volumes grand in-8, avec figures dans le texte et 37 planches; 1870. 20 fr.

PASTEUR (L.). — **Études sur la Bière;** *ses maladies, causes qui les provoquent, procédé pour la rendre inaltérable,* avec une Théorie nouvelle de la fermentation. Grand in-8, avec 85 figures dans le texte et 13 planches gravées; 1876. 20 fr.
Pour recevoir franco, dans tous les pays faisant partie de l'Union postale, l'Ouvrage soigneusement emballé entre cartons, ajouter 1 fr.

PASTEUR (L.). — **Examen critique d'un écrit posthume de Claude Bernard sur la fermentation.** In-8; 1879. 5 fr.

PEIGNÉ (M.-A.). — **Conversion des mesures, monnaies et poids de tous les pays étrangers en mesures, monnaies et poids de la France.** In-18 jésus; 1867. 2 fr. 50 c.

PEREIRE (Eugène). — **Tables de l'intérêt composé des annuités et des rentes viagères.** 2ᵉ édit., augmentée de 8 *Tableaux graphiques.* In-4; 1873. 10 fr.

PERRODIL (GROS de), Ingénieur en chef des Ponts et Chaussées. — **Résistance des matériaux. — Résistance des voûtes et arcs métalliques employés dans la construction des ponts.** In-8, avec 2 grandes planches; 1879. 7 fr. 50 c.

PERROTIN, Directeur de l'Observatoire de Nice. — **Visite à divers Observatoires de l'Europe.** In-8; 1881. 2 fr. 50 c.

PETERSEN (Julius), Membre de l'Académie royale danoise des Sciences, professeur à l'École royale polytechnique de Copenhague. — **Méthodes et théories pour la résolution des problèmes de constructions géométriques,** *avec application à plus de 400 problèmes.* Traduit par O. Chemin, Ingénieur des Ponts et Chaussées. Petit in-8, avec figures; 1880. 4 fr.

PETIT (F.). — **Traité d'Astronomie pour les gens du monde,** avec des *Notes complémentaires* pour les Candidats au Baccalauréat, aux Écoles spéciales et à la Licence ès Sciences mathématiques. 2 volumes in-18 jésus, avec 286 figures dans le texte et une Carte céleste; 1866. 7 fr.

PIARRON DE MONDÉSIR, Ingénieur des Ponts et Chaussées. — **Dialogues sur la Mécanique;** *Méthode nouvelle pour l'enseignement de cette Science, résultats scientifiques nouveaux.* In-8, avec figures; 1870. 6 fr.

PIERRE (J.-I.), Professeur à la Faculté des Sciences de Caen. — **Exercices sur la Physique, avec l'indication des solutions.** 2ᵉ édit. In-8, avec 4 pl.; 1867. 4 fr.

PIQUEPÉ. — Traité pratique de la retouche des clichés photographiques, suivi d'une méthode très détaillée d'émaillage et de *formules et procédés divers*. In-18 jésus avec deux photoglypties; 1881. 1 fr. 50 c.

PLATEAU (J.), Correspondant de l'Institut de France, Professeur à l'Université de Gand. Statique expérimentale et théorique des liquides soumis aux seules forces moléculaires. 2 vol. grand in-8, d'environ 900 pages, avec figures dans le texte; 1873. 15 fr.

POËY (André), Fondateur de l'Observatoire physique et météorologique de la Havane. — Comment on observe les nuages pour prévoir le temps. *3e* édition, revue et augmentée. Petit in-8, contenant 17 planches chromolithographiques et 3 planches sur bois; 1879. 4 fr. 50 c.

POINSOT. — Éléments de Statique, précédés d'une *Notice sur Poinsot*, par M. J. Bertrand, Membre de l'Institut. 12e édition; 1877. 6 fr.

POISSON (S.-D.), Membre de l'Institut. — Traité de Mécanique. 2e édit. 2 forts vol. in-8; 1833 *(Rare)*. 15 fr.

PONCELET, Membre de l'Institut. — Applications d'Analyse et de Géométrie qui ont servi de principal fondement au Traité des Propriétés projectives des figures, suivies d'Additions par MM. *Mannheim* et *Moutard*, anciens Élèves de l'École Polytechnique. 2 vol. in-8, avec figures dans le texte; 1864. 20 fr.
Chaque volume se vend séparément. 10 fr.

PONCELET. — Traité des Propriétés projectives des figures. Ouvrage utile à ceux qui s'occupent des applications de la Géométrie descriptive et d'opérations géométriques sur le terrain. 2e édition; 1865-1866. 2 beaux volumes in-4 d'environ 450 pages chacun, avec de nombreuses planches gravées sur cuivre. 40 fr.
Le second volume se vend séparément. 20 fr.

PONCELET. — Introduction à la Mécanique industrielle, physique ou expérimentale. 3e édit., publiée par M. *Kretz*, ingénieur en chef, inspecteur des manufactures de l'État. In-8 de 757 pages, avec 3 pl.; 1870. 12 fr.

PONCELET. — Cours de Mécanique appliquée aux Machines; publié par M. *Kretz*. 2 volumes in-8.
1re Partie: *Machines en mouvement, Régulateurs et transmissions, Résistances passives*, avec 117 figures dans le texte et 2 planches; 1874. 12 fr.
2e Partie: *Mouvement des fluides, Moteurs, Ponts-Levis*, avec 111 figures; 1876. 12 fr.

POUDRA. — Traité de Perspective-Relief. In-8, avec Atlas oblong de 18 planches; 1862. 8 fr. 50 c.

POUILLET et GAY-LUSSAC. — Instruction sur les paratonnerres, adoptée par l'Académie des Sciences. In-18 jésus, avec 58 figures dans le texte et une planche; 1874. 2 fr. 50 c.

PRÉFECTURE DE LA SEINE. — Assainissement de la Seine. Épuration et utilisation des eaux d'égout. 4 beaux volumes in-8 jésus, avec 17 planches, dont 10 en chromolithographie; 1876-1877. 26 fr.
On vend séparément :
Les 3 premiers volumes (*Documents administratifs. — Enquête. Annexes*). 20 fr.
Le 4e volume (*Documents anglais*). 6 fr.

PRESLE (de), ancien élève de l'École Polytechnique. — Traité de Mécanique rationnelle. In-8, avec 95 fig.; 1869. 5 fr.

PUISEUX (V.), Membre de l'Institut. — Mémoire sur l'accélération séculaire du mouvement de la Lune. (Extrait des *Mémoires présentés par divers savants à l'Académie des Sciences*.) In-4; 1873. 5 fr.

PUISSANT. — Traité de Géodésie, ou Exposition des Méthodes trigonométriques et astronomiques, applicables soit à la mesure de la Terre, soit à la confection du canevas des cartes et des plans topographiques. 3e édit. 2 vol. in-4, avec 13 pl.; 1842. *(Rare.)* 80 fr.

RADAU (R.). — Étude sur les formules d'approximation qui servent à calculer la valeur numérique d'une intégrale définie. In-4; 1881. 3 fr.

REGNAULT (J.-J.) — Traité de Géométrie pratique et d'Arpentage, comprenant les Opérations graphiques et de nombreuses Applications aux Travaux de toute nature, à l'usage des Écoles professionnelles, des Écoles normales primaires, des employés des Ponts et Chaussées, des Agents voyers, etc. 2e édition, revue et augmentée. In-8, avec 14 pl.; 1860. 5 fr.

REGNAULT (J.-J.). — Cours pratique d'Arpentage, à l'usage des Instituteurs, des Élèves des Écoles primaires, des Propriétaires et des Cultivateurs. In-18 jésus, avec figures dans le texte. 2e édition; 1870. 1 fr. 50 c.

RESAL (H.), Membre de l'Institut, Ingénieur en chef des Mines. — Traité de Mécanique générale, comprenant les *Leçons professées à l'École Polytechnique et à l'École des Mines*. 6 vol. in-8, se vendant séparément :

MÉCANIQUE RATIONNELLE.

Tome I : *Cinématique. — Théorèmes généraux de la Mécanique. — De l'équilibre et du mouvement des corps solides*. In-8, avec 66 fig. dans le texte; 1873. 9 fr. 50 c.

Tome II : *Frottement. — Équilibre intérieur des corps. — Théorie mathématique de la poussée des terres. — Équilibre et mouvements vibratoires des corps isotropes. — Hydrostatique. — Hydrodynamique. — Hydraulique. — Thermodynamique*, suivie de la *Théorie des armes à feu*. In-8, avec 56 figures dans le texte; 1874. 9 fr. 50 c.

MÉCANIQUE APPLIQUÉE (moteurs et machines).

Tome III : *Des machines considérées au point de vue des transformations de mouvement et de la transformation du travail des forces. — Application de la Mécanique à l'Horlogerie*. In-8, avec 213 belles figures dans le texte; 1875. 11 fr.

Tome IV : *Moteurs animés. — De l'eau et du vent considérés comme moteurs. — Machines hydrauliques et élévatoires. — Machines à vapeur, à air chaud et à gaz*. In-8, avec 200 belles figures dans le texte, levées et dessinées d'après les meilleurs types; 1876. 15 fr.

CONSTRUCTION.

Tome V : *Résistance des matériaux. — Constructions en bois. — Maçonneries. — Fondations. — Murs de soutènement. — Réservoirs*. In-8, avec 308 belles figures dans le texte, levées et dessinées d'après les meilleurs types; 1880. 12 fr. 50 c.

Tome VI: *Voûtes droites et biaises, en dôme, etc. — Ponts en bois. — Planchers et combles en fer. — Ponts suspendus. — Ponts-levis. — Cheminées. — Fondations de machines industrielles. — Amélioration des cours d'eau. — Substruction des chemins de fer. — Navigation intérieure. — Ports de mer*. In-8, avec 519 fig. et 5 pl. chromolithographiques; 1881. 15 fr.

RESAL (H.). — Traité élémentaire de Mécanique céleste. In-8, avec planche; 1865. 8 fr.

RESAL (H.). — Traité de Cinématique pure. In-8, avec 78 figures dans le texte; 1862. 6 fr.

RESAL (H.). — Éléments de Mécanique, rédigés d'après les Leçons de Mécanique physique professées à la Faculté des Sciences de Paris par M. Poncelet. Nouvelle édition, revue et corrigée. In-8, avec planches; 1862. 4 fr. 50 c.

ROMAN (L.). — Manuel du Magnanier. *Application des théories de M. Pasteur à l'éducation des vers à soie*. Un beau volume in-18 jésus, avec nombreuses figures dans le texte et 6 planches en couleur; 1876. 4 fr. 50 c.

ROUCHÉ (Eugène), Professeur à l'École Centrale, Répétiteur à l'École Polytechnique, etc., et **COMBEROUSSE (Charles de)**, Professeur à l'École Centrale et au Collège Chaptal, etc. — **Traité de Géométrie** conforme aux Programmes officiels, renfermant un très grand nombre d'Exercices et plusieurs Appendices consacrés à l'exposition des PRINCIPALES MÉTHODES DE LA GÉOMÉTRIE MODERNE. 4e édition, revue et notablement augmentée. In-8 de xxxvi-900 pages, avec 616 figures dans le texte, et 1087 questions proposées; 1879. 14 fr.

On vend séparément, savoir :

I re PARTIE. — *Géométrie plane.* 6 fr.

II e PARTIE. — *Géométrie de l'espace ; Courbes et Surfaces usuelles.* 8 fr.

ROUCHÉ (Eugène) et COMBEROUSSE (Charles de). — **Éléments de Géométrie**, entièrement conformes aux derniers programmes d'enseignement des classes de troisième, de seconde, de rhétorique et de philosophie, suivis d'un **Complément à l'usage des Élèves de Mathématiques élémentaires et de Mathématiques spéciales**, et de *Notions sur le Lever des plans, l'Arpentage et le Nivellement.* 3e édit., revue et augmentée. In-8 ; 1881. 6 fr.

ROUCHÉ (Eugène). — **Éléments d'Algèbre**, à l'usage des Candidats au Baccalauréat ès Sciences et aux Écoles spéciales. (*Rédigés conformément aux Programmes.*) avec figures dans le texte; 1857. 4 fr.

SACHSE (Arnold). — **Essai historique sur la représentation d'une fonction arbitraire d'une seule variable par une série trigonométrique.** Grand in-8 ; 1880. 2 fr. 50 c.

SAINT-EDME, Professeur de Sciences physiques aux Écoles municipales d'Auteuil, Lavoisier, Turgot, et à l'École supérieure du Commerce. **L'Électricité appliquée aux Arts mécaniques, à la Marine, au Théâtre.** In-8, avec belles fig. dans le texte; 1871. 4 fr.

SAINT-GERMAIN (de), Professeur de Mécanique à la Faculté des Sciences de Caen, ancien Maître de Conférences à l'École des Hautes Études de Paris. — **Recueil d'Exercices sur la Mécanique rationnelle**, à l'usage des candidats à la Licence et à l'Agrégation des Sciences mathématiques. In-8, avec figures dans le texte; 1877. 8 fr. 50 c.

SALVÉTAT (A.), Chef des travaux chimiques à la Manufacture de Sèvres. — **Leçons de Céramique**, professées à l'École Centrale des Arts et Manufactures. 2 vol. in-18, avec 479 figures dans le texte; 1857. 12 fr.

SCHRÖN (L.). — **Tables de Logarithmes à sept décimales** pour les nombres depuis 1 jusqu'à 108 000, et pour les fonctions trigonométriques de 10 en 10 secondes; et **Tables d'Interpolation pour le calcul des parties proportionnelles**; précédées d'une Introduction par J. Hoüel. 2 beaux volumes grand in-8 jésus. Paris; 1881.

	PRIX :	
	Broché	Cartonné
Tables de Logarithmes	8 fr.	9 fr. 75 c.
Table d'interpolation............	2	3 25
Tables de Logarithmes et Table d'interpolation réunis en un seul volume.................	10	11 75

SCOTT (Robert-H.), Directeur du Service météorologique de l'Angleterre. — **Cartes du temps et avertissements de tempêtes.** Ouvrage traduit de l'anglais par MM. Zürcher et Margollé. Petit in-8, avec nombreuses figures dans le texte, et 2 planches en couleur; 1879. 4 fr. 50 c.

SECCHI (le P. A.), Directeur de l'Observatoire du Collège Romain, Correspondant de l'Institut de France. **Le Soleil.** 2e édition. Deux beaux volumes grand in-8, avec Atlas; 1875-1877. 30 fr.

On vend séparément :

I re PARTIE. Un volume grand in-8, avec 100 figures dans le texte et un atlas comprenant 6 grandes planches gravées sur acier (I. *Spectre ordinaire du Soleil et Spectre d'absorption atmosphérique.* — II. *Spectre de diffraction*, d'après la photographie de M. HENRY DRAPER. — III, IV, V et VI. *Spectre normal du Soleil*, d'après ANGSTRÖM, et *Spectre normal du Soleil, portion ultra-violette*, par M. A. CORNU); 1875. 18 fr.

II e PARTIE. Un beau volume grand in-8, avec nombreuses figures dans le texte, et 14 planches, dont 13 en couleur (I à VIII. *Protubérances solaires.* — IX. *Type de tache du Soleil.* — X et XI, *Nébuleuses*, etc. — XII et XIII. *Spectres stellaires*); 1877. 18 fr.

SECRETAN. — **Calendrier météorologique pour 1881.** 3e année. In-4, avec tableaux et figures dans le texte; 1881. 2 fr.

SERRET (J.-A.), Membre de l'Institut. — **Traité d'Arithmétique**, à l'usage des candidats au Baccalauréat ès Sciences et aux Écoles spéciales. 6e édition, revue et mise en harmonie avec les derniers Programmes officiels par J.-A. Serret et par **Ch. de Comberousse**, Professeur de Cinématique à l'École Centrale et de Mathématiques spéciales au Collège Chaptal. In-8; 1875. (*Autorisé par décision ministérielle.*) 4 fr. 50 c.

SERRET (J.-A.). — **Traité de Trigonométrie.** 6e édition, revue et augmentée. In-8 avec fig. dans le texte; 1880. (*Autorisé par décision ministérielle.*) 4 fr.

SERRET (J.-A.). **Cours d'Algèbre supérieure.** 4e édition. 2 forts volumes in-8 avec figures; 1877-1879. 25 fr.

SERRET (J.-A.). **Cours de Calcul différentiel et intégral.** 2e édit. 2 forts vol. in-8, avec figures; 1878-1880. 24 fr.

SERRET (Paul). — **Théorie nouvelle géométrique et mécanique des lignes à double courbure.** In-8, avec 67 figures dans le texte; 1860. 8 fr.

SERRET (Paul). — **Géométrie de Direction.** APPLICATIONS DES COORDONNÉES POLYÉDRIQUES. *Propriété de dix points de l'ellipsoïde, de neuf points d'une courbe gauche du quatrième ordre, de huit points d'une cubique gauche.* In-8, avec figures dans le texte; 1869. 10 fr.

STURM, Membre de l'Institut. — **Cours d'Analyse de l'École Polytechnique**, publié, d'après le vœu de l'auteur, par M. *Prouhet.* 6e édition, suivie de la **Théorie élémentaire des Fonctions elliptiques**, par M. *H. Laurent*, répétiteur à l'École Polytechnique. 2 vol, in-8, avec figures dans le texte; 1880. 14 fr.

STURM. **Cours de Mécanique de l'École Polytechnique**, publié, d'après le vœu de l'auteur, par M. *E. Prouhet.* 4e édition, revue et annotée par M. *de Saint-Germain.* Professeur à la Faculté des Sciences de Caen. 2 volumes in-8, avec 189 figures dans le texte; 1881. 14 fr.

TARNIER, Inspecteur de l'Instruction primaire à Paris. — **Éléments de Géométrie pratique**, conformes au programme de l'enseignement secondaire spécial (année préparatoire, Sciences) à l'usage des Écoles primaires et des divers établissements scolaires. In-8, avec figures dans le texte, accompagné d'un Atlas in-folio contenant 1 planche typographique et 7 belles planches coloriées gravées sur acier; 1879. Prix du texte broché, avec l'Atlas en feuilles dans une couverture imprimée. 6 fr.

Prix du texte cartonné et de l'Atlas cartonné sur onglets. 8 fr. 75 c.

On vend séparément :

Le texte, broché, 2 fr. 50 c. ; cart. une, 3 fr. 50 c.
L'Atlas, en feuilles, 3 fr. 50 c. ; cart. sur ongl., 4 fr. 50 c.

THIERRY fils. **Méthode graphique et géométrique**, ou le Dessin linéaire appliqué aux arts en général, et en particulier à la projection des ombres, à la pratique de la coupe des pierres, à la perspective linéaire et aux cinq ordres d'Architecture. 2e éd., revue et corrigée par M. C.-F.-M. Marié. Grand in-8 oblong, avec 56 planches.

1846. (*Ouvrage choisi par le Ministère de l'Instruction publique pour les Bibliothèques scolaires.*)   6 fr.

THOMAN (Fedor). -- **Théorie des intérêts composés et des annuités,** suivie de Tables logarithmiques. Ouvrage traduit de l'anglais par M. l'Abbé *Boutchard*, et précédé d'une préface de M. *J. Bertrand*, Secrétaire perpétuel de l'Académie des Sciences. (Cette édition française renferme plusieurs Tables inédites de *Fedor Thoman.* Grand in-8 ; 1878.   10 fr.

THOREL (J.-B.-A.), Géomètre de 1re classe du Cadastre. — **Arpentage et Géodésie pratiques.** Ouvrage à l'aide duquel on peut apprendre le Système métrique, l'Arpentage, la Division des Terres, la Trigonométrie rectiligne, le Lever des Plans et la Gnomonique. 2e tirage. In-4, avec planches ; 1853.   4 fr.

TILLY (de). — **Essai sur les principes fondamentaux de la Géométrie et de la Mécanique.** Grand in-8 ; 1878.   6 fr.

TIMMERMANS, Professeur à la Faculté des Sciences de l'Université de Gand. — **Traité de Mécanique rationnelle.** 2e édit. Grand in-8 ; 1862.   9 fr.

TISSERAND, Correspondant de l'Institut, Directeur de l'Observatoire de Toulouse, ancien Maître de Conférences à l'École des Hautes Études de Paris. — **Recueil complémentaire d'Exercices sur le Calcul infinitésimal,** à l'usage des candidats à la Licence et à l'Agrégation des Sciences mathématiques. (Cet Ouvrage forme une suite naturelle à l'excellent *Recueil d'Exercices* de M. FRENET. In-8, avec figures dans le texte ; 1877.   7 fr. 50 c.

TISSOT (A.), Examinateur d'admission à l'École Polytechnique. -- **Mémoire sur la représentation des surfaces et les projections des Cartes géographiques,** suivi d'un *Complément* et de *Tableaux numériques* relatifs à la déformation produite par les divers systèmes de projection. In-8 ; 1881.   9 fr.

TRUCHOT, Professeur à la Faculté des Sciences de Clermont-Ferrand. — **Les instruments de Lavoisier.** *Relation d'une visite à La Canière (Puy-de-Dôme) où se trouvent réunis les instruments ayant servi à Lavoisier.* In-8, avec belles figures dans le texte ; 1879.   1 fr. 50 c.

TYNDALL (John). — **Le Son,** traduit de l'anglais et augmenté d'un Appendice par M. l'Abbé *Moigno.* In-8, orné de 171 figures dans le texte ; 1869.   7 fr.

TYNDALL (John). -- **La Chaleur,** considérée comme *un mode de mouvement.* 2e édition française traduite sur la 4e édition anglaise, par l'Abbé *Moigno.* Un fort volume in-18 jésus, avec nombreuses figures ; 1881. (2e tirage.)   8 fr.

TYNDALL (John). — **La Lumière ; six Lectures faites en Amérique en 1872-1873 ;** Ouvrage traduit de l'anglais par M. l'Abbé *Moigno.* In-8, avec figures dans le texte ; 1875.   7 fr.

TYNDALL (John). Leçons sur l'Électricité, professées en 1875-1876 à l'Institution royale ; Ouvrage traduit de l'anglais par *Francisque Michel.* In-18, avec 58 figures dans le texte ; 1878.   2 fr. 75 c.

TZAUT et MORF, Professeurs à l'École industrielle cantonale à Lausanne. -- **Exercices et Problèmes d'Algèbre** (*Première Série*). Recueil gradué renfermant plus de 3800 Exercices sur l'Algèbre élémentaire jusqu'aux équations du premier degré inclusivement. In-12 ; 1877. 3 fr.

Réponses aux Exercices et Problèmes *de la première Série.* In-12 ; 1877.   1 fr.

TZAUT (S.). Exercices et problèmes d'Algèbre (*Deuxième série*). Recueil gradué renfermant plus de 6000 exercices sur l'Algèbre élémentaire, depuis les équations du premier degré exclusivement jusqu'au binôme

de Newton et aux déterminants inclusivement. In-12 ; 1881.   3 fr. 50 c.

Réponses aux Exercices et Problèmes *de la deuxième Série.* In-12 ; 1881.   3 fr. 75 c.

UHLAND, Ingénieur civil, Rédacteur en chef du *Praktischer Maschinen-Constructeur.* — **Les nouvelles machines à vapeur,** notamment celles qui ont figuré à l'Exposition universelle de 1878. Description des *Types Corliss, à soupapes, Compound,* etc., construits le plus récemment. Exposé de l'origine, du développement et des principes de construction de ces systèmes. Traduit de l'allemand et annoté par C. DE LAHARPE, Ingénieur-Constructeur, ancien Élève de l'École Centrale des Arts et Manufactures, et MM. BABETTA et DESNOS. In-4 de 400 pages environ, contenant plus de 250 fig. dans le texte et 30 pl. in-4, avec un Atlas de 60 pl. In-folio.   90 fr.

VALÉRIUS (B.), Docteur ès Sciences. — **Traité théorique et pratique de la fabrication du fer et de l'acier,** accompagné d'un *Exposé des améliorations dont elle est susceptible,* principalement en Belgique. — Deuxième édition originale française, publiée d'après le manuscrit de l'Auteur, et augmentée de plusieurs articles par H. VALÉRIUS, Professeur à l'Université de Gand. Un volume grand in-8, de 880 pages, texte compacte, avec un Atlas in-folio de 45 planches (dont deux doubles), gravées ; 1875.   75 fr.

VALÉRIUS (H.), Professeur à l'Université de Gand. — **Les applications de la Chaleur, avec un exposé des meilleurs systèmes de chauffage et de ventilation.** 3e édition. Grand in-8, avec 122 figures dans le texte et 14 planches ; 1879.   18 fr.

VALLÈS (F.), Inspecteur général des Ponts et Chaussées. — **Des formes imaginaires en Algèbre.**
> Ire PARTIE : *Leur interprétation en abstrait et en concret.* In-8 ; 1869.   5 fr.
> IIe PARTIE : *Intervention de ces formes dans les équations des cinq premiers degrés.* Grand in-8, lithographié ; 1873.   6 fr.
> IIIe PARTIE : *Représentation à l'aide de ces formes des directions dans l'espace.* In-8 ; 1876.   5 fr.

VASSAL (le major Vladimir), ancien Ingénieur. — **Nouvelles Tables** donnant avec cinq décimales les logarithmes vulgaires et naturels des nombres de 1 à 10800, et des fonctions circulaires et hyperboliques pour tous les degrés de quart de cercle de minute en minute. Un beau vol. in-4° ; 1872.   12 fr.

VIDAL (l'Abbé). — **L'Art de tracer les cadrans solaires par le calcul, et le mètre à la main,** mis à la portée des ouvriers et de ceux qui ne savent faire que l'addition et la soustraction. In-8, avec 2 planches ; 1875.   2 fr. 50 c.

VIEILLE (J.), Inspecteur général de l'Instruction publique. — **Éléments de Mécanique,** rédigés conformément au Progr. du nouveau plan d'études des Lycées. 3e édit. ; 1 vol. in-8, avec fig. dans le texte ; 1875.   4 fr. 50 c.

VINCENT, Répétiteur de Chimie industrielle à l'École Centrale. Carbonisation des bois en vases clos et **utilisation des produits dérivés.** Grand in-8, avec belles figures gravées sur bois; 1873.   5 fr.

VIOLEINE (A.-P.). — **Nouvelles Tables pour les calculs d'Intérêts composés, d'Annuités et d'Amortissement.** 3e édition, revue et augmentée par M. *Laas d'Aguen,* gendre de l'Auteur. In-4 ; 1876.   15 fr.

VIOLLE, Professeur à la Faculté des Sciences de Lyon. — **Sur la radiation solaire.** — I. Mesure de l'intensité de la radiation solaire. — II. Absorption atmosphérique. Rôle de la vapeur d'eau. — III. Conclusions. Table. In-8 ; 1879.   2 fr.

YVON VILLARCEAU, membre de l'Institut, et **AVED DE**

MAGNAC, lieutenant de vaisseau. — **Nouvelle navigation astronomique.** (L'heure du premier méridien est déterminée par l'emploi seul des chronomètres). **Théorie** et **Pratique.** Un beau volume in-4, avec planche ; 1877. 20 fr.

On vend séparément :

THÉORIE, par M. *Yvon Villarceau.* 10 fr.
PRATIQUE, par M. *Aved de Magnac.* 12 fr.

ZEUNER. — **Théorie mécanique de la Chaleur,** avec ses APPLICATIONS AUX MACHINES. 2e édition, entièrement refondue, avec fig. dans le texte et tableaux. Ouvrage traduit de l'allemand et augmenté d'un *Appendice* comprenant les travaux postérieurs à la publication du texte allemand, en particulier les importantes Recherches de M. Zeuner sur les propriétés de la vapeur d'eau surchauffée ; par M. *M. Arnthal.* Un fort volume in-8 ; 1869. 10 fr.

EXTRAIT DU CATALOGUE DE PHOTOGRAPHIE.

Abney (le capitaine), Professeur de Chimie et de Photographie à l'École militaire de Chatham. — *Cours de Photographie.* Traduit de l'anglais par LÉONCE ROMMELAER. 3e éd. Gr. in-8, avec planche photoglyptique ; 1877. 5 fr.

Aide-Mémoire de Photographie pour 1881, publié sous les auspices de la Société photographique de Toulouse, par M. C. FABRE. Sixième année, contenant de nombreux renseignements sur les procédés rapides à employer pour portraits dans l'atelier, les émulsions au coton-poudre, à la gélatine, etc. In-18, avec fig. dans le texte.

Prix : Broché.................... 1 fr. 75 c.
Cartonné................ 2 fr. 25 c.
Les volumes des années précédentes, sauf 1879 et 1880, se vendent aux mêmes prix.

Annuaire Photographique, par *A. Davanne.* 2 vol. in-18, années 1867 et 1868. Chaque volume se vend séparément :
Prix : Broché............... 1 fr. 75.
Cartonné............. 2 fr. 25.

Aubert. — *Traité élémentaire et pratique de Photographie au charbon.* In-18 jésus ; 1878. 1 fr. 50 c.

Barreswil et Davanne. — *Chimie photographique.* 4e édition, revue et augmentée. In-8, avec fig.... 8 fr. 50 c.

Blanquart-Evrard. — *Intervention de l'art dans la Photographie.* In-12, avec une photographie... 1 fr. 50 c.

Boivin (F.). — *Procédé au collodion sec.* 2e édition, augmentée du formulaire de Th. Sutton, des tirages aux poudres inertes (procédé au charbon), ainsi que de notions pratiques sur la Photographie, l'Électrogravure et l'Impression à l'encre grasse. In-18 j. ; 1876. 1 fr. 50 c.

Bulletin de la Société française de Photographie. Grand in-8, mensuel. 27e année ; 1881.
Prix pour un an : Paris et les départements.. 12 fr.
Étranger................. 15 fr.

Chardon (Alfred). — *Photographie per émulsion sèche au bromure d'argent pur* (Ouvrage couronné par le Ministre de l'Instruction publique et par la Société française de Photographie). Gr. in-8, avec fig. ; 1877.. 4 fr. 50 c.

Chardon (Alfred). — *Photographie par émulsion sensible, au bromure d'argent et à la gélatine.* Grand in-8, avec figures ; 1880. 3 fr. 50 c.

Clément (R.). — *Méthode pratique pour déterminer exactement le temps de pose en Photographie,* applicable à tous les procédés et à tous les objectifs, indispensable pour l'usage des nouveaux procédés rapides. In-8 ; 1880. 1 fr. 50 c.

Cordier V.. — *Les insuccès en Photographie ; causes et remèdes.* 3e édit. avec fig. Nouveau tirage. In-18 jésus ; 1880.................... 1 fr. 75 c.

Davanne. — *Les Progrès de la Photographie.* Résumé comprenant les perfectionnements apportés aux divers procédés photographiques pour les épreuves négatives et les épreuves positives, les nouveaux modes de tirage des épreuves positives par les impressions aux poudres colorées et par les impressions aux encres grasses. In-8 ; 1877................. 6 fr. 50 c.

Davanne. — *La Photographie, ses origines et ses applications.* Conférence de l'Association scientifique de France, faite à la Sorbonne le 20 mars 1879. Grand in-8, avec figures ; 1879. 1 fr. 25 c.

Davanne. — *La Photographie appliquée aux Sciences.* Conférence de l'Association scientifique de France, faite à la Sorbonne le 25 février 1881. Gr. in-8 ; 1881. 1 fr. 25 c.

Ducos du Hauron (H. et L.). — *Traité pratique de la Photographie des couleurs* (Héliochromie). Description des moyens d'exécution récemment découverts. In-8 ; 1878............................ 3 fr.

Dumoulin. — *Manuel élémentaire de Photographie au collodion humide.* In-18 jésus, avec figures. 1 fr. 50 c.

Dumoulin. — *Les Couleurs reproduites en Photographie ;* Historique, théorie et pratique. In-18 jésus. 1 fr. 50 c.

Fabre (C.). — *La Photographie sur plaque sèche.* — *Émulsion au coton-poudre avec bain d'argent.* In-18 jésus ; 1880.................. 1 fr. 75 c.

Fortier (G.). — *La Photolithographie, son origine, ses procédés, ses applications.* Petit in-8, orné de planches, fleurons, culs-de-lampe, etc., obtenus au moyen de la Photolithographie ; 1876.............. 3 fr. 50 c.

Godard (E.). — *Encyclopédie des virages.* 2e édition, revue et augmentée, contenant la préparation des sels d'or et d'argent. In-8,....................... 2 fr.

Hannot (le capitaine), Chef du service de la Photographie à l'Institut cartographique militaire de Belgique. — *Exposé complet du procédé photographique à l'émulsion* de M. WARNERCKE, lauréat du Concours international pour le meilleur procédé au collodion sec rapide, institué par l'Association belge de Photographie en 1876. In-18 jésus ; 1880. 1 fr. 50 c.

Hannot (le capitaine). — *Les Éléments de la Photographie.* I. Aperçu historique et exposition des opérations de la Photographie. — II. Propriété des sels d'argent. — III. Optique photographique. In-8 .... 1 fr. 50 c.

Huberson. — *Formulaire de la Photographie aux sels d'argent.* In-18................................ 1 fr. 50 c.

Huberson. — *Précis de Microphotographie.* In-18 jésus, avec figures dans le texte et une planche en photogravure ; 1879. 2 fr.

Journal de l'Industrie photographique, *Organe de la Chambre syndicale de la Photographie.* Grand in-8, mensuel. 1re année ; 1881.
Prix pour un an : Paris, France, Étranger. 7 fr.

Klary. — *Retouche photographique,* par un *Spécialiste.* Gr. in-8, de 48 pages, orné de deux belles études de retouche d'après un cliché de M. FRITZ LUCKHARDT ; 1875. 5 fr.

La Blanchère (H. de). — *Monographie du stéréoscope et des épreuves stéréoscopiques.* In-8, avec figures.. 5 fr.

Lallemand. — *Nouveaux procédés d'impression autographique et de photolithographie.* In-12............ 1 fr.

Liesegang, Docteur ès sciences. — *Notes photographiques.* Collodion humide, émulsion au collodion, à la gélatine, papier albuminé; procédé au charbon, agrandissements, photomicrographie, ferrotypie, construction des galeries vitrées. Petit in-8, avec gravures dans le texte et une phototypie. 2e édition, revue et augmentée; 1880. 5 fr.

Monckhoven (Dr Van). — *Nouveau procédé de Photographie sur plaques de fer*, et Notice sur les vernis photographiques et le collodion sec. In-8 .... 3 fr.

Monckhoven (Dr Van). — **Traité général de Photographie**, suivi d'un chapitre spécial sur le *gélatino-bromure d'argent*. 7e édition. Grand in-8, avec planches et figures intercalées dans le texte; 1880........ 16 fr.

Moock. — *Traité pratique complet d'impressions photographiques aux encres grasses et de phototypographie et photogravure*. 2e édition, beaucoup augmentée. In-18 jésus; 1877............ 3 fr.

Odagir (H.). — *Le Procédé au gélatino-bromure*, suivi d'une Note de M. Milsom sur les clichés portatifs et de la traduction des Notices de M. Kennett et Rév. G. Palmer. In-18 jésus, avec figures dans le texte; 1877. 1 fr. 50 c.

Pélegry, Peintre amateur, Membre de la Société photographique de Toulouse. — *La Photographie des peintres, des voyageurs et des touristes. Nouveau procédé sur papier huilé*, simplifiant le bagage et facilitant toutes les opérations, avec indication de la manière de construire soi-même les instruments nécessaires. In-18 jésus, avec un spécimen; 1879....... 1 fr. 75 c.

Perrot de Chaumeux (L.). — *Premières Leçons de Photographie*. In-12, avec figures. 2e édition..... 1 fr. 50 c.

Phipson (le Dr). — *Le Préparateur photographe*, ou Traité de Chimie à l'usage des photographes et des fabricants de produits photographiques. In-12, avec fig..... 3 fr.

Piquepé (P.). — *Traité pratique de la Retouche des clichés photographiques*, suivi d'une *Méthode très détaillée d'émaillage* et de *Formules* et *Procédés divers*. In-18 jésus, avec deux photoglypties; 1881. 4 fr. 50 c.

Radau (R.). — *La Lumière et les climats*. In-18 jésus; 1877..................................... 1 fr. 75 c.

Radau (R.). — *Les radiations chimiques du Soleil*. In-18 jésus; 1877............................ 1 fr. 50 c.

Radau (R.). — *Actinométrie*. In-18 jésus; 1877.... 2 fr.

Radau (R.). — *La Photographie et ses applications scientifiques*. In-18 jésus; 1878................ 1 fr. 75 c.

Rodrigues (J.-J.), Chef de la Section photographique et artistique (Direction générale des travaux géographiques du Portugal). — *Procédés photographiques et méthodes diverses d'impressions aux encres grasses*, employés à la Section photographique et artistique. Grand in-8; 1879.................................. 2 fr. 50 c.

Roux (V.), Opérateur au Ministère de la Guerre. — *Manuel opératoire pour l'emploi du procédé au gélatino-bromure d'argent*. Revu et annoté par M. Stéphane Geoffroy, In-18; 1881.......................... 1 fr. 75 c.

Roux (V.). — *Traité pratique de la transformation des négatifs en positifs servant à l'héliogravure et aux agrandissements*. In-18; 1881...................... 1 fr.

Russel (C.). — *Le Procédé au Tannin*, traduit de l'anglais par M. Aimé Girard. 2e éd. In-18 jésus, avec fig. 2 fr. 50 c.

Sauvel (Edouard), Avocat au Conseil d'État et à la Cour de cassation. — *Des œuvres photographiques et de la protection légale à laquelle elles ont droit*. In-18; 1880.................................. 1 fr. 50 c.

Trutat (E.). — *La Photographie appliquée à l'Archéologie; Reproduction des Monuments, Œuvres d'art, Mobilier, Inscriptions, Manuscrits*. In-18 jésus, avec cinq photolithographies; 1879. 3 fr.

Vidal (Léon). — *Traité pratique de Photographie au charbon*, complété par la description de divers *Procédés d'impressions inaltérables* (*Photochromie et tirages photomécaniques*). 3e édition. In-18 jésus, avec une planche spécimen de Photochromie et 2 planches spécimens d'impression à l'encre grasse; 1877............ 4 fr. 50 c.

Vidal (Léon). — *Traité pratique de Phototypie, ou Impression à l'encre grasse sur couche de gélatine*. In-18 jésus, avec belles figures sur bois dans le texte et spécimens; 1879. 8 fr.

Vidal (Léon). — *La Photographie appliquée aux arts industriels de reproduction*. In-18 jésus, avec figures; 1880.................................. 1 fr. 50 c.

Vidal (Léon). — *Traité pratique de Photoglyptie*, avec et sans presse hydraulique. In-18 jésus avec 2 planches photoglyptiques hors texte et nombreuses gravures dans le texte; 1881.............................. 7 fr.

Vidal (Léon). — *Calcul des temps de pose*. 2e édition, complètement revue et modifiée. Obturateurs instantanés, Matériel du touriste, Procédés secs rapides, etc., avec gravures dans le texte .... (*Sous presse*.)

THÈSES

DE

MATHÉMATIQUES, PHYSIQUE ET CHIMIE

(Ces Thèses n'existent, pour la plupart, qu'à un ou deux exemplaires.)

ANDRÉ (Ch.), Astronome adjoint à l'Observatoire de Paris. — **Thèse d'Astronomie physique.** — Étude de la diffraction dans les instruments d'Optique; son influence sur les observations astronomiques. In-4, 82 pages; 1876. 4 fr.

APPELL (P.). — **Thèse d'Analyse.** Sur les propriétés des cubiques gauches et le mouvement hélicoïdal d'un corps solide. In-8, 36 pages; 1876. 3 fr.

ASTOR. — **Thèse d'Analyse.** — Étude sur quelques surfaces. In-4, 92 pages; 1880. 5 fr.

BENOIT (René). — **Thèse de Mécanique.** — Études expérimentales sur la résistance électrique des métaux et sa variation sous l'influence de la température. In-4, 60 pages, avec 3 planches; 1873. 3 fr. 50 c.

BIEHLER (Ch.). — **Thèse d'Algèbre.** — Sur la théorie des équations. In-4, 60 pages; 1879. 5 fr.

BLONDLOT (R.). — **Thèse de Physique.** — Recherches expérimentales sur la capacité de polarisation voltaïque. In-4, 48 pages avec figures; 1881. 2 fr. 50 c.

BOUTROUX. — **Thèse de Chimie.** — Sur une fermentation nouvelle du glucose. In-4, 72 pages; 1880. 2 fr. 50 c.

CHARVE (L.). — **Thèse d'Analyse.** — De la réduction des formes quadratiques ternaires positives et de son application aux irrationnelles du troisième degré. In-4, 160 pages; 1880. 10 fr.

DAMIEN (B.-C.). — **Thèse de Physique.** — Recherches sur le pouvoir réfringent des liquides. In-4, 74 pages; 1881. 3 fr.

DUPORT. — **Thèse d'Analyse.** — Sur un mode particulier de représentation des imaginaires. In-4, 66 pages; 1880. 3 fr.

D'ESCLAIBES (l'Abbé). — **Thèse d'Analyse.** — Sur les applications des fonctions elliptiques à l'étude des courbes du premier genre. In-4, 124 pages; 1880. 8 fr.

FLOQUET (Gaston). — **Thèse d'Analyse.** — Sur la théorie des équations différentielles linéaires. In-4, 132 pages; 1879. 5 fr.

FORQUIGNON. — **Thèse de Chimie.** — Recherches sur la fonte malléable et sur le recuit des aciers. In-4, 124 pages, avec figures; 1881. 5 fr.

GRIMAUX (E.). — **Thèse de Chimie.** — Recherches synthétiques sur la série urique. In-4, 79 pages; 1877. 3 fr.

GRIPON (E.). — **Thèse de Physique.** — Recherches sur les tuyaux d'orgues à cheminée. In-4, 76 p.; 1864. 3 fr.

HALPHEN. — **Thèse d'Analyse.** — Sur les invariants différentiels. In-4, 60 pages; 1878. 3 fr.

HURION (A.). — **Thèse de Physique.** — Recherches sur la dispersion anomale. In-4, 52 pages; 1877. 3 fr.

LAISANT. — **Thèses d'Analyse.** — I. Applications mécaniques du calcul des quaternions. — II. Sur un nouveau mode de transformation des courbes et des surfaces. In-4, 133 pages; 1877. 5 fr.

LECHAT (F.-R.). — **Thèse de Physique.** — Des vibrations à la surface des liquides. In-4, 56 pages; 1880. 3 fr.

MARGOTTET (J.). — **Thèse de Chimie.** — Recherches sur les sulfures, les séléniures et les tellurures métalliques. In-4, 56 pages; 1879. 2 fr.

MARTIN (A.). — **Thèse de Physique.** — Théorie des instruments d'optique. In-4, 76 pages, 2 planches sur cuivre; 1867. 4 fr.

MAXIMOVITCH (W. de). — **Thèse d'Analyse.** — Nouvelle méthode pour intégrer les équations simultanées aux différentielles totales. In-4, 28 pages; 1879. 2 fr.

MIQUEL (P.). — **Thèse de Chimie.** — Sur quelques combinaisons nouvelles de l'acide sulfocyanique. In-4, 72 pages: 1877. 2 fr. 50 c.

MONTGOLFIER (J. de). — **Thèse de Chimie.** — Sur les isomères et les dérivés du camphre. In-4, 118 pages: 1878. 3 fr. 50 c.

OGIER (J.). — **Thèse de Chimie.** — Recherches sur les combinaisons de l'hydrogène avec le phosphore. In-4, 62 pages; 1880. 2 fr. 50 c.

PÉRIGAUD. — **Thèse d'Astronomie.** — Exposé de la méthode de Hansen pour le calcul des perturbations spéciales des petites planètes. In-4, 44 pages: 1877. 3 fr.

PERROTIN (J.). — **Thèse d'Astronomie.** — Théorie de Vesta. In-4, 90 pages: 1879. 5 fr.

PRUNIER (L.). — **Thèse de Chimie.** — Recherches sur la quercite. In-4, 91 pages: 1878. 3 fr. 50 c.

PUISEUX (P.). — **Thèse d'Astronomie.** — Sur l'accélération séculaire du mouvement de la Lune. In-4, 88 pages; 1879. 4 fr.

SALVERT (F. de). — **Thèse de Mécanique.** — Étude sur le mouvement permanent des fluides. In-4, 50 pages; 1874. 5 fr.

TROOST. — **Thèse de Chimie.** — Recherches sur le lithium et ses composés. In-4, 48 pages: 1857. 2 fr.

TURQUAN (Louis-Victor). — **Thèses d'Algèbre et de Mécanique.** — I. Résolution numérique sans élimination des équations à plusieurs inconnues. — II. Recherches sur la stabilité de l'équilibre des corps flottants. In-4, 101 pages; 1866. 5 fr.

VILLIERS (A.). — **Thèse de Chimie.** — De l'éthérification des acides minéraux. In-4, 68 pages; 1880. 3 fr.

60¹ PARIS. — IMPRIMERIE DE GAUTHIER-VILLARS, QUAI DES AUGUSTINS, 55.